Hochschultext

S. Flügge

Mathematische Methoden der Physik II

Geometrie und Algebra

Mit 19 Figuren

Springer-Verlag
Berlin Heidelberg New York 1980

Professor Dr. Siegfried Flügge

Fakultät für Physik, Universität Freiburg i. Br.
Hermann-Herder-Straße 3, 7800 Freiburg i. Br.

CIP-Kurztitelaufnahme der Deutschen Bibliothek
Flügge, Siegfried:
Mathematische Methoden der Physik / S. Flugge – Berlin, Heidelberg, New York:
Springer. 2. Geometrie und Algebra. – 1980.
ISBN-13: 978-3-540-10062-1 e-ISBN-13: 978-3-642-67640-6
DOI: 10.1007/978-3-642-67640-6

Inhaltsverzeichnis

III. Algebraische Hilfsmittel der Physik

I. Elementare Vektor- und Tensoranalysis

In diesem einführenden Kapitel werden eine Anzahl oft wohlbekannter Sätze zusammengestellt und bewiesen, wobei besonderes Augenmerk darauf gerichtet ist, die häufig in der Physik auftretenden Transformationen auf andere als kartesische Koordinaten vorzunehmen und gleichzeitig auf die allgemeine Riemannsche Geometrie hinzuführen, der das zweite Kapitel dieses Bandes gewidmet ist.

§1. Einige Sätze aus der Vektoralgebra

Die einfachste und nicht erschöpfende Definition des Vektors als gerichtete Größe, die nach drei zu einander senkrechten Richtungen x, y, z in Komponenten zerlegt werden kann, ergänzen wir hier durch die Definition, daß ein Vektor $\underline{a}$ aus drei Komponenten a_x, a_y, a_z aufgebaut ist, die sich bei einer Drehung des Achsenkreuzes wie diese Koordinaten selbst transformieren.

Wir setzen als bekannt die Begriffe des skalaren (inneren) Produktes $\underline{a} \cdot \underline{b}$, auch $(\underline{ab})$ oder $(\underline{a} \cdot \underline{b})$ geschrieben, und des vektoriellen (äußeren) Produktes $\underline{a} \times \underline{b}$ voraus. Wir fügen hinzu das gemischte oder Spatprodukt von drei Vektoren

$$[\underline{a},\underline{b},\underline{c}] = \underline{a} \cdot (\underline{b} \times \underline{c}) = \underline{b} \cdot (\underline{c} \times \underline{a}) = \underline{c} \cdot (\underline{a} \times \underline{b}) \quad , \tag{1}$$

das gleich dem Volumen des von ihnen aufgespannten Parallelepipeds ist, wobei das Vorzeichen durch die Reihenfolge der Faktoren gemäß

$$\underline{a} \times \underline{b} = - \underline{b} \times \underline{a}$$

festgelegt ist. Daß die in (1) angegebenen Ausdrücke und damit die Schreibweise $[\underline{a},\underline{b},\underline{c}]$ gerechtfertigt ist, beweist man leicht in Komponentenzerlegung.

Auf dem gleichen Wege ist für das doppelte Vektorprodukt der Entwicklungssatz

$$\underline{a} \times (\underline{b} \times \underline{c}) = \underline{b}(\underline{a} \cdot \underline{c}) - \underline{c}(\underline{a} \cdot \underline{b}) \tag{2}$$

leicht zu beweisen. Für dies Produkt gilt die Jacobi'sche Identität

$$\underline{a} \times (\underline{b} \times \underline{c}) + \underline{b} \times (\underline{c} \times \underline{a}) + \underline{c} \times (\underline{a} \times \underline{b}) = 0 \quad , \tag{3}$$

die uns in allgemeinerem Zusammenhang bei den Lieschen Ringen in III§5b wiederbegegnen wird.

Aus (1) und (2) erhält man ferner

$$(\underline{a} \times \underline{b}) \cdot (\underline{c} \times \underline{d}) = [\underline{a} \times \underline{b}, \underline{c}, \underline{d}] = \underline{c} \cdot \{\underline{d} \times (\underline{a} \times \underline{b})\}$$
$$= \underline{c} \cdot \{\underline{a}(\underline{b} \cdot \underline{d}) - \underline{b}(\underline{a} \cdot \underline{d})\}$$

oder

$$(a \times b) \cdot (c \times d) = (\underline{ac})(\underline{bd}) - (\underline{ad})(\underline{bc}) \quad . \tag{4}$$

Setzen wir hierin $\underline{c} = \underline{a}$ und $\underline{d} = \underline{b}$, so entsteht

$$(\underline{a} \times \underline{b})^2 = \underline{a}^2\underline{b}^2 - (\underline{a} \cdot \underline{b})^2 \quad ,$$

was natürlich auch aus $|\underline{a} \times \underline{b}| = a\ b \sin\vartheta$ und $(\underline{a} \cdot \underline{b}) = a\ b \cos\vartheta$ mit a und b den Beträgen und ϑ dem eingeschlossenen Winkel der beiden Vektoren sofort folgt.

Eine häufig auftretende Aufgabe ist die Komponentenzerlegung eines Vektors $\underline{v}$ nach den Richtungen dreier beliebiger, nicht komplanarer Vektoren $\underline{a}$, $\underline{b}$, $\underline{c}$:

$$\underline{v} = \lambda\underline{a} + \mu\underline{b} + \nu\underline{c} \quad .$$

Beachten wir, daß der Vektor $\underline{b} \times \underline{c} = \underline{u}$ auf $\underline{b}$ und $\underline{c}$ senkrecht steht, daß also die skalaren Produkte $\underline{b} \cdot \underline{u}$ und $\underline{c} \cdot \underline{u}$ verschwinden, so finden wir

$$\underline{v} \cdot (\underline{b} \times \underline{c}) = \lambda\underline{a} \cdot (\underline{b} \times \underline{c})$$

oder

$$\lambda = \frac{[\underline{v}, \underline{b}, \underline{c}]}{[\underline{a}, \underline{b}, \underline{c}]} \quad .$$

Analog lassen sich μ und ν berechnen. Das Ergebnis ist

$$\underline{v} = \frac{[\underline{v},\underline{b},\underline{c}]\underline{a}+[\underline{a},\underline{v},\underline{c}]\underline{b}+[\underline{a},\underline{b},\underline{v}]\underline{c}}{[\underline{a},\underline{b},\underline{c}]} \quad . \tag{5}$$

§2. Gradient, Divergenz und Rotation

Ein *Vektorfeld* ordnet jedem Punkt x,y,z des Raumes einen Vektor zu. Diese Vektoren können außerdem noch von einem Parameter t abhängen. (In der Physik spielt oft die Zeit diese Rolle.) In einem stetig von Ort zu Ort variierenden Feld existieren dann die Differentialquotienten der drei Komponenten nach den drei Koordinaten.

Ein *skalares Feld* ordnet jedem Punkt x,y,z eine Zahl $\varphi(x,y,z)$ zu. Bei Stetigkeit existieren wiederum die drei Differentialquotienten $\partial\varphi/\partial x$, $\partial\varphi/dy$, $\partial\varphi/dz$.

Es erhebt sich nun die Frage, ob und wieweit sich aus solchen koordinatengebundenen Ableitungen skalare oder vektorielle Ausdrücke durch Linearkombination aufbauen lassen. Dies ist für die Physik von besonderem Interesse, weil sich im Auftreten solcher Gebilde in den Naturgesetzen die Isotropie des Raumes ausprägt. Der Konstruktion solcher Gebilde ist dieser Paragraph gewidmet.

a) *Gradient und Divergenz*

Wir beginnen mit einer skalaren Funktion $\varphi(x,y,z)$, wobei wir die drei Koordinaten auch als die Komponenten des Ortsvektors $\underline{r}$ behandeln werden. Gehen wir von dem Ort $\underline{r}$ zu einem Nachbarort $\underline{r} + d\underline{r}$, wobei der Verschiebungsvektor $d\underline{r}$ die Komponenten dx, dy, dz hat, so ändert sich der Funktionswert um

$$d\varphi = \frac{\partial\varphi}{\partial x} dx + \frac{\partial\varphi}{\partial y} dy + \frac{\partial\varphi}{\partial z} dz \quad , \tag{1a}$$

was wir kurz als skalares Produkt

$$d\varphi = \text{grad}\varphi \cdot d\underline{r} \tag{1b}$$

schreiben können, indem wir die drei Ableitungen von φ zu einem Vektor gradφ zusammenfassen. Da $d\varphi$ ein Skalar und $d\underline{r}$ ein Vektor ist, muß auch gradφ ein Vektor sein, wovon man sich auch durch sein Verhalten bei einer Drehung des Koordinatensystems überzeugen kann.

Da in einer Fläche φ = const das Differential $d\varphi = 0$ ist, für eine Verschiebung *in* der Fläche also verschwindet, muß nach (1b) der Gradient überall senkrecht auf der Fläche stehen. Für ein $d\underline{r}$, das senkrecht auf der Fläche φ = const steht, also die Richtung des Gradienten hat, gibt die Größe $|\text{grad}\varphi| = d\varphi/|d\underline{r}|$ an, wie rasch sich der Funktionswert mit dem Ort ändert oder wie nahe sich zwei Nachbarflächen $\varphi = \varphi_1$ und $\varphi = \varphi_2$ an verschiedenen Stellen kommen. Dies alles sind Eigenschaften, wie sie in der Physik im Verhalten von Potential φ und Feldvektor gradφ auftreten, oder wie sie auch zwischen Eikonal φ und Strahlvektor gradφ in der Optik bestehen.

Nun läßt sich noch eine zweite Definition des Gradienten geben, die keinen Gebrauch von Koordinaten macht. Es sei nämlich um den Punkt $\underline{r}$ ein kleines Volumen V beliebiger Gestalt abgegrenzt, dessen Oberflächenelemente $d\underline{f}$ als Vektoren in Richtung der jeweils äußeren Normalen betrachtet werden. Dann gilt

$$\text{grad}\varphi = \lim_{V\to 0} \frac{1}{V} \oint d\underline{f}\varphi \quad . \tag{2}$$

Es ist nicht schwer, die Äquivalenz der Definitionen aus (1a,b) und (2) für ein spezielles, parallel zu den Koordinatenachsen geschnittenes Volumen nachzuweisen, jedoch muß außerdem noch gezeigt werden, daß der Grenzwert (2) unabhängig von der Gestalt des Volumens ist.

Für einen infinitesimalen Quader mit zu den Achsen parallelen Kanten der Längen ξ, η, ζ erhalten wir aus Gl.(2) zur x-Komponente des Gradienten nur Beiträge von den beiden Oberflächen senkrecht zur x-Achse, deren Größe $\eta\zeta$ ist. Dabei unterscheiden sich die Argumente von φ auf den beiden Flächen nur in x um ξ und sind die gleichen in y und z, so daß wir bei Berücksichtigung der Vorzeichen der äußeren Normalen erhalten

$$\mathrm{grad}_x\varphi = \lim_{\xi,\eta,\zeta\to 0} \frac{1}{\xi\eta\zeta}\{\varphi(x+\xi,y,z) - \varphi(x,y,z)\}\eta\zeta \quad ,$$

was in der Tat die Ableitung $\partial\varphi/\partial x$ wie in (1) ergibt. Entsprechendes gilt für die beiden anderen Komponenten.

Wir unterdrücken hier den Beweis für die Unabhängigkeit des Grenzwertes von der Gestalt des Volumens und erweitern Gl.(2) sofort auf ein Vektorfeld $\underline{v}$, dessen *Divergenz* wir durch

$$\mathrm{div}\,\underline{v} = \lim_{V\to 0} \frac{1}{V}\oint d\underline{f}\cdot\underline{v} \tag{3}$$

definieren. Führen wir das für unser infinitesimales Parallelepiped aus, so erhalten wir Beiträge von allen sechs Begrenzungsflächen, nämlich

$$\mathrm{div}\,\underline{v} = \lim \frac{1}{\xi\eta\zeta}\{[v_x(x+\xi) - v_x(x)]\eta\zeta + [v_y(y+\eta) - v_y(y)]\xi\zeta$$
$$+ [v_z(z+\zeta) - v_z(z)]\xi\eta\} \quad ,$$

wobei nur die innerhalb jedes Paares verschiedenen Argumente angegeben sind. Führen wir diesen Grenzübergang aus, so finden wir eine einfache, aber koordinatenabhängige Definition der Divergenz,

$$\mathrm{div}\,\underline{v} = \frac{\partial v_x}{\partial x} + \frac{\partial v_y}{\partial y} + \frac{\partial v_z}{\partial z} \quad , \tag{4}$$

die freilich zum Unterschied von (3) nicht sofort erkennen läßt, daß div $\underline{v}$ ein Skalar ist.

Schreiben wir Gl.(3) ein wenig um in

$$\mathrm{div}\,\underline{v}\,dV = \oint d\underline{f}\cdot\underline{v}$$

für ein infinitesimales Volumen dV, lassen weitere infinitesimale Volumina daran angrenzen und bilden die Summe, dann heben sich die Beiträge aller inneren Grenzflächen heraus, und es gilt auch für ein endliches Volumen beliebiger Gestalt der *Gaußsche Satz*

$$\int dV\,\mathrm{div}\,\underline{v} = \oint d\underline{f}\cdot\underline{v} \quad . \tag{5}$$

Physikalisch bedeutet er, daß der Fluß durch die Oberfläche gleich der gesamten Quellstärke in dem von ihr eingeschlossenen Volumen ist.

Analog zu (5) läßt sich aus (2)

$$\int dV \, \mathrm{grad}\varphi = \oint d\underline{f}\varphi \tag{5'}$$

ableiten, was freilich nicht die gleiche Bedeutung für die Physik hat wie der Gaußsche Satz.

b) *Rotation*

Bei einer Ortsveränderung um $d\underline{s}$ ändert sich nach Gl.(1b) eine skalare Funktion φ um $d\varphi = d\underline{s} \cdot \mathrm{grad}\varphi$. Integriert man solche Verschiebungen über einen geschlossenen Weg, so muß daher

$$\oint d\underline{s} \cdot \mathrm{grad}\varphi = 0 \tag{6}$$

werden. Also gilt für jedes Vektorfeld $\underline{v}$, das als Gradient eines Skalars φ dargestellt werden kann,

$$\oint d\underline{s} \cdot \underline{v} = 0 \quad ; \quad v_x = \frac{\partial\varphi}{\partial x} \quad , \quad v_y = \frac{\partial\varphi}{\partial y} \quad , \quad v_z = \frac{\partial\varphi}{\partial z} \quad .$$

Eine solche Darstellung ist immer möglich, wenn der Vektor $\underline{R}$ mit den Komponenten

$$R_x = \frac{\partial v_z}{\partial y} - \frac{\partial v_y}{\partial z} \quad , \quad R_y = \frac{\partial v_x}{\partial z} - \frac{\partial v_z}{\partial x} \quad , \quad R_z = \frac{\partial v_y}{\partial x} - \frac{\partial v_x}{\partial y} \tag{7a}$$

verschwindet, weil bei Existenz eines solchen Skalars

$$\frac{\partial^2\varphi}{\partial x\partial y} = \frac{\partial v_y}{\partial x} = \frac{\partial v_x}{\partial y} \quad \text{oder} \quad R_z = 0$$

usw. wird. Der Vektor $\underline{R}$ heißt die *Rotation* (engl.: curl) des Vektorfeldes $\underline{v}$,

$$\underline{R} = \mathrm{rot}\,\underline{v} \quad . \tag{7b}$$

Als Nebenresultat notieren wir die Identität

$$\mathrm{rot}\,\mathrm{grad}\varphi = 0 \quad . \tag{8}$$

Natürlich gibt es auch Vektorfelder $\underline{v}$, für die rot $\underline{v}$ nicht verschwindet, für die also auch nicht mehr $\oint d\underline{s} \cdot \underline{v} = 0$ ist. In diesem Fall läßt sich das Umlaufintegral in ein Integral über die umlaufene Fläche umformen:

$$\oint d\underline{s} \cdot \underline{v} = \int d\underline{f} \cdot \mathrm{rot}\,\underline{v} \quad . \tag{9}$$

Dies ist der *Stokessche Satz*, den wir nun beweisen wollen.

Wir beginnen damit, ihn für ein Rechteck zu beweisen, indem wir das Koordinatenkreuz so legen, daß es durch $0 \le x \le a$, $0 \le y \le b$, $z = 0$ beschrieben wird. Dann ergibt partielle Integration

$$\oint d\underline{f} \cdot \text{rot}\, \underline{v} = \int_0^a dx \int_0^b dy \left(\frac{\partial v_y}{\partial x} - \frac{\partial v_x}{\partial y}\right)$$

$$= \int_0^b dy[v_y(a,y) - v_y(0,y)] - \int_0^a dx[v_x(x,b) - v_x(x,0)] \quad .$$

Dies sind aber gerade die zu den vier Rechteckseiten gehörigen Linienintegrale, die sich zu dem Umlaufintegral $\oint d\underline{s} \cdot \underline{v}$ zusammensetzen lassen.

Jede endliche, auch nicht ebene Fläche läßt sich durch aneinander grenzende infinitesimale Rechtecke einfach und lückenfrei überdecken. Addiert man deren Beiträge, so heben sich die Anteile der inneren Grenzlinien heraus, so daß der Stokessche Satz auch dafür gilt. Um als äußere Begrenzung keine Treppenkurve zu erhalten, müssen wir deren einspringende Ecken noch durch infinitesimale Dreiecke ausfüllen und den Stokesschen Satz für ein solches Dreieck beweisen.

Die schräge Begrenzung des in Fig.1 abgebildeten Dreiecks mit der Bogenlänge s hat die Gleichung

$$x_s = a - s\cos\alpha \quad ; \quad y_s = s\sin\alpha \quad ; \quad 0 \leq s \leq s_0 \quad .$$

Nun wird

$$\int d\underline{f} \cdot \text{rot}\, \underline{v} = \iint dxdy \left(\frac{\partial v_y}{\partial x} - \frac{\partial v_x}{\partial y}\right)$$

bei Angabe der Integrationsgrenzen gleich

$$\int_0^b dy \int_0^{x_s} dx \frac{\partial v_y}{\partial x} - \int_0^a dx \int_0^{y_s} dy \frac{\partial v_x}{\partial y}$$

$$= \int_0^b dy[v_y(x_s,y) - v_y(0,y)] - \int_0^a dx[v_x(x,y_s) - v_x(x,0)] \quad .$$

Hier ist das zweite Glied der Anteil 3 und das vierte der Anteil 1 der Figur zum Umlaufintegral. Das erste und dritte Glied können wir wegen $dx_s = -ds\cos\alpha$, $dy_s = ds\sin\alpha$ zu

$$\int_0^b dy\, v_y(x_s,y) - \int_0^a dx\, v_x(x,y_s) = \int_0^{s_0} ds(v_y \sin\alpha + v_x \cos\alpha)$$

$$= \int_0^{s_0} ds\, v_s(s)$$

zusammenfassen, so daß sich genau der noch fehlende Anteil 2 des Umlaufintegrals ergibt, womit der Satz vollständig bewiesen ist.

Der oben unterdrückte Beweis der Unabhängigkeit der Grenzwerte der Gln.(2) und (3) von der Gestalt des Volumens läßt sich analog hierzu führen, ist aber infolge seiner Dreidimensionalität (mit einem infinitesimalen Tetraeder anstelle des Dreiecks) viel umständlicher.

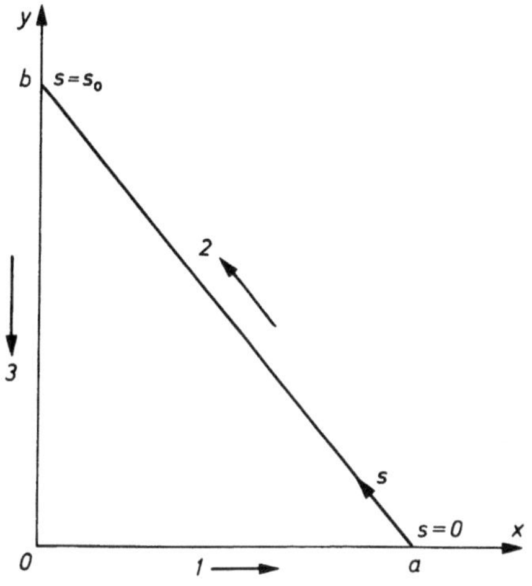

Fig.1. Zum Stokesschen Satz

c) *Zweite Ableitungen*

Viele Differentialgleichungen der Physik sind von zweiter Ordnung. Die möglichen koordinatenunabhängigen zweiten Ableitungen können nur die folgenden sein: Von einem skalaren Feld φ lassen sich div gradφ und rot gradφ bilden. Aus einem vektoriellen Feld $\underline{v}$ erhalten wir grad div $\underline{v}$, div rot $\underline{v}$ und rot rot $\underline{v}$. Von diesen fünf Möglichkeiten ergeben zwei identisch Null:

$$\text{rot grad}\varphi = 0 \quad ; \quad \text{div rot } \underline{v} = 0 \quad . \tag{10}$$

Von den restlichen drei ist der Skalar

$$\text{div grad}\varphi = \frac{\partial^2\varphi}{\partial x^2} + \frac{\partial^2\varphi}{\partial y^2} + \frac{\partial^2\varphi}{\partial z^2} \tag{11}$$

der einfachste Ausdruck, nämlich der Laplace-Operator,

$$\text{div grad}\varphi = \Delta\varphi \quad , \tag{12}$$

dessen skalarer Charakter sich hier automatisch ergibt.

Um rot rot $\underline{v}$ zu erhalten, berechnen wir dessen x-Komponente:

$$\text{rot}_x \text{ rot } \underline{v} = \frac{\partial}{\partial y}\left(\frac{\partial v_y}{\partial x} - \frac{\partial v_x}{\partial y}\right) - \frac{\partial}{\partial z}\left(\frac{\partial v_x}{\partial z} - \frac{\partial v_z}{\partial x}\right)$$

$$= \frac{\partial}{\partial x}\left(\text{div } \underline{v} - \frac{\partial v_x}{\partial x}\right) - \left(\Delta - \frac{\partial^2}{\partial x^2}\right)v_x \quad .$$

Daraus folgt sofort

$$\text{rot rot } \underline{v} = \text{grad div } \underline{v} - \Delta\underline{v} \quad , \tag{13}$$

also eine Verknüpfung dieser drei vektoriellen Ableitungen zweiter Ordnung untereinander. Insbesondere zeigt Gl.(13) auch, daß die Anwendung des Laplace-Operators auf ein Vektorfeld wieder ein Vektorfeld ergibt.

d) *Der Nabla-Formalismus*

Die verschiedenen Arten von Differentiationen, die wir in den vorstehenden Abschnitten beschrieben haben, lassen sich in einem einheitlichen Formalismus zusammenfassen, wenn wir den symbolischen Vektor Nabla (∇) einführen, dessen Komponenten die Operatoren

$$\nabla_x = \frac{\partial}{\partial x} \; ; \; \nabla_y = \frac{\partial}{\partial y} \; ; \; \nabla_z = \frac{\partial}{\partial z} \tag{14}$$

sind. Dann können wir nämlich schreiben

$$\text{grad}\varphi = \nabla\varphi \; ; \; \text{div}\, \underline{v} = \nabla \cdot \underline{v} \; ; \; \text{rot}\, \underline{v} = \nabla \times \underline{v} \; . \tag{15}$$

Diese Schreibweise läßt sich unter Verwendung der Rechenregeln aus der Vektoralgebra auch auf die zweiten Ableitungen übertragen. Zunächst finden wir

$$\text{div grad}\varphi = \nabla \cdot \nabla\varphi = \nabla^2\varphi \quad ,$$

weshalb wir von jetzt an für den Laplace-Operator ∇^2 statt Δ schreiben wollen. Ferner wird

$$\text{rot grad}\varphi = \nabla \times \nabla\varphi = 0 \quad ,$$

d.h. das vektorielle Produkt eines Vektors mit sich selbst verschwindet. Auch auf das Verschwinden von

$$\text{div rot}\, \underline{v} = \nabla \cdot (\nabla \times \underline{v}) = [\nabla, \nabla, \underline{v}] = 0$$

können wir wie beim Spatprodukt schließen. Bei

$$\text{rot rot}\, \underline{v} = \nabla \times (\nabla \times \underline{v})$$

wenden wir den Entwicklungssatz, §1, Gl.(2), an, was zu

$$\nabla(\nabla \cdot \underline{v}) - (\nabla \cdot \nabla)\underline{v} = \text{grad div}\, \underline{v} - \nabla^2\underline{v}$$

führt, in Übereinstimmung mit Gl.(13). Hierbei ist es nur wichtig, die Reihenfolge der Faktoren zu beachten, so daß $\underline{v}$ stets am Ende des Ausdrucks bleibt.

e) *Die Ableitungen von Produkten*

Aus zwei Vektoren $\underline{v}$ und $\underline{w}$ und zwei Skalaren φ und ψ lassen sich eine Reihe typischer Produkte bilden, nämlich die beiden Skalare $\varphi\psi$ und $\underline{v} \cdot \underline{w}$ und die beiden Vektoren $\varphi\underline{v}$ und $\underline{v} \times \underline{w}$. Der Gradient der beiden Skalare ist ein Vektor; von den beiden Vektoren lassen sich Divergenz und Rotation bilden. Das gibt im ganzen sechs Formeln, nämlich

$$\mathrm{grad}(\varphi\psi) = \varphi\,\mathrm{grad}\psi + \psi\,\mathrm{grad}\varphi \tag{16}$$

$$\mathrm{grad}(\underline{v}\cdot\underline{w}) = (\underline{v}\cdot\mathrm{grad})\underline{w} + \underline{v}\times\mathrm{rot}\,\underline{w} + (\underline{w}\cdot\mathrm{grad})\underline{v} + \underline{w}\times\mathrm{rot}\,\underline{v} \tag{17}$$

$$\mathrm{div}(\varphi\underline{v}) = \varphi\,\mathrm{div}\,\underline{v} + \underline{v}\cdot\mathrm{grad}\varphi \tag{18}$$

$$\mathrm{div}(\underline{v}\times\underline{w}) = \underline{w}\cdot\mathrm{rot}\,\underline{v} - \underline{v}\cdot\mathrm{rot}\,\underline{w} \tag{19}$$

$$\mathrm{rot}(\varphi\underline{v}) = \varphi\,\mathrm{rot}\,\underline{v} - \underline{v}\times\mathrm{grad}\varphi \tag{20}$$

$$\mathrm{rot}(\underline{v}\times\underline{w}) = \underline{v}\,\mathrm{div}\,\underline{w} - (\underline{v}\cdot\mathrm{grad})\underline{w} - \underline{w}\,\mathrm{div}\,\underline{v} + (\underline{w}\cdot\mathrm{grad})\underline{v} \quad . \tag{21}$$

Diese Formeln haben wir herzuleiten; sie treten anstelle der einfachen Produktregel der gewöhnlichen Differentialrechnung.

Gleichung (16) ist fast trivial und ergibt sich sofort in Komponentendarstellung. Auch die Formeln (18) und (20) sind ohne große Mühe in Komponenten zu verifizieren. Alle drei ergeben sich ebenfalls einfach im Nablaformalismus:

$$\nabla(\varphi\psi) = \varphi\nabla\psi + \psi\nabla\varphi \quad ,$$

$$\nabla\cdot(\varphi\underline{v}) = \varphi(\nabla\cdot\underline{v}) + (\nabla\varphi)\cdot\underline{v} \quad ,$$

$$\nabla\times(\varphi\underline{v}) = \varphi(\nabla\times\underline{v}) + (\nabla\varphi)\times\underline{v} \quad . \tag{22}$$

Die drei anderen Formeln dagegen sind nicht ohne besondere zusätzliche Regeln im Nablaformalismus zu gewinnen.

Am wenigsten zusätzliche Überlegungen erfordern dabei die Gln.(19) und (21), bei denen wir die Produktregel der Differentialrechnung anwenden, indem wir erst den einen Faktor $\underline{v} = \underline{c}$, dann den anderen $\underline{w} = \underline{c}$ als konstant behandeln und die Summe der beiden so erhaltenen Ausdrücke bilden. In Anwendung auf Gl.(21) gibt dies Verfahren nach dem Entwicklungssatz zunächst

$$\mathrm{rot}(\underline{c}\times\underline{w}) = \nabla\times(\underline{c}\times\underline{w}) = \underline{c}(\nabla\cdot\underline{w}) - (\underline{c}\cdot\nabla)\underline{w}$$

und sodann analog

$$\mathrm{rot}(\underline{v}\times\underline{c}) = -\mathrm{rot}(\underline{c}\times\underline{v}) = -\underline{c}(\nabla\cdot\underline{v}) + (\underline{c}\cdot\nabla)\underline{v} \quad .$$

Die Summe aus beiden Ausdrücken führt dann genau auf Gl.(21).

Dasselbe Verfahren wenden wir auf Gl.(19) an, wo

$$\mathrm{div}(\underline{c}\times\underline{w}) = [\nabla, \underline{c}, \underline{w}] = -[\underline{c}, \nabla, \underline{w}] = -\underline{c}\cdot(\nabla\times\underline{w}) = -\underline{c}\cdot\mathrm{rot}\,\underline{w}$$

und

$$\mathrm{div}(\underline{v}\times\underline{c}) = -\mathrm{div}(\underline{c}\times\underline{v}) = \underline{c}\cdot\mathrm{rot}\,\underline{v}$$

ergibt und wieder die Summe beider Ausdrücke zu bilden ist.

Schließlich bleibt nur noch Gl.(17) zu beweisen, wo wir nun freilich auf die Grenzen des Formalismus stoßen. Wir benutzen deshalb die Komponentendarstellung, wobei wir für $\partial/\partial x$ kürzer ∂_x schreiben wollen (was gleichbedeutend mit ∇_x ist). Die x-Komponente von grad($\underline{v} \cdot \underline{w}$) wird dann

$$\partial_x(v_x w_x + v_y w_y + v_z w_z) = v_x \partial_x w_x + v_y \partial_x w_y + v_z \partial_x w_z$$
$$+ w_x \partial_x v_x + w_y \partial_x v_y + w_z \partial_x v_z \quad .$$

Wir formen die drei Glieder der ersten Zeile durch passende Ergänzungen um in

$$(v_x\partial_x + v_y\partial_y + v_z\partial_z)w_x + v_y(\partial_x w_y - \partial_y w_x) + v_z(\partial_x w_z - \partial_z w_x)$$
$$= (\underline{v} \cdot \nabla)w_x + \{\underline{v} \times (\nabla \times \underline{w})\}_x$$
$$= \{(\underline{v} \cdot \mathrm{grad})\underline{w} + (\underline{v} \times \mathrm{rot}\ \underline{w})\}_x \quad .$$

Verfahren wir analog mit den restlichen drei Gliedern, so entsteht gerade Gl.(17).

Hier lernen wir eine weitere Operation kennen, den sogenannten *Vektorgradienten* ($\underline{v} \cdot$ grad)$\underline{w}$. Seine Bedeutung wird sofort klar, wenn wir $\underline{v}$ durch $d\underline{r}$ ersetzen, denn dann ist

$$(d\underline{r} \cdot \mathrm{grad})\underline{w} = d\underline{w}$$

die Änderung des Vektors $\underline{w}$, wenn wir vom Punkte $\underline{r}$ um $d\underline{r}$ zum Punkte $\underline{r} + d\underline{r}$ fortschreiten. Der Rahmen der eigentlichen Vektoranalysis wird hierbei bereits ein wenig überschritten, da dieser Vektor bereits aus einer Tensoroperation entspringt ($\nabla_i w_k = T_{ik}$ ist eine Tensorkomponente).

§3. Integralsätze

Im folgenden wollen wir den Gaußschen und den Stokesschen Satz noch etwas vertiefen. Wir wenden den Gaußschen Satz, Gl.(5) von §2, auf das Vektorfeld

$$\underline{v} = \psi \mathrm{grad}\varphi$$

an, das aus zwei Skalaren φ und ψ aufgebaut ist. Nach §2e, Gl.(18), ist dann

$$\int_V d\tau \mathrm{div}(\psi \mathrm{grad}\varphi) = \int_V d\tau(\psi\nabla^2\varphi + \nabla\psi \cdot \nabla\varphi) = \oint df \psi \frac{\partial\varphi}{\partial n} \quad ,$$

wobei n die Richtung der äußeren Normalen bezeichnet, also

$$df \frac{\partial\varphi}{\partial n} = d\underline{f} \cdot \nabla\varphi$$

und $d\tau$ das Volumenelement im Integrationsgebiet V ist. Vertauschen wir hier die Rollen von φ und ψ , so wird die Differenz der beiden Formeln

$$\int_V d\tau \mathrm{div}(\psi \mathrm{grad}\varphi - \varphi \mathrm{grad}\psi) = \int_V d\tau(\psi\nabla^2\varphi - \varphi\nabla^2\psi) = \oint df\left(\psi \frac{\partial\varphi}{\partial n} - \varphi \frac{\partial\psi}{\partial n}\right) \quad . \tag{1}$$

Dies sind die Greenschen Formeln, die sich als besonders nützlich erweisen, wenn eine oder beide Funktionen Differentialgleichungen vom Typ $\nabla^2\varphi = 0$ oder $\nabla^2\varphi + k^2\varphi = 0$ genügen.

Ist das Integrationsgebiet der ganze unendliche Raum und verschwinden φ und ψ im Unendlichen stark genug ($\varphi \sim r^{-a}$, $\psi \sim r^{-b}$, $a+b>1$), um das Integral über eine unendlich ferne Kugelfläche gleich Null zu machen, so geht (1) über in

$$\int d\tau(\psi\nabla^2\varphi - \varphi\nabla^2\psi) = 0 \quad . \tag{1'}$$

Wir betrachten nun einige wichtige Sonderfälle, die in den physikalischen Anwendungen immer wieder auftreten.

a) Eine der beiden Funktionen sei konstant, etwa $\psi = 1$. Dann geht Gl.(1) über in

$$\int_V d\tau\nabla^2\varphi = \oint df \frac{\partial\varphi}{\partial n} \quad . \tag{2}$$

Wir behandeln zwei Fälle:

a1) Wenn φ eine Potentialfunktion ist, also überall $\nabla^2\varphi = 0$ gilt, dann muß nach (2) für jede geschlossene Oberfläche

$$\oint df \frac{\partial\varphi}{\partial n} = 0$$

sein. Daher läßt sich das Verhalten der normalen Ableitung auf einer geschlossenen Oberfläche nicht völlig willkürlich als Randbedingung vorgeben.

a2) Die Funktion $\varphi = \frac{1}{r}$ genügt überall der Potentialgleichung außer an der Stelle $r = 0$. Das Oberflächenintegral in (2) besitzt in diesem Fall einen endlichen Wert, den wir leicht für eine Kugel ausrechnen können:

$$\oint df \frac{\partial\varphi}{\partial n} = 4\pi r^2 \frac{d}{dr}\frac{1}{r} = -4\pi \quad .$$

Diesen Wert nimmt es für jede Form der Oberfläche an, da das Volumintegral der linken Seite von der Gestalt des Volumens ganz unabhängig ist; denn zu ihm trägt nur die infinitesimale Umgebung der Stelle $r = 0$ bei. Also gilt immer

$$\int_V d\tau\nabla^2 \frac{1}{r} = -4\pi$$

oder, unter Benutzung der dreidimensionalen Deltafunktion (Bd.I,S.21)

$$\nabla^2 \frac{1}{r} = -4\pi\delta^3(\underline{r}) \quad . \tag{3}$$

Hieraus folgt, wie in Bd.I, S.309 auf anderem Wege gezeigt wurde, die Greensche Funktion der Potentialgleichung

$$G(\underline{r},\underline{r}') = -\frac{1}{4\pi|\underline{r}-\underline{r}'|} \quad .$$

b) Für Anwendungen in der Optik ist es häufig von Nutzen in Gl.(1) $\psi = e^{ikr}/r$ zu setzen und für φ eine Funktion zu benutzen, die überall der Wellengleichung

$$\nabla^2\varphi + k^2\varphi = 0 \tag{4a}$$

genügt. Dasselbe gilt dann auch für ψ außer an der Stelle $r = 0$, so daß analog zu Gl.(3)

$$\nabla^2\psi + k^2\psi = -4\pi\delta^3(\underline{r}) \tag{4b}$$

hergeleitet werden kann. Die linke Seite von (1) ergibt dann

$$\int_V d\tau\left[- k^2\psi\varphi + \varphi(k^2\psi + 4\pi\delta^3(\underline{r})\right] = 4\pi \int_V d\tau\delta^3(\underline{r})\varphi \quad .$$

Dies ist enweder, wenn der Punkt $r = 0$ im Integrationsgebiet liegt, gleich $4\pi\varphi(0)$, oder es verschwindet. Im ersten Falle ergibt das Gleichsetzen mit der rechten Seite von (1) die *Kirchhoffsche Formel*

$$4\pi\varphi(0) = \oint df \left\{\frac{e^{ikr}}{r} \frac{\partial\varphi}{\partial n} - \varphi \frac{\partial}{\partial n} \frac{e^{ikr}}{r}\right\} \quad , \tag{5}$$

auf der die optische Beugungstheorie aufgebaut ist.

c) Die beiden Funktionen sollen zwei verschiedene Lösungen ψ_1 und ψ_2 einer Differentialgleichung der Schrödingerschen Form,

$$\nabla^2\psi_\lambda + [E_\lambda - V(\underline{r})]\psi_\lambda = 0$$

zu zwei verschiedenen Eigenwerten E_1 und E_2 sein, die der Normierungsforderung genügen, daß $\int d\tau\psi_\lambda^2$ bei Integration über den ganzen Raum einen endlichen Wert besitzt. Dann verschwindet das Integral über die unendlich ferne Oberfläche, und Gl.(1) ergibt

$$\int d\tau\{\psi_1(E_2 - V)\psi_2 - \psi_2(E_1 - V)\psi_1\} = 0$$

oder

$$(E_2 - E_1) \int d\tau\psi_1\psi_2 = 0 \quad ,$$

d.h. wegen $E_2 \neq E_1$ sind die beiden Lösungen orthogonal zueinander (vgl.Bd.I,S.107).

§4. Wirbel und Quellen

In der physikalischen Anwendung spielt die Konstruktion von Vektorfeldern aus ihren Quellen und Wirbeln eine ebensogroße Rolle wie umgekehrt die Zerlegung eines Vektorfeldes in einen wirbelfreien und einen quellfreien Anteil.

Als *wirbelfrei* bezeichnen wir ein Vektorfeld $\underline{v}_1$, wenn in jedem Punkt des Raumes

$$\mathrm{rot}\ \underline{v}_1 = 0 \tag{1a}$$

ist. Dann läßt sich $\underline{v}_1$ nach §2c als Gradient eines skalaren Potentials

$$\underline{v}_1 = \mathrm{grad}\varphi \tag{1b}$$

schreiben. Ist für $\underline{v}_1$ an jedem Ort die *Quellstärke*

$$\mathrm{div}\ \underline{v}_1 = q \tag{2a}$$

bekannt, so geht diese Gleichung mit Hilfe von (1b) in

$$\nabla^2\varphi = q \tag{2b}$$

über. Diese Poissonsche Differentialgleichung (vgl.Bd.I, S.308f.) wird vollständig gelöst durch

$$\varphi(\underline{r}) = -\frac{1}{4\pi}\int d\tau' \frac{q(\underline{r}')}{|\underline{r}-\underline{r}'|} + \varphi_0(\underline{r}) \quad ,$$

wobei φ_0 die allgemeinste Lösung der homogenen Laplaceschen Gleichung $\nabla^2\varphi_0 = 0$ ist. Soll φ_0 überall, auch im Unendlichen, beschränkt bleiben, also keine Singularitäten aufweisen, so wird diese Gleichung nur von einer Konstanten erfüllt (wovon man sich sofort durch Ansatz in Form einer Taylorreihe nach x,y,z überzeugt). Für die Berechnung von $\underline{v}_1$ nach (1b) ist der Wert dieser Konstanten irrelevant. Wir erhalten daher die eindeutige Lösung

$$\underline{v}_1(\underline{r}) = -\frac{1}{4\pi}\,\mathrm{grad}\int d\tau' \frac{q(\underline{r}')}{|\underline{r}-\underline{r}'|} \quad . \tag{3}$$

Das wirbelfreie Feld $\underline{v}_1$ läßt sich also eindeutig aus seinen Quellen aufbauen.

Dies gilt natürlich nur, wenn das Integral in (3) existiert, wozu q im Unendlichen mindestens wie $1/r^2$ verschwinden muß. Die physikalischen Anwendungen erfüllen diese Forderung praktisch immer, da das Integral $\int d\tau' q(\underline{r}')$ physikalische Bedeutung (z.B. Ladung) besitzt und daher ebenfalls existiert.

Als *quellenfrei* bezeichnen wir ein Vektorfeld $\underline{v}_2$, wenn an jedem Ort

$$\mathrm{div}\ \underline{v}_2 = 0 \tag{4a}$$

ist. Nach §2c läßt sich dann $\underline{v}_2$ als Rotation eines Vektorpotentials $\underline{a}$ schreiben,

$$\underline{v}_2 = \mathrm{rot}\ \underline{a} \quad . \tag{4b}$$

Ist für $\underline{v}_2$ an jedem Ort die *Wirbelstärke*

$$\mathrm{rot}\ \underline{v}_2 = \underline{w} \tag{5a}$$

bekannt, so geht diese Beziehung mit (4b) in

$$\text{rot rot } \underline{a} = \underline{w} \tag{5b}$$

über, wofür wir nach §2c auch

$$\text{grad div } \underline{a} - \nabla^2 \underline{a} = \underline{w} \tag{5c}$$

schreiben können.

Nun sind wir nicht am Vektorpotential $\underline{a}$, das nur eine Hilfsgröße ist, sondern nur an dessen Rotation $\underline{v}_2$ interessiert. Anstelle einer Lösung $\underline{a}'$ von Gl.(5c) dürfen wir daher auch jedes

$$\underline{a} = \underline{a}' + \text{grad}\chi$$

mit einer willkürlichen Funktion χ setzen (Eichinvarianz). Dann wird

$$\text{div } \underline{a} = \text{div } \underline{a}' + \nabla^2 \chi \quad .$$

Wählen wir insbesondere die "Eichfunktion" χ als eine Lösung der Poissonschen Gleichung

$$\nabla^2 \chi = -\text{div } \underline{a}' \quad ,$$

so wird das Feld $\underline{a}$ divergenzfrei, und Gl.(5c) kann durch

$$\nabla^2 \underline{a} = -\underline{w} \tag{5d}$$

ersetzt werden. Diese Differentialgleichung wird analog zu Gl.(2b) durch

$$\underline{a}(\underline{r}) = \frac{1}{4\pi} \int d\tau' \, \frac{\underline{w}(\underline{r}')}{|\underline{r}-\underline{r}'|}$$

gelöst. Ist dies Feld nicht quellenfrei, so können wir es durch Hinzufügen eines geeigneten gradχ quellenfrei machen, ohne daß dies einen Beitrag zu $\underline{v}_2$ liefert, für das sich somit eindeutig

$$\underline{v}_2(\underline{r}) = \frac{1}{4\pi} \text{ rot} \int d\tau' \, \frac{\underline{w}(\underline{r}')}{|\underline{r}-\underline{r}'|} \tag{6}$$

ergibt. Auch hier ist wieder die Existenz des Integrals Voraussetzung, die gewöhnlich durch endliche Begrenzung der Wirbelachse erfüllt wird.

Wir sind nun vorbereitet den allgemeinen Fall eines Vektorfeldes $\underline{v}$ zu betrachten, für das weder die Quellstärke q noch die Wirbelstärke $\underline{w}$ verschwindet:

$$\text{div } \underline{v} = q \quad ; \quad \text{rot } \underline{v} = \underline{w} \quad . \tag{7}$$

Verschwindet das Feld im Unendlichen mindestens wie $1/r^2$, so läßt es sich *eindeutig* aus q und $\underline{w}$ konstruieren. Diesen grundlegenden Eindeutigkeitssatz wollen wir jetzt beweisen.

Angenommen, es gäbe ein zweites Feld $\underline{v}'$, für das die beiden Beziehungen (7) erfüllt sind. Dann müßte die Differenz $\underline{u} = \underline{v} - \underline{v}'$ in jedem Punkt sowohl div $\underline{u} = 0$ als auch rot $\underline{u} = 0$ genügen. Insbesondere ließe sich das wirbelfreie $\underline{u}$ aus einem skalaren Potential ψ ableiten, $\underline{u} = \mathrm{grad}\psi$. Nun ist nach dem Gaußschen Satz (§2a) für ein endliches Gebiet

$$\int d\tau \,\mathrm{div}(\psi \,\mathrm{grad}\psi) = \oint d\underline{f} \cdot \psi \,\mathrm{grad}\psi \quad .$$

Das Oberflächenintegral rechts verschwindet, wenn wir das Gebiet ins Unendliche ausdehnen und dabei ψ mindestens wie $1/r$, also u wie $1/r^2$ verschwindet, was nach Voraussetzung der Fall ist. Die linke Seite läßt sich wegen

$$\mathrm{div}(\psi \,\mathrm{grad}\psi) = \psi \nabla^2 \psi + (\mathrm{grad}\psi)^2$$

und der aus der Quellenfreiheit von $\underline{u}$ folgenden Beziehung $\nabla^2\psi = 0$ umformen, so daß einfach

$$\int d\tau (\mathrm{grad}\psi)^2 = 0$$

entsteht. Das ist aber nur möglich, wenn das Feld $\underline{u} = \mathrm{grad}\psi$ überall verschwindet, wenn also $\underline{v}' = \underline{v}$ und somit das Feld eindeutig bestimmt ist.

Dieser Satz hat die wichtige Folge, daß jedes Vektorfeld $\underline{v}$, das im Unendlichen mindestens wie $1/r^2$ verschwindet, eindeutig in ein wirbelfreies Feld $\underline{v}_1$ mit

$$\mathrm{div}\,\underline{v}_1 = q \quad ; \quad \mathrm{rot}\,\underline{v}_1 = 0 \tag{8a}$$

und ein quellenfreies Feld $\underline{v}_2$ mit

$$\mathrm{div}\,\underline{v}_2 = 0 \quad ; \quad \mathrm{rot}\,\underline{v}_2 = \underline{w} \tag{8b}$$

zerlegt werden kann,

$$\underline{v} = \underline{v}_1 + \underline{v}_2 \quad . \tag{8c}$$

Hierbei läßt sich $\underline{v}_1$ nach Gl.(3) aus q und $\underline{v}_2$ nach Gl.(6) aus $\underline{w}$ berechnen, und die Summe $\underline{v}$ erfüllt Gl.(7) wie gefordert.

Ohne Beweis sei noch angemerkt, daß sich alle Überlegungen dieses Paragraphen auch für ein endliches Grundgebiet anstellen lassen, wenn man anstelle des Verschwindens im Unendlichen die Normalkomponente an der Oberfläche vorgibt.

Ein physikalisch wichtiges Beispiel einer solchen Zerlegung bieten die elastischen Wellen. Der Verschiebungsvektor $\underline{s}$ in einem isotropen elastischen Medium befolgt die Differentialgleichung

$$\rho \frac{\partial^2 \underline{s}}{\partial t^2} = 2A \,\mathrm{grad}\,\mathrm{div}\,\underline{s} - G \,\mathrm{rot}\,\mathrm{rot}\,\underline{s} \quad ,$$

wobei ρ die Dichte und A und G zwei Konstanten bedeuten. Zerlegen wir $\underline{s} = \underline{s}_1 + \underline{s}_2$, wobei rot $\underline{s}_1 = 0$ und div $\underline{s}_2 = 0$ ist, so ergeben sich nach einfacher Rechnung für diese Anteile getrennte Differentialgleichungen

$$\rho \frac{\partial^2 \underline{s}_1}{\partial t^2} = 2A\nabla^2 \underline{s}_1 \quad ; \quad \rho \frac{\partial^2 \underline{s}_2}{\partial t^2} = G\nabla^2 \underline{s}_2 \quad .$$

Ihre einfachste Lösung ist eine ebene Welle in Richtung eines Wellenvektors $\underline{k}$, dessen Betrag die Wellenlänge $\lambda = 2\pi/k$ bestimmt,

$$\underline{s} = \underline{a}\, e^{i(\underline{k}\cdot\underline{r}-\omega t)} \quad .$$

Einsetzen in die Differentialgleichung gibt zwei verschiedene Beziehungen zwischen Wellenlänge und Frequenz, nämlich

$$k_1^2 = \frac{\rho\omega^2}{2A} \quad ; \quad k_2^2 = \frac{\rho\omega^2}{G} \quad .$$

Die Bedingung der Wirbelfreiheit von $\underline{s}_1$ ergibt ferner $\underline{s}_1 \times \underline{k} = 0$, d.h. diese Verschiebung erfolgt longitudinal. Die Quellenfreiheit von $\underline{s}_2$ dagegen führt zu $\underline{s}_2 \cdot \underline{k} = 0$, also zu einer transversalen Welle.

§5. Vektorkomponenten in Kugelkoordinaten

In physikalischen Anwendungen tritt immer wieder die Notwendigkeit auf, Vektorfelder und ihre Ableitungen in bestimmten, einem konkreten Problem angepaßten Koordinaten zu beschreiben. Bisher haben wir dies ausschließlich in kartesischen Koordinaten getan. Daneben treten in drei Dimensionen als wichtigste die Kugelkoordinate (sphärischen Polarkoordinaten) auf, für die wir im folgenden die Ausdrücke der Vektoranalysis berechnen wollen. Als Nebenprodukt erhalten wir dabei auch Formeln für die einfachen Zylinderkoordinaten (des Kreiszylinders).

a) *Komponentenzerlegung*

Bekanntlich sind die Kugelkoordinaten r, ϑ, φ eines Punktes P mit den kartesischen Koordinaten x,y,z gemäß Fig.2 durch die Beziehungen

$$x = r\,\sin\vartheta\cos\varphi \quad ; \quad y = r\,\sin\vartheta\sin\varphi \quad ; \quad z = r\,\cos\vartheta \tag{1}$$

verknüpft. Wir können an dieser Stelle auch gleich die mit $\rho = r\,\sin\vartheta$ definierten Zylinderkoordinaten ρ, φ, z einführen, für die

$$x = \rho\cos\varphi \quad ; \quad y = \rho\sin\varphi \quad ; \quad z = z \tag{2}$$

gilt.

Nun sei im Punkte P ein Vektor $\underline{v}$ mit den Komponenten v_x, v_y, v_z angebracht. Dann projizieren wir P in die x,y-Ebene nach P' und beschreiben $\underline{v}$ durch v_z und seine Projektion in diese Ebene, die wir wiederum in Komponenten v_ρ und v_φ zerlegen, wie in Fig. 3 angedeutet. An dieser Figur liest man die Formeln

$$v_x = v_\rho\cos\varphi - v_\varphi\sin\varphi \quad ; \quad v_y = v_\rho\sin\varphi + v_\varphi\cos\varphi \tag{3a}$$

ab, mit der Umkehrung

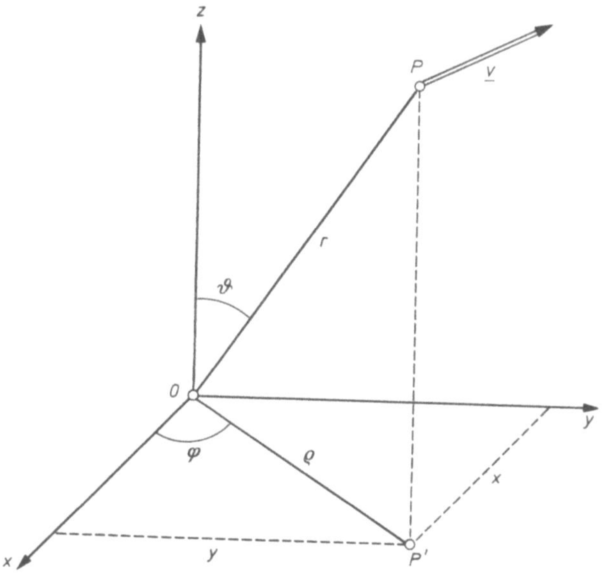

Fig.2.
Kugel- und Zylinderkoordinaten

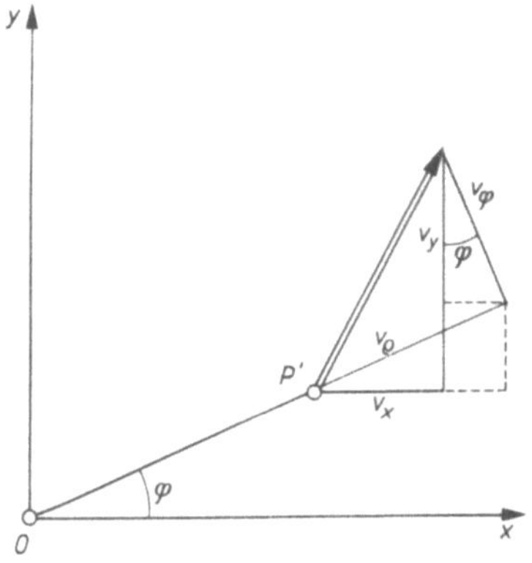

Fig.3. Komponentenzerlegung in der Grundriß-ebene (x,y-Ebene): Zusammenhang von v_x und v_y mit v_ρ und v_φ

$$v_\rho = v_x \cos\varphi + v_y \sin\varphi \quad ; \quad v_\varphi = - v_x \sin\varphi + v_y \cos\varphi \quad . \tag{3b}$$

Da in Zylinderkoordinaten v_z als dritte Komponente erhalten bleibt, ist für diese damit die Komponentenzerlegung bereits abgeschlossen.

Um die Komponenten in Kugelkoordinaten vollständig zu berechnen, betrachten wir nun die Projektion von $\underline{v}$ in die durch P und die z-Achse aufgespannte Meridianebene. Dann ergibt sich das Bild von Fig.4, an der wir ablesen

$$v_\rho = v_r \sin\vartheta + v_\vartheta \cos\vartheta \; ;$$

$$v_z = v_r \cos\vartheta - v_\vartheta \sin\vartheta \tag{4a}$$

mit der Umkehrung

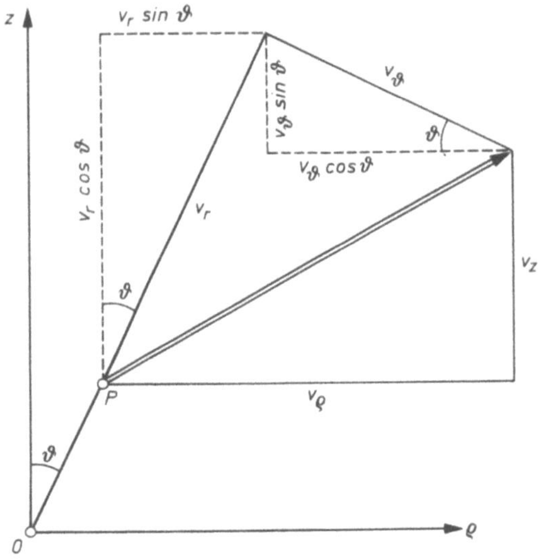

Fig.4. Komponentenzerlegung in der Meridianebene (ρ,z-Ebene): Zusammenhang von v_ρ und v_z mit v_r und v_ϑ

$$v_r = v_\rho \sin\vartheta + v_z \cos\vartheta \quad ;$$
$$v_\vartheta = v_\rho \cos\vartheta - v_z \sin\vartheta \quad . \tag{4b}$$

Außerdem besitzt $\underline{v}$ noch senkrecht zur Meridianebene die Komponente v_φ der Gl.(3b).

Wir können nun in (3a) für v_ρ den Ausdruck (4a) einsetzen und v_z aus (4a) hinzufügen; dann erhalten wir die Transformationsformeln

$$v_x = (v_r \sin\vartheta + v_\vartheta \cos\vartheta)\cos\varphi - v_\varphi \sin\varphi$$
$$v_y = (v_r \sin\vartheta + v_\vartheta \cos\vartheta)\sin\varphi + v_\varphi \cos\varphi$$
$$v_z = v_r \cos\vartheta - v_\vartheta \sin\vartheta \quad , \tag{5a}$$

wozu wir mit Hilfe von (4b) und (3b) die Umkehrformeln

$$v_r = (v_x \cos\varphi + v_y \sin\varphi)\sin\vartheta + v_z \cos\vartheta$$
$$v_\vartheta = (v_x \cos\varphi + v_y \sin\varphi)\cos\vartheta - v_z \sin\vartheta$$
$$v_\varphi = - v_x \sin\varphi + v_y \cos\varphi \tag{5b}$$

erhalten. Diese Formeln bilden die Basis für alles folgende.

b) *Der Ortsvektor* $\underline{r}$ ist ein Vektor mit den Komponenten x,y,z der bereits in Gl.(1) definiert ist. Offenbar besitzt er nur eine radiale Komponente r und geht aus Gl.(5a) speziell mit $v_r = r$, $v_\vartheta = 0$, $v_\varphi = 0$ hervor. Aus Gl.(4a) folgt die Zerlegung von $\underline{r}$ in die Komponenten $\rho = r \sin\vartheta$, $z = r \cos\vartheta$.

Von besonderem Interesse für die klassische Mechanik sind die erste und zweite Ableitung von $\underline{r}$ nach einem skalaren Parameter t, der in der Mechanik die Zeit bedeutet. Der Vektor $d\underline{r}/dt$, kurz $\dot{\underline{r}}$ geschrieben, ist dann die Geschwindigkeit und $d^2\underline{r}/dt^2 = \ddot{\underline{r}}$ die Beschleunigung einer Bewegung des Punktes P (Massenpunkt).

Die kartesischen Komponenten der Vektors $\underline{v} = \dot{\underline{r}}$ können wir durch Differenzieren von (1) mit Hilfe der Kugelkoordinaten ausdrücken:

$$v_x = \dot{x} = (\dot{r}\sin\vartheta + r\dot{\vartheta}\cos\vartheta)\cos\varphi - r\dot{\varphi}\sin\vartheta\sin\varphi$$

$$v_y = \dot{y} = (\dot{r}\sin\vartheta + r\dot{\vartheta}\cos\vartheta)\sin\varphi + r\dot{\varphi}\sin\vartheta\cos\varphi$$

$$v_z = \dot{z} = \dot{r}\cos\vartheta - r\dot{\vartheta}\sin\vartheta \quad . \tag{6}$$

Aus diesen kartesischen Komponenten von $\underline{v}$ erhalten wir nun mit Hilfe von (3b) zunächst die Komponenten in Zylinderkoordinaten,

$$v_\rho = v_x\cos\varphi + v_y\sin\varphi = \dot{r}\sin\vartheta + r\dot{\vartheta}\cos\vartheta$$

$$v_\varphi = -v_x\sin\varphi + v_y\cos\varphi = r\dot{\varphi}\sin\vartheta \tag{7}$$

und daraus wie in (4b) diejenigen in Kugelkoordinaten, die sich nach einfacher Rechnung zu

$$v_r = \dot{r} \quad ; \quad v_\vartheta = r\dot{\vartheta} \quad ; \quad v_\varphi = r\dot{\varphi}\sin\vartheta \tag{8}$$

zusammenziehen lassen. Dies Resultat steht in Einklang mit der Form des Linienelements $ds = |d\underline{r}|$ in Kugelkoordinaten,

$$ds^2 = dx^2 + dy^2 + dz^2 = dr^2 + r^2(d\vartheta^2 + \sin^2\vartheta d\varphi^2) \quad , \tag{9}$$

die sich umgekehrt aus (8) entnehmen läßt.

Nach der gleichen Methode, wenn auch umständlicher, lassen sich die Komponenten der Beschleunigung $\underline{b} = \ddot{\underline{r}} = \dot{\underline{v}}$ berechnen, deren kartesische Komponenten x, y, z man durch Differenzieren der Gl.(6) findet. Aus ihnen lassen sich dann gemäß (5b) die Komponenten b_r, b_ϑ, b_φ aufbauen. Wir geben sogleich das Ergebnis an:

$$b_r = \ddot{r} - r(\dot{\vartheta}^2 + \sin^2\vartheta\dot{\varphi}^2)$$

$$b_\vartheta = \frac{1}{r}\frac{d}{dt}(r^2\dot{\vartheta}) - r\dot{\varphi}^2\sin\vartheta\cos\vartheta$$

$$b_\varphi = \frac{1}{r\sin\vartheta}\frac{d}{dt}(r^2\sin^2\vartheta\dot{\varphi}) \quad . \tag{10}$$

Für die Verwendung von Zylinderkoordinaten merken wir daneben nach Gl.(3b) die Komponenten b_ρ und b_φ an, ausgedrückt mit Hilfe der Variablen ρ und φ,

$$b_\rho = \ddot{\rho} - \rho\dot{\varphi}^2 \quad ; \quad b_\varphi = \frac{1}{\rho}\frac{d}{dt}(\rho^2\dot{\varphi}) \quad . \tag{11}$$

c) *Berechnung vektorieller Ableitungen*

Um den Vektor

$$\underline{g} = \text{grad } u$$

in Kugelkoordinaten darzustellen benutzen wir zunächst einfach die Gln.(5b),

$$g_r = \left(\cos\varphi \frac{\partial u}{\partial x} + \sin\varphi \frac{\partial u}{\partial y}\right)\sin\vartheta + \frac{\partial u}{\partial z}\cos\vartheta$$

$$g_\vartheta = \left(\cos\varphi \frac{\partial u}{\partial x} + \sin\varphi \frac{\partial u}{\partial y}\right)\cos\vartheta - \frac{\partial u}{\partial z}\sin\vartheta$$

$$g_\varphi = -\frac{\partial u}{\partial x}\sin\varphi + \frac{\partial u}{\partial y}\cos\varphi \quad . \tag{12}$$

Sodann müssen wir aber noch die Ableitungen nach x,y,z durch diejenigen nach r, ϑ, φ ersetzen. Aus Gl.(1) folgt

$$\frac{\partial u}{\partial r} = \frac{\partial u}{\partial x}\frac{\partial x}{\partial r} + \frac{\partial u}{\partial y}\frac{\partial y}{\partial r} + \frac{\partial u}{\partial z}\frac{\partial z}{\partial r}$$

$$= \sin\vartheta\left(\cos\varphi \frac{\partial u}{\partial x} + \sin\varphi \frac{\partial u}{\partial y}\right) + \cos\vartheta \frac{\partial u}{\partial z} \quad ,$$

$$\frac{\partial u}{\partial \vartheta} = r\cos\vartheta\left(\cos\varphi \frac{\partial u}{\partial x} + \sin\varphi \frac{\partial u}{\partial y}\right) - r\sin\vartheta \frac{\partial u}{\partial z} \quad ,$$

$$\frac{\partial u}{\partial \varphi} = -r\sin\vartheta\sin\varphi \frac{\partial u}{\partial x} + r\sin\vartheta\cos\varphi \frac{\partial u}{\partial y} \quad . \tag{13a}$$

Hier treten die gleichen Kombinationen wie in (12) auf, woraus wir sofort

$$g_r = \frac{\partial u}{\partial r} \quad ; \quad g_\vartheta = \frac{1}{r}\frac{\partial u}{\partial \vartheta} \quad ; \quad g_\varphi = \frac{1}{r\sin\vartheta}\frac{\partial u}{\partial \varphi} \tag{14}$$

für die Komponenten von grad u entnehmen. Das Wesentliche an diesem Verfahren des Umrechnens ist offenbar die Zweistufigkeit: Wir müssen andere Komponente bilden und diese in anderen Variablen ausdrücken. Wir werden im nächsten Kapitel sehen, wie sich diese Umständlichkeit im Rahmen der Riemannschen Geometrie vermeiden läßt.

Die vorstehenden Formeln verwenden wir nun zur Berechnung von div $\underline{v}$. Wir brauchen dafür zunächst die Umkehrung der Gln.(13a):

$$\frac{\partial u}{\partial x} = \left(\sin\vartheta \frac{\partial u}{\partial r} + \frac{\cos\vartheta}{r}\frac{\partial u}{\partial \vartheta}\right)\cos\varphi - \frac{\sin\varphi}{r\sin\vartheta}\frac{\partial u}{\partial \varphi}$$

$$\frac{\partial u}{\partial y} = \left(\sin\vartheta \frac{\partial u}{\partial r} + \frac{\cos\vartheta}{r}\frac{\partial u}{\partial \vartheta}\right)\sin\varphi + \frac{\cos\varphi}{r\sin\vartheta}\frac{\partial u}{\partial \varphi}$$

$$\frac{\partial u}{\partial z} = \cos\vartheta \frac{\partial u}{\partial r} - \frac{\sin\vartheta}{r}\frac{\partial u}{\partial \vartheta} \quad . \tag{13b}$$

Diese Ausdrücke benutzen wir zur Berechnung von

$$\operatorname{div} \underline{v} = \frac{\partial v_x}{\partial x} + \frac{\partial v_y}{\partial y} + \frac{\partial v_z}{\partial z} \quad ,$$

indem wir hier der Reihe nach v_x, v_y, v_z gemäß (5a) einsetzen und für ihre Differentialquotienten (13b) anwenden. Diese elementare und systematische, aber umständliche Rechnung führt schließlich zu einem relativ einfachen Ausdruck,

$$\operatorname{div} \underline{v} = \left(\frac{\partial}{\partial r} + \frac{2}{r}\right)v_r + \frac{1}{r}\left(\frac{\partial}{\partial \vartheta} + \cot\vartheta\right)v_\vartheta + \frac{1}{r \sin\vartheta}\frac{\partial v_\varphi}{\partial \varphi} \tag{15a}$$

oder

$$\operatorname{div} \underline{v} = \frac{1}{r^2}\frac{\partial}{\partial r}(r^2 v_r) + \frac{1}{r \sin\vartheta}\left\{\frac{\partial}{\partial \vartheta}(\sin\vartheta v_\vartheta) + \frac{\partial}{\partial \varphi} v_\varphi\right\} \quad . \tag{15b}$$

Führen wir hier für $\underline{v}$ speziell die Komponenten (14) des Vektors grad u ein, so finden wir ohne Mühe den Laplace-Operator in Kugelkoordinaten ausgedrückt:

$$\nabla^2 u = \frac{1}{r^2}\frac{\partial}{\partial r}\left(r^2 \frac{\partial u}{\partial r}\right) + \frac{1}{r^2 \sin\vartheta}\frac{\partial}{\partial \vartheta}\left(\sin\vartheta \frac{\partial u}{\partial \vartheta}\right) + \frac{1}{r^2 \sin^2\vartheta}\frac{\partial^2 u}{\partial \varphi^2} \quad . \tag{16}$$

Die Berechnung von rot $\underline{v}$ auf dem gleichen Wege wird noch erheblich mühsamer. Wir beschränken uns deshalb hier darauf, das Resultat anzugeben:

$$\operatorname{rot}_r \underline{v} = \frac{1}{r \sin\vartheta}\left\{\frac{\partial}{\partial \vartheta}(\sin\vartheta v_\varphi) - \frac{\partial}{\partial \varphi} v_\vartheta\right\}$$

$$\operatorname{rot}_\vartheta \underline{v} = \frac{1}{r}\left\{\frac{1}{\sin\vartheta}\frac{\partial}{\partial \varphi} v_r - \frac{\partial}{\partial r}(r v_\varphi)\right\}$$

$$\operatorname{rot}_\varphi \underline{v} = \frac{1}{r}\left\{\frac{\partial}{\partial r}(r v_\vartheta) - \frac{\partial}{\partial \vartheta} v_r\right\} \quad . \tag{17}$$

Hier werden sich die im nächsten Kapitel behandelten Methoden der Riemannschen Geometrie besonders bewähren.

In vielen physikalischen Anwendungen wird auch der Vektor

$$\underline{w} = \underline{r} \times \operatorname{grad} u \tag{18a}$$

gebraucht. In der Quantenmechanik z.B. dient er zur Beschreibung des Drehimpulses. Seine Komponenten sind

$$w_r = 0 \quad ; \quad w_\vartheta = -\frac{1}{\sin\vartheta}\frac{\partial u}{\partial \varphi} \quad ; \quad w_\varphi = \frac{\partial u}{\partial \vartheta} \quad . \tag{18b}$$

Von Interesse ist auch die Komponente

$$w_z = \frac{\partial u}{\partial \varphi} \quad , \tag{18c}$$

die sich sofort aus (5a) und (18b) entnehmen läßt.

§6. Elementare Theorie der Tensoren

a) *Physikalische Motivierung*

Schon in der klassischen Mechanik tritt ein homogener linearer Zusammenhang zwischen zwei Vektoren auf, so daß zwischen den Komponenten zweier Vektoren $\underline{a}$ und $\underline{b}$ Relationen

$$b_x = T_{xx}a_x + T_{xy}a_y + T_{xz}a_z$$
$$b_y = T_{yx}a_x + T_{yy}a_y + T_{yz}a_z$$
$$b_z = T_{zx}a_x + T_{zy}a_y + T_{zz}a_z \qquad (1a)$$

bestehen, kurz geschrieben

$$b_\mu = \sum_\nu T_{\mu\nu}a_\nu \quad . \qquad (1b)$$

Will man die koordinatenfreie Formulierung der Vektorrechnung auf einen solchen Zusammenhang erweitern, so muß man die neun Koeffizienten $T_{\mu\nu}$ zu einem einheitlichen Gebilde $\underline{\underline{T}}$ zusammenfassen, das man einen *Tensor* nennt. Man schreibt dann symbolisch

$$\underline{b} = \underline{\underline{T}}\,\underline{a} \quad . \qquad (1c)$$

In diesem Sinne ist also ein Tensor ein linearer, auf einen Vektor wirkender Operator.

Ein solcher Zusammenhang tritt z.B. in der Mechanik des starren Körpers zwischen Drehimpuls $\underline{L}$ und Winkelgeschwindigkeit $\underline{\omega}$ auf, $\underline{L} = \underline{\underline{\Theta}}\,\underline{\omega}$. Der verbindende Tensor $\underline{\underline{\Theta}}$ heißt der Trägheitstensor; seine Komponenten in einem körperfesten Koordinatensystem beschreiben vollständig das mechanische Verhalten des Körpers.

Auch zwischen *Vektorfeldern* bestehen in der Physik häufig solche Zusammenhänge, die dann durch *Tensorfelder* beschrieben werden. Die elastische Deformation eines Körpers, die jeden materiellen Punkt am Orte $\underline{r}$ um ein von Ort zu Ort verschiedenes $\underline{u}$ verschiebt, ist für zwei Nachbarpunkte verschieden. Ist deren vektorieller Abstand im undeformierten Zustand $d\underline{r}^o$, im deformierten $d\underline{r}$, so werden die Komponenten der Differenz

$$dx_\mu - dx_\mu^o = du_\mu = \sum_\nu \frac{\partial u_\mu}{\partial x_\nu^o}\, dx_\nu^o = \sum_\nu T_{\mu\nu} dx_\nu^o$$

oder kurz $d\underline{u} = \underline{\underline{T}}\, d\underline{r}^o$ ebenfalls über einen Tensor $\underline{\underline{T}}$ miteinander verbunden. Auch in der Optik anisotroper Substanzen (Kristalloptik) tritt anstelle der Dielektrizitätskonstanten ε, welche die Verschiebung $\underline{D}$ in isotropen Substanzen mit der Feldstärke $\underline{E}$ verbindet, $\underline{D} = \varepsilon\underline{E}$, ein tensorieller Zusammenhang $\underline{D} = \underline{\underline{\varepsilon}}\,\underline{E}$, bei dem jetzt $\underline{\underline{\varepsilon}}$ ein durch die Achsen des Kristalls bestimmter Tensor wird und $\underline{D}$ nicht länger parallel zu $\underline{E}$ ist.

Viele Tensoren der Physik sind *symmetrisch*, d.h. für ihre Komponenten gilt $T_{\mu\nu} = T_{\nu\mu}$, und zwar unabhängig von der Orientierung des Achsenkreuzes, wie wir noch sehen werden. *Antisymmetrische* Tensoren, bei denen $T_{\mu\nu} = -T_{\nu\mu}$ ist und deren diagonale Komponenten daher verschwinden, lassen sich in drei Dimensionen wie Vektoren behandeln ("axiale" Vektoren). Ein solches Gebilde ist z.B. die magnetische Feldstärke. Tensoren ohne jede Symmetrie treten weniger häufig auf. Sie lassen sich stets eindeutig in einen symmetrischen Anteil $S_{\mu\nu}$ und einen antisymmetrischen $A_{\mu\nu}$ zerlegen:

$$T_{\mu\nu} = S_{\mu\nu} + A_{\mu\nu} \quad ; \quad S_{\mu\nu} = \frac{1}{2}(T_{\mu\nu} + T_{\nu\mu}) \quad ; \quad A_{\mu\nu} = \frac{1}{2}(T_{\mu\nu} - T_{\nu\mu}) \quad . \tag{2}$$

Im Falle der elastischen Deformation z.B. heißt der symmetrische Anteil des Tensors mit den Komponenten $2T_{\mu\nu}$ der Deformationstensor $\gamma_{\mu\nu} = (\partial u_\mu/\partial x_\nu^0 + \partial u_\nu/\partial x_\mu^0)$, und sein antisymmetrischer Anteil rot $\underline{u}$ ist ein Vektor, der die Drehung der Materie an der betreffenden Stelle beschreibt. Im folgenden werden wir uns vorzugsweise mit symmetrischen Tensoren beschäftigen.

b) *Transformationseigenschaften*

Damit in Gl.(1a-c) sowohl $\underline{a}$ als $\underline{b}$ Vektoren sind, müssen ihre Komponenten bei einer Drehung $\underline{r}' = \underline{\underline{D}}\underline{r}$ des Achsenkreuzes, die durch die orthogonale Matrix $\underline{\underline{D}}$ mit

$$\sum_\lambda D_{\mu\lambda} D_{\nu\lambda} = \delta_{\mu\nu} \quad ; \quad \sum_\lambda D_{\lambda\mu} D_{\lambda\nu} = \delta_{\mu\nu} \tag{3a}$$

beschrieben wird, den gleichen Relationen genügen:

$$x'_\mu = \sum_\lambda D_{\mu\lambda} x_\lambda \quad ; \quad a'_\mu = \sum_\lambda D_{\mu\lambda} a_\lambda \quad ; \quad b'_\mu = \sum_\lambda D_{\mu\lambda} b_\lambda \quad . \tag{3b}$$

Dazu müssen sich die Komponenten von $\underline{\underline{T}}$ ebenfalls in einer für sie charakteristischen Weise transformieren. Nur wenn dies der Fall ist, dürfen wir das Gebilde $\underline{\underline{T}}$ als einen Tensor bezeichnen; nur dann können $\underline{a}$ und $\underline{b}$ beide gleichzeitig Vektoren sein. Mit Hilfe von (3b) leitet man aus

$$b'_\mu = \sum_\nu T'_{\mu\nu} a'_\nu$$

unter Zuhilfenahme von (3a) leicht die Transformationsformeln der Tensorkomponenten ab:

$$T'_{\mu\nu} = \sum_{\rho\sigma} D_{\mu\rho} D_{\nu\sigma} T_{\rho\sigma} \quad ; \quad T_{\mu\nu} = \sum_{\rho\sigma} D_{\rho\mu} D_{\sigma\nu} T'_{\rho\sigma} \quad . \tag{4}$$

Nun wissen wir, daß das Betragsquadrat eines Vektors ein Skalar, also eine *Invariante* gegen die Drehung (3a) des Achsenkreuzes ist. Analog können wir das Betragsquadrat eines Tensors

$$(\underline{\underline{T}} \cdot \underline{\underline{T}}) = \sum_{\mu\nu} T_{\mu\nu}^2 \tag{5}$$

einführen. Nach den Gln.(4) und (3a) rechnen wir dann leicht nach, daß auch dies ein Skalar wird,

$$\sum_{\mu\nu} T'^2_{\mu\nu} = \sum_{\mu\nu} T_{\mu\nu}^2 \quad .$$

Ein Vektor hat nur diese eine Invariante. Ist dies nun aber die einzige Invariante eines Tensors? Eine einfache Rechnung ergibt z.B. für die Summe der Diagonalglieder

$$\sum_{\mu} T'_{\mu\mu} = \sum_{\mu}\sum_{\rho\sigma} D_{\mu\rho} D_{\mu\sigma} T_{\rho\sigma} = \sum_{\rho\sigma} \delta_{\rho\sigma} T_{\rho\sigma} = \sum_{\rho} T_{\rho\rho} \tag{6}$$

ebenfalls Invarianz. Diese Größe, die *Spur* des Tensors, ist daher ebenfalls ein Skalar.

Man kann beweisen, daß es noch zwei weitere Invarianten eines dreidimensionalen Tensors gibt. Um dies möglichst anschaulich vorzubereiten, wollen wir uns für den Augenblick auf einen zweidimensionalen Tensor beschränken. Wir betrachten zwei zweidimensionale Vektoren $\underline{a}$ und $\underline{b}$, die durch einen Tensor $\underline{\underline{T}}$ in $\underline{a}' = \underline{\underline{T}}\underline{a}$ und $\underline{b}' = \underline{\underline{T}}\underline{b}$ übergeführt werden. Dann ist die Fläche F des von den beiden Vektoren aufgespannten Parallelogramms bekanntlich

$$F = \begin{vmatrix} a_x & a_y \\ b_x & b_y \end{vmatrix} = a_x b_y - a_y b_x \quad .$$

Die Anwendung des Tensors $\underline{\underline{T}}$ auf die Vektoren macht daraus die Fläche

$$F' = a'_x b'_y - a'_y b'_x$$

oder, wegen

$$a'_x = T_{xx} a_x + T_{xy} a_y \quad ; \quad a'_y = T_{yx} a_x + T_{yy} a_y$$

und entsprechend für $\underline{b}$,

$$F' = (T_{xx} a_x + T_{xy} a_y)(T_{yx} b_x + T_{yy} b_y) - (T_{yx} a_x + T_{yy} a_y)(T_{xx} b_x + T_{xy} b_y) \quad .$$

Das läßt sich umschreiben in

$$F' = (T_{xx} T_{yy} - T_{xy} T_{yx}) F \quad .$$

Mit anderen Worten, unabhängig von der Wahl der beiden Vektoren $\underline{a}$ und $\underline{b}$ wird jede Fläche bei der Tensortransformation um den Faktor

$$\frac{F'}{F} = \begin{vmatrix} T_{xx} & T_{xy} \\ T_{yx} & T_{yy} \end{vmatrix} = \det \underline{\underline{T}}$$

verändert. Da aber das Flächenverhältnis einen von den Koordinaten unabhängigen geometrischen Sinn hat, muß die Determinante der Tensorelemente notwendig ein Skalar sein.

Gilt dies für jeden Tensor, so muß es auch für den Tensor

$$\underline{\underline{\Theta}} = \underline{\underline{T}} - \lambda\underline{\underline{1}} = \begin{vmatrix} T_{xx}-\lambda & T_{xy} \\ T_{yx} & T_{yy}-\lambda \end{vmatrix}$$

zutreffen, bei dem das Symbol $\underline{\underline{1}}$ den Einheitstensor ($\underline{a} = \underline{\underline{1}}\,\underline{a}$) und λ irgendeinen Zahlenfaktor bedeutet. Entwickeln wir die Determinante von $\underline{\underline{\Theta}}$, so entsteht

$$\det \underline{\underline{\Theta}} = \lambda^2 - \lambda(T_{xx} + T_{yy}) + \det \underline{\underline{T}} \quad ,$$

woraus wir nochmals schließen können, daß auch die Spur $T_{xx} + T_{yy}$ ein Skalar ist.

Diese zweidimensionale Betrachtung läßt sich ganz genauso auch in drei Dimensionen an der tensoriellen Transformation eines von drei Vektoren aufgespannten Volumens

$$V = [\underline{a}, \underline{b}, \underline{c}] = \begin{vmatrix} a_x & a_y & a_z \\ b_x & b_y & b_z \\ c_x & c_y & c_z \end{vmatrix}$$

durchführen, wenn wir

$$V' = [\underline{a}', \underline{b}', \underline{c}'] = [\underline{\underline{T}}\underline{a}, \underline{\underline{T}}\underline{b}, \underline{\underline{T}}\underline{c}]$$

bilden. Die etwas mühsame Rechnung gibt dann ebenfalls

$$V'/V = \det \underline{\underline{T}} \quad ; \tag{7}$$

also ist auch hier die Determinante ein Skalar. Bilden wir wieder $\underline{\underline{\Theta}} = \underline{\underline{T}} - \lambda\underline{\underline{1}}$, so entsteht jetzt für det $\underline{\underline{\Theta}}$ eine Form dritten Grades,

$$\det \underline{\underline{\Theta}} = -\lambda^3 + \lambda^2 T' - \lambda T'' + \det \underline{\underline{T}} \quad , \tag{8}$$

so daß wir insgesamt drei Invarianten[1] des Tensors $\underline{\underline{T}}$ finden, außer det $\underline{\underline{T}}$ und

$$T' = T_{xx} + T_{yy} + T_{zz} = \text{spur}\, \underline{\underline{T}} \tag{9}$$

noch die dritte

$$T'' = (T_{xx}T_{yy} + T_{yy}T_{zz} + T_{zz}T_{xx}) - (T_{xy}T_{yx} + T_{yz}T_{zy} + T_{zx}T_{xz}) \quad . \tag{10}$$

c) *Tensorellipsoid*

Wir fragen nun nach Lösungen der Gleichung $\underline{\underline{\Theta}}\underline{u} = 0$ oder

$$\underline{\underline{T}}\,\underline{u} = \lambda \underline{u} \quad . \tag{11}$$

---

[1]Die Invariante $(\underline{\underline{T}} \cdot \underline{\underline{T}})$ läßt sich durch diese drei Invarianten ausdrücken, ist also keine vierte unabhängige Invariante. Für einen symmetrischen Tensor gilt $(\underline{\underline{T}} \cdot \underline{\underline{T}}) = T'^2 - 2T''$, allgemein ist $(\underline{\underline{T}} \cdot \underline{\underline{T}}) = \text{spur}(\underline{\underline{T}}\,\tilde{\underline{\underline{T}}})$.

In Komponentenschreibweise ist dies das homogene Gleichungssystem

$$\sum_{\nu} \theta_{\mu\nu} u_{\nu} = 0 \quad ,$$

das dann und nur dann Lösungen u_{ν} besitzt, wenn seine Determinante verschwindet, wenn also nach Gl.(8) λ Lösung der Gleichung dritten Grades

$$\lambda^3 - \lambda^2 T' + \lambda T'' - \det \underline{\underline{T}} = 0 \tag{12}$$

ist. Das ergibt drei Eigenwerte $\lambda = \lambda_n$ von $\underline{\underline{T}}$, zu deren jedem ein Eigenvektor $\underline{u}_n$ gehört, für den

$$\underline{\underline{T}}\, \underline{u}_n = \lambda_n \underline{u}_n \tag{13}$$

ist, der also bei Anwendung des Tensors seine Richtung beibehält und seinen Betrag um den Faktor λ_n verändert.

Wir bilden nun

$$\underline{u}_1 \cdot \underline{\underline{T}}\, \underline{u}_2 - \underline{u}_2 \cdot \underline{\underline{T}}\, \underline{u}_1 = (\lambda_2 - \lambda_1)(\underline{u}_1 \cdot \underline{u}_2) \quad .$$

Ist der Tensor $\underline{\underline{T}}$ *symmetrisch*, so verschwindet die linke Seite, da dann für irgend zwei Vektoren

$$\underline{a} \cdot \underline{\underline{T}}\, \underline{b} - \underline{b} \cdot \underline{\underline{T}}\, \underline{a} = \sum_{\mu\nu} (a_\mu T_{\mu\nu} b_\nu - b_\mu T_{\mu\nu} a_\nu) = \sum_{\mu\nu} a_\mu b_\nu (T_{\mu\nu} - T_{\nu\mu}) = 0$$

wird. Daher ist auch für $\lambda_2 \neq \lambda_1$ das skalare Produkt $(\underline{u}_1 \cdot \underline{u}_2) = 0$. Der Tensor $\underline{\underline{T}}$ definiert damit ein Achsenkreuz von drei zu einander senkrechten Vektoren $\underline{u}_n$. Wir wollen sie im folgenden als Einheitsvektoren normieren ($\underline{u}_n^2 = 1$).

Die Fläche $\underline{r} \cdot \underline{\underline{T}}\, \underline{r} = c$ ist eine Fläche zweiten Grades. In den physikalischen Anwendungen wird der Tensor stets so gewählt, daß sich für eine positive Konstante c eine reelle Fläche ergibt. Daher wollen wir auf c = 1 spezialisieren. Die Fläche

$$\underline{r} \cdot \underline{\underline{T}}\, \underline{r} = 1 \tag{14}$$

heißt das *Tensorellipsoid* (sofern alle drei $\lambda_n > 0$ sind, sonst entsteht ein Hyperboloid). Ist der Tensor symmetrisch, so folgt aus (14)

$$2\, \delta\underline{r} \cdot \underline{\underline{T}}\, \underline{r} = 0 \quad ,$$

wenn die Verschiebung $\delta\underline{r}$ in der Fläche liegt. Legen wir $\underline{r}$ in die Richtung von $\underline{u}_n$, so daß $\underline{r}_n = C\, \underline{u}_n$ wird, so ist

$$\delta\underline{r} \cdot \underline{\underline{T}}\, \underline{r}_n = C\lambda_n \delta\underline{r} \cdot \underline{u}_n = 0 \quad ,$$

d.h. $\delta\underline{r}$ steht senkrecht auf $\underline{u}_n$ und damit auf $\underline{r}$. Wir befinden uns also an einem Scheitel des Ellipsoids. Dort wird

$$\underline{r}_n \cdot \underline{\underline{T}}\, \underline{r}_n = C^2 \lambda_n = 1 \quad \text{oder} \quad C^2 = 1/\lambda_n \quad .$$

Daher hat die Halbachse zu diesem Scheitel die Länge $r_n = 1/\sqrt{\lambda_n}$. Sind alle $\lambda_n > 0$, so ist das reell, und es liegt ein Ellipsoid vor; ist ein $\lambda_n < 0$, so gehört zu dieser Richtung eine imaginäre Achsenlänge, und wir haben ein Hyperboloid.

Nach dem Vietaschen Wurzelsatz folgt aus (12)

$$T' = \lambda_1 + \lambda_2 + \lambda_3 \quad ; \quad T'' = \lambda_1\lambda_2 + \lambda_2\lambda_3 + \lambda_3\lambda_1 \quad ;$$

$$\det \underline{\underline{T}} = \lambda_1\lambda_2\lambda_3 \quad . \tag{15}$$

Das legt bereits nahe, daß in einem Koordinatensystem, in dem die Achsen die Richtungen der drei $\underline{u}_n$ haben, der Tensor diagonal wird mit den drei λ_n als Diagonalkomponenten (Hauptachsentransformation).

Das können wir sofort bestätigen, indem wir die Gleichungen $\underline{\underline{T}}\,\underline{u}_n = \lambda_n \underline{u}_n$ im Hauptachsensystem in Komponenten aufschreiben. In diesem Koordinatensystem haben die drei Vektoren $\underline{u}_n$ die Komponenten

$$\underline{u}_1 = \begin{pmatrix} 1 \\ 0 \\ 0 \end{pmatrix} \; ; \quad \underline{u}_2 = \begin{pmatrix} 0 \\ 1 \\ 0 \end{pmatrix} \; ; \quad \underline{u}_3 = \begin{pmatrix} 0 \\ 0 \\ 1 \end{pmatrix} \; . \tag{16}$$

Die Gleichungen $\underline{\underline{T}}\,\underline{u}_n = \lambda_n \underline{u}_n$ lauten dann z.B. für $n = 1$ in Komponentenschreibweise

$$\underline{\underline{T}}\,\underline{u}_1 = \begin{pmatrix} T_{11} & T_{12} & T_{13} \\ T_{21} & T_{22} & T_{23} \\ T_{31} & T_{32} & T_{33} \end{pmatrix} \begin{pmatrix} 1 \\ 0 \\ 0 \end{pmatrix} = \begin{pmatrix} T_{11} \\ T_{21} \\ T_{31} \end{pmatrix} \overset{!}{=} \lambda_1 \underline{u}_1 = \begin{pmatrix} \lambda_1 \\ 0 \\ 0 \end{pmatrix} \; ;$$

d.h. $T_{11} = \lambda_1$, $T_{21} = 0$, $T_{31} = 0$. Analoges gilt für die zweite und dritte Spalte mit $n = 2$ und $n = 3$, so daß in der Tat die diagonale Form

$$\underline{\underline{T}} = \begin{pmatrix} \lambda_1 & 0 & 0 \\ 0 & \lambda_2 & 0 \\ 0 & 0 & \lambda_3 \end{pmatrix} \tag{17}$$

entsteht, die wir bereits an Gl.(15) vermutet hatten.

Unser Verfahren läßt sich im Prinzip auch auf antisymmetrische Tensoren übertragen. Dann folgt aus (9) und (10) $T' = 0$ und $T'' > 0$, außerdem wird in drei Dimensionen $\det \underline{\underline{T}} = 0$, so daß Gl.(12) die Form $\lambda^3 + \lambda T'' = 0$ annimmt, deren Lösungen $\lambda_1 = 0$ und $\lambda_{2,3} = \pm i\sqrt{T''}$ sind. Hier ist keine anschaulich geometrische Deutung möglich. Auch überzeugt man sich leicht davon, daß die Form $\underline{r} \cdot \underline{\underline{T}}\,\underline{r}$ identisch verschwindet, so daß Gl.(14) nicht erfüllt werden kann.

Dies hat zur Folge, daß für einen Tensor ohne Symmetrien nur sein symmetrischer Anteil $\underline{\underline{S}}$ in der Zerlegung (2) einen Beitrag zum Tensorellipsoid leistet,

$$\underline{r} \cdot \underline{\underline{T}}\,\underline{r} = \underline{r} \cdot \underline{\underline{S}}\,\underline{r} = 1 \quad .$$

d) *Tensoren mit Symmetrien*

Um die Zerlegung (2) von den Koordinaten unabhängig zu schreiben führen wir den zu $\underline{\underline{T}}$ *transponierten* Tensor $\tilde{\underline{\underline{T}}}$ durch die Beziehungen $\tilde{T}_{\mu\nu} = T_{\nu\mu}$ ein. Dann können wir (2) durch

$$\underline{\underline{T}} = \underline{\underline{S}} + \underline{\underline{A}} \quad ; \quad \underline{\underline{S}} = \frac{1}{2}(\underline{\underline{T}} + \tilde{\underline{\underline{T}}}) \quad ; \quad \underline{\underline{A}} = \frac{1}{2}(\underline{\underline{T}} - \tilde{\underline{\underline{T}}}) \tag{18}$$

ersetzen.

Ein weiterer wichtiger Typ ist der *orthogonale* Tensor. Er ist uns schon bei der Drehung des Achsenkreuzes in Gl.(3a,b) begegnet. Eine Drehung nach dem Schema (3b) können wir als Anwendung des gleichen Tensors $\underline{\underline{D}}$ auf *alle* Vektoren auffassen. Die Gln.(3a) lassen sich mit Hilfe des transponierten Tensors $\underline{\underline{D}}$ unabhängig von den Koordinaten

$$\underline{\underline{D}}\,\tilde{\underline{\underline{D}}} = \underline{\underline{1}} \quad ; \quad \tilde{\underline{\underline{D}}}\,\underline{\underline{D}} = \underline{\underline{1}} \tag{19a}$$

schreiben, wobei die Multiplikation der beiden Tensoren im Sinne der Matrixmultiplikation erfolgt, also

$$(A\ B)_{\mu\nu} = \sum_\lambda A_{\mu\lambda} B_{\lambda\nu} \quad .$$

Gl.(3b) nimmt die Gestalt an

$$\underline{r}' = \underline{\underline{D}}\,\underline{r} \quad ; \quad \underline{a}' = \underline{\underline{D}}\,\underline{a} \quad ; \quad \underline{b}' = \underline{\underline{D}}\,\underline{b} \quad . \tag{19b}$$

Auch die Transformationsformeln (4) der Tensorkomponenten lassen sich zu

$$\underline{\underline{T}}' = \underline{\underline{D}}\,\underline{\underline{T}}\,\tilde{\underline{\underline{D}}} \quad ; \quad \underline{\underline{T}} = \tilde{\underline{\underline{D}}}\,\underline{\underline{T}}'\,\underline{\underline{D}} \tag{20}$$

zusammenziehen.

Definieren wir die orthogonalen Tensoren durch (19a), so können wir statt dessen auch die Schreibweise

$$\tilde{\underline{\underline{D}}} = \underline{\underline{D}}^{-1} \tag{21}$$

benutzen, wenn wir allgemein den reziproken Tensor $\underline{\underline{T}}^{-1}$ zu $\underline{\underline{T}}$ durch die Gleichungen $\underline{\underline{T}}\,\underline{\underline{T}}^{-1} = \underline{\underline{1}}$ und $\underline{\underline{T}}^{-1}\,\underline{\underline{T}} = \underline{\underline{1}}$ definieren.

Ein Tensor besitzt immer dann eine Reziproke, wenn seine Determinante nicht verschwindet, da nach den Regeln für die Multiplikation von Determinanten $\det \underline{\underline{T}} \cdot \det \underline{\underline{T}}^{-1} = 1$ ist.

Für den orthogonalen Tensor ist nach (19a)

$$\det \underline{\underline{D}} \cdot \det \tilde{\underline{\underline{D}}} = 1 \quad ,$$

da aber für jeden Tensor $\underline{\underline{T}}$ und $\tilde{\underline{\underline{T}}}$ die gleiche Determinante besitzen, können wir hieraus $\det \underline{\underline{D}} = \pm 1$ entnehmen. Zu einer Drehung gehört $\det \underline{\underline{D}} = +1$, während $\det \underline{\underline{D}} = -1$ einer Drehspiegelung entspricht.

e) *Tensorprodukte*

Wir haben bisher zwei Arten der Produktbildung von Tensoren benutzt. In Gl.(5) und (6) untersuchten wir das Quadrat eines Tensors, allgemeiner das *skalare Produkt* zweier Tensoren,

$$(\underline{\underline{A}} \cdot \underline{\underline{B}}) = \sum_{\mu\nu} A_{\mu\nu} B_{\mu\nu} = \sum_{\mu\nu} A_{\mu\nu} \tilde{B}_{\nu\mu} = \mathrm{spur}\,(A\tilde{B}) \quad . \tag{22}$$

Aus der uns bereits bekannten Drehinvarianz der Spur eines Tensors sehen wir sofort, daß dies in der Tat ein Skalar ist. Wir merken noch an, daß für eine orthogonale Matrix

$$(\underline{\underline{D}} \cdot \underline{\underline{D}}) = \mathrm{spur}\ \underline{\underline{1}} = 3$$

wird. Dies skalare Produkt ist kommutativ.

Im letzten Abschnitt trat das *tensorielle Produkt* zweier Tensoren auf, das bei zweimaliger Anwendung von Tensoroperationen auf ein Vektorfeld entsteht:

$$\underline{b} = \underline{\underline{A}}\ \underline{a} \quad ; \quad \underline{c} = \underline{\underline{B}}\ \underline{b} = \underline{\underline{B}}\ \underline{\underline{A}}\ \underline{a} \quad .$$

Dies ist wieder ein Tensor, der in Komponentenschreibweise durch Matrixmultiplikation entsteht:

$$(\underline{\underline{B}}\ \underline{\underline{A}})_{\mu\nu} = \sum_{\lambda} B_{\mu\lambda} A_{\lambda\nu} \quad ,$$

entsprechend

$$b_\lambda = \sum_\nu A_{\lambda\nu} a_\nu \quad ; \quad c_\mu = \sum_\lambda B_{\mu\lambda} b_\lambda = \sum_\nu \Big(\sum_\lambda B_{\mu\lambda} A_{\lambda\nu}\Big) a_\nu \quad .$$

Dies tensorielle Produkt ist, genau wie dasjenige zweier Matrizen, assoziativ. Zum Unterschied vom skalaren Produkt gestattet es daher auch die *Iteration*, so daß wir $\underline{\underline{T}}\ \underline{\underline{T}} = \underline{\underline{T}}^2$, $\underline{\underline{T}}\ \underline{\underline{T}}\ \underline{\underline{T}} = \underline{\underline{T}}^3$ usw. schreiben dürfen.

Die Relation $\underline{b} = \underline{\underline{A}}\ \underline{a}$, die den Tensor $\underline{\underline{A}}$ als linearen, auf einen Vektor $\underline{a}$ wirkenden Operator beschreibt, läßt sich auch als *Produkt eines Tensors mit einem Vektor* bezeichnen. In einem solchen Produkt ist es auch möglich, die Reihenfolge der Faktoren umzukehren nach dem Schema

$$(\underline{\underline{A}}\ \underline{a})_\mu = \sum_\lambda A_{\mu\lambda} a_\lambda \quad ; \quad (\underline{a}\ \underline{\underline{A}})_\mu = \sum_\lambda a_\lambda A_{\lambda\mu} \quad . \tag{23a}$$

An diesen Definitionen lesen wir ab:

$$\underline{a}\ \underline{\underline{A}} = \tilde{\underline{\underline{A}}}\ \underline{a} \quad . \tag{23b}$$

Das wichtigste Produkt dieser Art gestattet von einem Tensorfeld $\underline{\underline{T}}$ durch Multiplikation mit dem symbolischen Vektor Nabla die *Divergenz* zu bilden:

$$\mathrm{Div}\ \underline{\underline{T}} = \nabla \underline{\underline{T}} \quad ; \tag{24a}$$

dies ist nach (23a) der Vektor mit den kartesischen Komponenten

$$(\mathrm{Div}\ \underline{\underline{T}})_\mu = \sum_\lambda \partial_\lambda T_{\lambda\mu} \quad . \tag{24b}$$

Damit eröffnet sich die Möglichkeit, eine Tensoranalysis aufzubauen. Dies werden wir in Kapitel II ausführlich verfolgen.

Die Umkehrung von (24a) nach (23b) in $\underline{\underline{T}}\nabla$ ist natürlich sinnlos.

Aus den Gln.(23a,b) entnehmen wir noch, daß die Identität

$$(\underline{b} \cdot \underline{\underline{A}}\ \underline{a}) = (\underline{b}\ \underline{\underline{A}} \cdot \underline{a}) \tag{25}$$

gilt. Man kann das leicht in Komponentenschreibweise einsehen:

$$(\underline{b} \cdot \underline{\underline{A}}\ \underline{a}) = \sum_\mu b_\mu \Big(\sum_\lambda A_{\mu\lambda} a_\lambda\Big) = \sum_\lambda \Big(\sum_\mu b_\mu A_{\mu\lambda}\Big) a_\lambda$$

$$= \sum_\lambda (\underline{b}\ \underline{\underline{A}})_\lambda a_\lambda = (\underline{b}\ \underline{\underline{A}} \cdot \underline{a}) \quad .$$

Wir können daher auch den Punkt in der Bilinearform (25) weglassen und dies Produkt einfach symmetrisch $(\underline{b}\ \underline{\underline{A}}\ \underline{a})$ schreiben. Das trifft z.B. in Gl. (14) für das Tensorellipsoid zu: $(\underline{r}\ \underline{\underline{T}}\ \underline{r}) = 1$.

Schließlich definieren wir noch das *direkte Produkt zweier Vektoren* $\underline{a}$ und $\underline{b}$ als die Gesamtheit der Produkte

$$A_{\mu\nu} = a_\mu b_\nu \quad . \tag{26}$$

Bei einer Drehung des Achsenkreuzes transformieren sich diese Produkte wie die Komponenten eines Tensors, d.h. die $A_{\mu\nu}$ bilden einen Tensor $\underline{\underline{A}}$. In §5 haben wir für das Beispiel der Kugelkoordinaten gezeigt, wie Vektorkomponenten von kartesischen auf diese Koordinaten umzurechnen sind. Die Beziehung (26) läßt sich benutzen, um eine solche Umrechnung auf Tensorkomponenten zu übertragen.

Direkte Produkte von mehr als zwei Vektoren bilden Tensoren höherer Stufe, etwa

$$T_{\lambda\mu\nu} = a_\lambda b_\mu c_\nu$$

usw. Der systematische Aufbau solcher Zusammenhänge ebenso wie der Übergang zu beliebigen Koordinatensystemen wird im folgenden Kapitel II dieses Bandes eingehend studiert werden.

Aufgaben zu Kapitel I: Elementare Vektor- und Tensoranalysis

1. Aufgabe (zu §1). Für einen Vektor $\underline{v}$ seien die skalaren Produkte $\underline{v} \cdot \underline{a} = \alpha$, $\underline{v} \cdot \underline{b} = \beta$, $\underline{v} \cdot \underline{c} = \gamma$ mit drei gegebenen Vektoren $\underline{a}$, $\underline{b}$, $\underline{c}$ bekannt. Der Vektor $\underline{v}$ soll daraus konstruiert werden.

Lösung. In Komponentenschreibweise haben wir

$$a_x v_x + a_y v_y + a_z v_z = \alpha$$

$$b_x v_x + b_y v_y + b_z v_z = \beta$$

$$c_x v_x + c_y v_y + c_z v_z = \gamma \quad .$$

Dies sind drei lineare Gleichungen, die wir nach den Unbekannten v_x, v_y, v_z auflösen können. Damit erhalten wir

$$v_x = \frac{\begin{vmatrix} \alpha & a_y & a_z \\ \beta & b_y & b_z \\ \gamma & c_y & c_z \end{vmatrix}}{\begin{vmatrix} a_x & a_y & a_z \\ b_x & b_y & b_z \\ c_x & c_y & c_z \end{vmatrix}} = \frac{\alpha(b_y c_z - b_z c_y) + \beta(c_y a_z - c_z a_y) + \gamma(a_y b_z - a_z b_y)}{[\underline{a}, \underline{b}, \underline{c}]} \quad .$$

Hier treten im Zähler gerade die x-Komponenten der drei vektoriellen Produkte auf, so daß bei analoger Behandlung von v_y und v_z schließlich

$$\underline{v} = \frac{\alpha(\underline{b} \times \underline{c}) + \beta(\underline{c} \times \underline{a}) + \gamma(\underline{a} \times \underline{b})}{[\underline{a}, \underline{b}, \underline{c}]}$$

entsteht.

Man überprüft leicht die Richtigkeit dieser Formel, indem man z.B. skalar mit $\underline{a}$ multipliziert. Dann verschwinden rechts die Beiträge der beiden letzten Glieder, und es verbleibt eine Identität.

2. Aufgabe (zu §1). Gegeben seien ein Vektor $\underline{a}$ sowie die beiden Produkte $(\underline{v} \cdot \underline{a}) = \alpha$ und $\underline{v} \times \underline{a} = \underline{b}$. Gesucht ist der Vektor $\underline{v}$.

Lösung. Da $\underline{v}$ senkrecht auf $\underline{b}$ steht, läßt es sich nach $\underline{a}$ und $\underline{a} \times \underline{b}$ in Komponenten zerlegen, also

$$\underline{v} = \lambda \underline{a} + \mu(\underline{a} \times \underline{b}) \quad .$$

Daraus folgen die Produkte

$$(\underline{v} \cdot \underline{a}) = \lambda a^2 = \alpha \quad ; \quad (\underline{v} \times \underline{a}) = \mu(\underline{a} \times \underline{b}) \times \underline{a} = \underline{b} \quad .$$

Auf den letzten Ausdruck wenden wir den Entwicklungssatz (mit $\underline{a} \cdot \underline{b} = 0$) an:

$$(\underline{a} \times \underline{b}) \times \underline{a} = a^2 \underline{b} \quad .$$

Daher wird $\lambda = \alpha/a^2$ und $\mu = 1/a^2$ oder

$$\underline{v} = \frac{\alpha \underline{a} + (\underline{a} \times \underline{b})}{a^2} \quad .$$

3. Aufgabe (zu §1). Man beweise die folgende Formel für das Produkt zweier Spatprodukte:

$$[\underline{a}, \underline{b}, \underline{c}][\underline{d}, \underline{e}, \underline{f}] = \begin{vmatrix} (\underline{a}\cdot\underline{d}) , & (\underline{a}\cdot\underline{e}) , & (\underline{a}\cdot\underline{f}) \\ (\underline{b}\cdot\underline{d}) , & (\underline{b}\cdot\underline{e}) , & (\underline{b}\cdot\underline{f}) \\ (\underline{c}\cdot\underline{d}) , & (\underline{c}\cdot\underline{e}) , & (\underline{c}\cdot\underline{f}) \end{vmatrix} .$$

Lösung. Wir schreiben jedes der beiden Spatprodukte in Form einer Determinante:

$$[\underline{a}, \underline{b}, \underline{c}] = \begin{vmatrix} a_x & a_y & a_z \\ b_x & b_y & b_z \\ c_x & c_y & c_z \end{vmatrix} \quad ; \quad [\underline{d}, \underline{e}, \underline{f}] = \begin{vmatrix} d_x & e_x & f_x \\ d_y & e_y & f_y \\ d_z & e_z & f_z \end{vmatrix} .$$

Das Produkt der beiden Determinanten ist wieder eine Determinante, die nach den Regeln der Matrixmultiplikation gebildet wird (Zeile mal Spalte). Dabei entsteht aber gerade die gesuchte Formel.

4. Aufgabe (zu §2a). Man beweise in kartesischen Koordinaten, daß gradφ ein Vektor und div $\underline{v}$ ein Skalar ist.

Lösung. Wir untersuchen das Verhalten bei einer Drehung des Achsenkreuzes. Dabei genügt wegen der Gleichberechtigung aller drei Koordinaten in den Ausdrücken eine Drehung um die z-Achse, also die Transformation

$$x' = x \cos\alpha + y \sin\alpha \quad ; \quad y' = -x \sin\alpha + y \cos\alpha \quad ; \quad z' = z \tag{1}$$

mit der Umkehrung

$$x = x'\cos\alpha - y'\sin\alpha \quad ; \quad y = x'\sin\alpha + y'\cos\alpha \quad ; \quad z = z' \quad . \tag{2}$$

Die Komponenten von

$$\underline{g} = \text{grad}\varphi$$

werden dann im gestrichenen System

$$g'_x = \frac{\partial\varphi}{\partial x'} = \frac{\partial\varphi}{\partial x}\frac{\partial x}{\partial x'} + \frac{\partial\varphi}{\partial y}\frac{\partial y}{\partial x'} + \frac{\partial\varphi}{\partial z}\frac{\partial z}{\partial x'} = \frac{\partial\varphi}{\partial x}\cos\alpha + \frac{\partial\varphi}{\partial y}\sin\alpha$$

$$g'_y = \frac{\partial\varphi}{\partial y'} = \frac{\partial\varphi}{\partial x}\frac{\partial x}{\partial y'} + \frac{\partial\varphi}{\partial y}\frac{\partial y}{\partial y'} + \frac{\partial\varphi}{\partial z}\frac{\partial z}{\partial y'} = -\frac{\partial\varphi}{\partial x}\sin\alpha + \frac{\partial\varphi}{\partial y}\cos\alpha$$

$$g'_z = \frac{\partial\varphi}{\partial z'} = \frac{\partial\varphi}{\partial z} \quad .$$

Verwenden wir hier die Komponenten

$$g_x = \frac{\partial\varphi}{\partial x} \quad ; \quad g_y = \frac{\partial\varphi}{\partial y} \quad ; \quad g_z = \frac{\partial\varphi}{\partial z}$$

im ungestrichenen System, so können wir das

$$g'_x = g_x \cos\alpha + g_y \sin\alpha \quad ; \quad g'_y = - g_x \sin\alpha + g_y \cos\alpha \quad ; \quad g'_z = g_z$$

schreiben. Der Gradient $\underline{g}$ transformiert sich also genauso wie der Ortsvektor $\underline{r}$, Gl.(1), womit sein vektorieller Charakter bewiesen ist.

Analog erhalten wir für div $\underline{v}$ in den gestrichenen Koordinaten

$$\frac{\partial v'_x}{\partial x'} + \frac{\partial v'_y}{\partial y'} + \frac{\partial v'_z}{\partial z'} = \frac{\partial}{\partial x'} (v_x \cos\alpha + v_y \sin\alpha) + \frac{\partial}{\partial y'} (- v_x \sin\alpha + v_y \cos\alpha) + \frac{\partial}{\partial z'} v_z$$

$$= \left(\cos\alpha \frac{\partial}{\partial x} + \sin\alpha \frac{\partial}{\partial y}\right)(v_x \cos\alpha + v_y \sin\alpha)$$

$$+ \left(- \sin\alpha \frac{\partial}{\partial x} + \cos\alpha \frac{\partial}{\partial y}\right)(- v_x \sin\alpha + v_y \cos\alpha) + \frac{\partial}{\partial z} v_z \quad .$$

Zieht man diese Ausdrücke zusammen, so bleibt schließlich

$$\frac{\partial v_x}{\partial x} + \frac{\partial v_y}{\partial y} + \frac{\partial v_z}{\partial z} \quad ,$$

womit die Invarianz von div $\underline{v}$ bei Drehung und damit sein skalarer Charakter bewiesen ist.

5. Aufgabe (zu §2a). Man beweise den Gaußschen Satz für einen Quader mit den Kantenlängen a, b, c.

Lösung. Wir wählen ein Koordinatensystem x, y, z parallel zu den Kanten des Quaders, dessen eine Ecke im Ursprung liegt. Dann können wir in

$$\int_V d\tau \operatorname{div} \underline{v} = \int_0^a dx \int_0^b dy \int_0^c dz \left(\frac{\partial v_x}{\partial x} + \frac{\partial v_y}{\partial y} + \frac{\partial v_z}{\partial z}\right)$$

den ersten Term nach x, den zweiten nach y und den dritten nach z integrieren, so daß

$$\int_0^b dy \int_0^c dz[v_x(a,y,z) - v_x(0,y,z)] + \int_0^a dx \int_0^c dz[v_y(x,b,z) - v_y(x,0,z)]$$

$$+ \int_0^a dx \int_0^b dy[v_z(x,y,c) - v_z(x,y,0)]$$

entsteht. Dies sind aber gerade die Integrale $\int d\underline{f} \cdot \underline{v}$ über die sechs Begrenzungsflächen des Quaders.

6. Aufgabe (zu §2e). Man beweise ohne Verwendung des Nabla-Formalismus Gl.(21) für rot $(\underline{v} \times \underline{w})$.

Lösung. Wir erhalten für die x-Komponente dieses Vektors

$$\mathrm{rot}_x(\underline{v}\times\underline{w}) = \frac{\partial}{\partial y}(v_x w_y - v_y w_x) - \frac{\partial}{\partial z}(v_z w_x - v_x w_z)$$

$$= v_x\left(\frac{\partial w_y}{\partial y} + \frac{\partial w_z}{\partial z}\right) - \left(v_y\frac{\partial}{\partial y} + v_z\frac{\partial}{\partial z}\right)w_x$$

$$- w_x\left(\frac{\partial v_y}{\partial y} + \frac{\partial v_z}{\partial z}\right) + \left(w_y\frac{\partial}{\partial y} + w_z\frac{\partial}{\partial z}\right)v_x$$

$$= v_x\left(\mathrm{div}\,\underline{w} - \frac{\partial w_x}{\partial x}\right) - \left(\underline{v}\cdot\mathrm{grad} - v_x\frac{\partial}{\partial x}\right)w_x$$

$$- w_x\left(\mathrm{div}\,\underline{v} - \frac{\partial v_x}{\partial x}\right) + \left(\underline{w}\cdot\mathrm{grad} - w_x\frac{\partial}{\partial x}\right)v_x \quad .$$

Hier heben sich die Glieder mit $v_x\,\partial w_x/\partial x$ und $w_x\,\partial v_x/\partial x$ paarweise heraus, so daß schließlich

$$\mathrm{rot}(\underline{v}\times\underline{w}) = \underline{v}\,\mathrm{div}\,\underline{w} - (\underline{v}\cdot\mathrm{grad})\underline{w}$$
$$- \underline{w}\,\mathrm{div}\,\underline{v} + (\underline{w}\cdot\mathrm{grad})\underline{v} \quad ,$$

also Gl.(21) verbleibt.

<u>7. Aufgabe (zu §2e).</u> Man zeige, daß sich Gl.(17) auch durch die Formel

$$\mathrm{grad}(\underline{v}\cdot\underline{w}) = \underline{v}\,\mathrm{div}\,\underline{w} + (\underline{v}\times\mathrm{grad})\times\underline{w}$$
$$+ \underline{w}\,\mathrm{div}\,\underline{v} + (\underline{w}\times\mathrm{grad})\times\underline{v}$$

ersetzen läßt.

Lösung. Wir bilden die x-Komponente

$$\frac{\partial}{\partial x}(\underline{v}\cdot\underline{w}) = v_x\frac{\partial w_x}{\partial x} + v_y\frac{\partial w_y}{\partial x} + v_z\frac{\partial w_z}{\partial x}$$

$$+ w_x\frac{\partial v_x}{\partial x} + w_y\frac{\partial v_y}{\partial x} + w_z\frac{\partial v_z}{\partial x}$$

wie im Text, ergänzen aber etwas anders, so daß wir für den Ausdruck in der ersten Zeile schreiben

$$v_x\left(\frac{\partial w_x}{\partial x} + \frac{\partial w_y}{\partial y} + \frac{\partial w_z}{\partial z}\right) + \left(v_y\frac{\partial w_y}{\partial x} - v_x\frac{\partial w_y}{\partial y}\right) + \left(v_z\frac{\partial w_z}{\partial x} - v_x\frac{\partial w_z}{\partial z}\right)$$

$$= v_x\,\mathrm{div}\,\underline{w} - (\underline{v}\times\mathrm{grad})_z w_y + (\underline{v}\times\mathrm{grad})_y w_z = v_x\,\mathrm{div}\,\underline{w} + [(\underline{v}\times\mathrm{grad})\times\underline{w}]_x \quad .$$

Analoges Vorgehen in der zweiten Zeile, wo $\underline{v}$ und $\underline{w}$ vertauscht sind, führt unmittelbar zu der angegebenen Formel.

8. Aufgabe (zu §3). Man weise mit Hilfe der Greenschen Formel nach, daß die Funktion

$$u(r) = \frac{e^{ikr}}{r}$$

der Differentialgleichung

$$\nabla^2 u + k^2 u = -4\pi\delta^3(\underline{r}) \qquad (1)$$

genügt.

Lösung. Man überzeugt sich leicht durch direktes Ausrechnen davon, daß für $r \neq 0$ überall $\nabla^2 u + k^2 u = 0$ ist. Bilden wir nun

$$\int d\tau \nabla^2 u = \oint df \frac{\partial u}{\partial n} \qquad (2)$$

für die Kugel $r = R$, so können wir die rechte Seite für die gegebene Funktion $u(r)$ elementar ausrechnen:

$$\oint df \frac{\partial u}{\partial n} = \left[4\pi r^2 \frac{du}{dr}\right]_{r=R} = 4\pi(ikR - 1)\, e^{ikR} \quad . \qquad (3)$$

Andererseits finden wir ebenfalls durch direktes Ausrechnen

$$k^2 \int d\tau u = 4\pi k^2 \int_0^R dr\, r^2 \frac{e^{ikr}}{r} = -4\pi\left[(ikR - 1)e^{ikR} + 1\right] \quad ,$$

also, wenn wir hier rechts auf Gl.(3) zurückgreifen,

$$k^2 \int d\tau u = - \oint df \frac{\partial u}{\partial n} - 4\pi$$

und weiter nach Gl.(2)

$$\int d\tau(\nabla^2 u + k^2 u) = -4\pi$$

unabhängig von R. Dies ist nur möglich, wenn lediglich die infinitesimale Umgebung der Stelle $r = 0$ zum Integral beiträgt, d.h. wenn Gl.(1) erfüllt ist.

9. Aufgabe (zu §4). Die ebene Welle $\underline{u} = \underline{a}\, e^{i\underline{k}\cdot\underline{r}}$ soll systematisch in quellenfreien und wirbelfreien Anteil zerlegt werden.

Lösung. Wir bilden zunächst

$$\text{rot}\, \underline{u} = i(\underline{k} \times \underline{a})\, e^{i\underline{k}\cdot\underline{r}} = \underline{w} \qquad (1)$$

und

$$\text{div}\, \underline{u} = i(\underline{k} \cdot \underline{a})\, e^{i\underline{k}\cdot\underline{r}} = q \quad . \qquad (2)$$

Dann ist der wirbelfreie Anteil von $\underline{u}$

$$\underline{u}_1 = - \frac{1}{4\pi}\, \text{grad} \int d\tau' \frac{q(\underline{r}')}{|\underline{r}-\underline{r}'|} \qquad (3)$$

und der quellenfreie Anteil

$$\underline{u}_2 = \frac{1}{4\pi} \operatorname{rot} \int d\tau' \frac{\underline{w}(\underline{r}')}{|\underline{r}-\underline{r}'|} \quad . \tag{4}$$

Einsetzen der Quellstärke q aus (2) und der Wirbelstärke $\underline{w}$ aus (1) gibt

$$\underline{u}_1 = -\frac{i}{4\pi} (\underline{k}\cdot\underline{a}) \operatorname{grad} J \quad ; \quad \underline{u}_2 = \frac{i}{4\pi} \operatorname{rot}[(\underline{k}\times\underline{a})J] \quad , \tag{5}$$

wobei das gleiche Integral

$$J = \int d\tau' \frac{e^{i\underline{k}\cdot\underline{r}'}}{|\underline{r}'-\underline{r}|}$$

in beiden Ausdrücken auftritt.

Das Integral läßt sich mit der Substitution $\underline{r}'' = \underline{r}' - \underline{r}$ leicht berechnen:

$$J = e^{i\underline{k}\cdot\underline{r}} \int d\tau'' \frac{e^{i\underline{k}\cdot\underline{r}''}}{r''} = \frac{4\pi}{k} e^{i\underline{k}\cdot\underline{r}} \int_0^\infty dr'' \sin kr'' \quad .$$

Um das verbleibende Integral konvergent zu machen, wenden wir wie in Band I, S.20, einen konvergenzerzeugenden Faktor $\lim_{\varepsilon\to 0} e^{-\varepsilon r''}$ an; dann wird es einfach gleich 1/k und

$$J = \frac{4\pi}{k^2} e^{i\underline{k}\cdot\underline{r}} \quad . \tag{6}$$

Setzen wir das in (5) ein, so entsteht für die beiden Anteile von $\underline{u}$

$$\underline{u}_1 = \frac{(\underline{k}\cdot\underline{a})\underline{k}}{k^2} e^{i\underline{k}\cdot\underline{r}} \quad ; \quad \underline{u}_2 = \frac{(\underline{k}\times\underline{a})\times\underline{k}}{k^2} e^{i\underline{k}\cdot\underline{r}} \quad . \tag{7}$$

Da nach dem Entwicklungssatz

$$(\underline{k}\times\underline{a})\times\underline{k} = k^2\underline{a} - (\underline{k}\cdot\underline{a})\underline{k}$$

ist, wird $\underline{u} = \underline{u}_1 + \underline{u}_2$. Die Amplitude von $\underline{u}_1$ hat die Richtung von $\underline{k}$; die wirbelfreie Welle $\underline{u}_1$ ist also longitudinal. Der quellenfreie Anteil $\underline{u}_2$ dagegen ist transversal. Ist $\underline{a}$ parallel zu $\underline{k}$, so verschwindet $\underline{u}_2$, ist es senkrecht auf $\underline{k}$, so verschwindet $\underline{u}_1$.

10. Aufgabe (zu §5b). Man leite die im Text angegebenen Formeln, Gl.(10), für die Komponenten der Beschleunigung $\underline{b}$ in Kugelkoordinaten ab.

Lösung. Durch Differenzieren folgt aus (3a) bei Anwendung auf den Geschwindigkeitsvektor $\underline{v} = \dot{\underline{r}}$:

$$b_x = \ddot{x} = (\dot{v}_\rho - v_\varphi\dot{\varphi})\cos\varphi - (\dot{v}_\varphi + v_\rho\dot{\varphi})\sin\varphi$$

$$b_y = \ddot{y} = (\dot{v}_\rho - v_\varphi\dot{\varphi})\sin\varphi + (\dot{v}_\varphi + v_\rho\dot{\varphi})\cos\varphi \quad .$$

Hier können wir v_ρ und v_φ aus (7) einsetzen:

$$v_\rho = \dot{r}\sin\vartheta + r\dot{\vartheta}\cos\vartheta \quad ; \quad \dot{v}_\rho = (\ddot{r} - r\dot{\vartheta}^2)\sin\vartheta + (r\ddot{\vartheta} + 2\dot{r}\dot{\vartheta})\cos\vartheta$$

$$v_\varphi = r\dot{\varphi}\sin\vartheta \quad ; \quad \dot{v}_\varphi = (r\ddot{\varphi} + \dot{r}\dot{\varphi})\sin\vartheta + r\dot{\vartheta}\dot{\varphi}\cos\vartheta \quad .$$

Setzen wir das in b_x und b_y ein, so folgt

$$b_x = (\ddot{r} - r\dot{\vartheta}^2 - r\dot{\varphi}^2)\sin\vartheta\cos\varphi + (r\ddot{\vartheta} + 2\dot{r}\dot{\vartheta})\cos\vartheta\cos\varphi$$

$$- (r\ddot{\varphi} + 2\dot{r}\dot{\varphi})\sin\vartheta\sin\varphi - 2r\dot{\vartheta}\dot{\varphi}\cos\vartheta\sin\varphi \quad ,$$

$$b_y = (\ddot{r} - r\dot{\vartheta}^2 - r\dot{\varphi}^2)\sin\vartheta\sin\varphi + (r\ddot{\vartheta} + 2\dot{r}\dot{\vartheta})\cos\vartheta\sin\varphi$$

$$+ (r\ddot{\varphi} + 2\dot{r}\dot{\varphi})\sin\vartheta\cos\varphi + 2r\dot{\vartheta}\dot{\varphi}\cos\vartheta\cos\varphi \quad ,$$

woraus wir nach Gl.(3b) kombinieren

$$b_\rho = b_x\cos\varphi + b_y\sin\varphi = (\ddot{r} - r\dot{\vartheta}^2 - r\dot{\varphi}^2)\sin\vartheta + (r\ddot{\vartheta} + 2\dot{r}\dot{\vartheta})\cos\vartheta$$

$$b_\varphi = -b_x\sin\varphi + b_y\cos\varphi = (r\ddot{\varphi} + 2\dot{r}\dot{\varphi})\sin\vartheta + 2r\dot{\vartheta}\dot{\varphi}\cos\vartheta \quad .$$

Mit $\rho = r\sin\vartheta$ lassen sich diese Ausdrücke in die Form von Gl.(11) bringen; insbesondere verifiziert man leicht

$$b_\varphi = \frac{1}{r\sin\vartheta}\frac{d}{dt}(r^2\sin^2\vartheta\dot{\varphi}) \quad .$$

Wir brauchen nun noch $b_z = \ddot{z}$, das wir aus (6) durch Differenzieren gewinnen:

$$b_z = (\ddot{r} - r\dot{\vartheta}^2)\cos\vartheta - (r\ddot{\vartheta} + 2\dot{r}\dot{\vartheta})\sin\vartheta \quad .$$

Dann können wir schließlich (4b) anwenden, um b_r und b_ϑ zu finden:

$$b_r = b_\rho\sin\vartheta + b_z\cos\vartheta = (\ddot{r} - r\dot{\vartheta}^2) - r\sin^2\vartheta\dot{\varphi}^2$$

$$b_\vartheta = b_\rho\cos\vartheta - b_z\sin\vartheta = -r\dot{\varphi}^2\sin\vartheta\cos\vartheta + (r\ddot{\vartheta} + 2\dot{r}\dot{\vartheta})$$

in Übereinstimmung mit Gl.(10).

11. Aufgabe (zu §5c). Man drücke die Vektoren grad u und rot $\underline{v}$, sowie die Skalare div $\underline{v}$ und $\nabla^2 u$ in Zylinderkoordinaten aus.

Lösung. Die Koordinaten sind durch $x = \rho\cos\varphi$, $y = \rho\sin\varphi$ als ρ, φ, z definiert. Nach Gl.(3b) von §5 werden die Komponenten des Vektors $\underline{g}$ = grad u

$$g_\rho = \frac{\partial u}{\partial x}\cos\varphi + \frac{\partial u}{\partial y}\sin\varphi \quad ; \quad g_\varphi = -\frac{\partial u}{\partial x}\sin\varphi + \frac{\partial u}{\partial y}\cos\varphi \quad ; \quad g_z = \frac{\partial u}{\partial z} \quad .$$

Nun ist

$$\frac{\partial u}{\partial \rho} = \frac{\partial u}{\partial x}\cos\varphi + \frac{\partial u}{\partial y}\sin\varphi \quad ; \quad \frac{\partial u}{\partial \varphi} = -\rho\frac{\partial u}{\partial x}\sin\varphi + \rho\frac{\partial u}{\partial y}\cos\varphi \quad , \tag{1}$$

so daß wir unmittelbar

$$\mathrm{grad}_\rho u = \frac{\partial u}{\partial \rho} \quad ; \quad \mathrm{grad}_\varphi u = \frac{1}{\rho}\frac{\partial u}{\partial \varphi} \quad ; \quad \mathrm{grad}_z u = \frac{\partial u}{\partial z} \tag{2}$$

erhalten.

Um div $\underline{v}$ zu berechnen brauchen wir die Umkehrung von (1), also

$$\frac{\partial u}{\partial x} = \frac{\partial u}{\partial \rho}\cos\varphi - \frac{1}{\rho}\frac{\partial u}{\partial \varphi}\sin\varphi \quad ; \quad \frac{\partial u}{\partial y} = \frac{\partial u}{\partial \rho}\sin\varphi + \frac{1}{\rho}\frac{\partial u}{\partial \varphi}\cos\varphi \tag{1'}$$

und die Ausdrücke (3a) von §5,

$$v_x = v_\rho\cos\varphi - v_\varphi\sin\varphi \quad ; \quad v_y = v_\rho\sin\varphi + v_\varphi\cos\varphi \quad . \tag{3}$$

Daher wird

$$\begin{aligned}\mathrm{div}\,\underline{v} &= \frac{\partial v_x}{\partial x} + \frac{\partial v_y}{\partial y} + \frac{\partial v_z}{\partial z}\\ &= \left(\cos\varphi\frac{\partial}{\partial\rho} - \frac{\sin\varphi}{\rho}\frac{\partial}{\partial\varphi}\right)(v_\rho\cos\varphi - v_\varphi\sin\varphi)\\ &+ \left(\sin\varphi\frac{\partial}{\partial\rho} + \frac{\cos\varphi}{\rho}\frac{\partial}{\partial\varphi}\right)(v_\rho\sin\varphi + v_\varphi\cos\varphi) + \frac{\partial v_z}{\partial z} \quad .\end{aligned}$$

Ausdifferenzieren führt auf

$$\mathrm{div}\,\underline{v} = \left(\frac{\partial}{\partial\rho} + \frac{1}{\rho}\right)v_\rho + \frac{1}{\rho}\frac{\partial v_\varphi}{\partial\varphi} + \frac{\partial v_z}{\partial z} \quad . \tag{4}$$

Mit $\underline{v}$ = grad u ergibt Gl.(2) dann insbesondere

$$\nabla^2 u = \frac{\partial^2 u}{\partial\rho^2} + \frac{1}{\rho}\frac{\partial u}{\partial\rho} + \frac{1}{\rho^2}\frac{\partial^2 u}{\partial\varphi^2} + \frac{\partial^2 u}{\partial z^2} \quad . \tag{5}$$

Das gleiche Rechenschema ergibt zunächst für die kartesischen Komponenten von rot $\underline{v}$ mit Hilfe von (1') und (3)

$$\mathrm{rot}_x\,\underline{v} = \left(\sin\varphi\frac{\partial}{\partial\rho} + \frac{\cos\varphi}{\rho}\frac{\partial}{\partial\varphi}\right)v_z - \frac{\partial}{\partial z}(v_\rho\sin\varphi + v_\varphi\cos\varphi) \quad ,$$

$$\mathrm{rot}_y\,\underline{v} = \frac{\partial}{\partial z}(v_\rho\cos\varphi - v_\varphi\sin\varphi) - \left(\cos\varphi\frac{\partial}{\partial\rho} - \frac{\sin\varphi}{\rho}\frac{\partial}{\partial\varphi}\right)v_z$$

sowie

$$\begin{aligned}\mathrm{rot}_z\,\underline{v} &= \left(\cos\varphi\frac{\partial}{\partial\rho} - \frac{\sin\varphi}{\rho}\frac{\partial}{\partial\varphi}\right)(v_\rho\sin\varphi + v_\varphi\cos\varphi)\\ &- \left(\sin\varphi\frac{\partial}{\partial\rho} + \frac{\cos\varphi}{\rho}\frac{\partial}{\partial\varphi}\right)(v_\rho\cos\varphi - v_\varphi\sin\varphi) \quad .\end{aligned}$$

Führt man diese Differentiationen aus, so entsteht

$$\mathrm{rot}_x\, \underline{v} = \sin\varphi\left(\frac{\partial v_z}{\partial \rho} - \frac{\partial v_\rho}{\partial z}\right) + \cos\varphi\left(\frac{1}{\rho}\frac{\partial v_z}{\partial \varphi} - \frac{\partial v_\varphi}{\partial z}\right)$$

$$\mathrm{rot}_y\, \underline{v} = \cos\varphi\left(\frac{\partial v_\rho}{\partial z} - \frac{\partial v_z}{\partial \rho}\right) + \sin\varphi\left(\frac{1}{\rho}\frac{\partial v_z}{\partial \varphi} - \frac{\partial v_\varphi}{\partial z}\right)$$

$$\mathrm{rot}_z\, \underline{v} = \frac{\partial v_\varphi}{\partial \rho} - \frac{1}{\rho}\frac{\partial v_\rho}{\partial \varphi} + \frac{1}{\rho}v_\varphi \quad . \tag{6}$$

Vergleichen wir die Ausdrücke für $\mathrm{rot}_x\, \underline{v}$ und $\mathrm{rot}_y\, \underline{v}$ mit (3), so entnehmen wir daraus unmittelbar die Komponenten in Zylinderkoordinaten

$$\mathrm{rot}_\rho \underline{v} = \frac{1}{\rho}\frac{\partial v_z}{\partial \varphi} - \frac{\partial v_\varphi}{\partial z} \quad ; \quad \mathrm{rot}\, \underline{v} = \frac{\partial v_\rho}{\partial z} - \frac{\partial v_z}{\partial \rho} \quad , \tag{7}$$

zu denen noch Gl.(6) für $\mathrm{rot}_z\, \underline{v}$ als dritte Komponente hinzutritt.

12. Aufgabe (zu §§2a und 5c). Man beweise den Gaußschen Satz für eine Kugel vom Radius R.

Lösung. Wir benutzen den Ausdruck (15b) von §5 für div $\underline{v}$, mit dem wir

$$\int d\tau \,\mathrm{div}\, \underline{v} = \int_0^R dr\, r^2 \int_0^\pi d\vartheta \sin\vartheta \int_0^{2\pi} d\varphi \,\mathrm{div}\, \underline{v}$$

bilden. Dann erhalten wir drei Summanden, nämlich

$$\oint d\Omega \int_0^R dr \frac{\partial}{\partial r}(r^2 v_r) = R^2 \oint d\Omega v_r(R,\vartheta,\varphi) \quad ;$$

$$\int_0^R dr\, r \int_0^{2\pi} d\varphi \int_0^\pi d\vartheta \frac{\partial}{\partial\vartheta}(\sin\vartheta v_\vartheta) = \int_0^R dr\, r \int_0^{2\pi} d\varphi [\sin\vartheta v_\vartheta]_0^\pi = 0 \quad ;$$

$$\int_0^R dr\, r \int_0^\pi d\vartheta \int_0^{2\pi} d\varphi \frac{\partial}{\partial\varphi} v_\varphi = \int_0^R dr\, r \int_0^\pi d\vartheta [v_\varphi]_0^{2\pi} = 0 \quad .$$

Der zweite Term verschwindet, weil $\sin\vartheta$ an den Grenzen verschwindet, der dritte, weil $\varphi = 0$ und $\varphi = 2\pi$ denselben Ort im Raum beschreiben, also v_φ dort den gleichen Wert hat. Also bleibt nur das erste Glied, das mit $R^2 d\Omega = df$ und $v_r = v_n$ auch in der Form $\oint df\, v_n$ oder $\oint d\underline{f} \cdot \underline{v}$ geschrieben werden kann, was zu beweisen war.

13. Aufgabe (zu §§2b und 5c). Man beweise den Stokesschen Satz für einen Kreis.

Lösung. Bei Verwendung ebener Polarkoordinaten in der Kreisebene wird nach Gl.(6) von Aufg.11 die zur Kreisfläche senkrechte Komponente von rot $\underline{v}$

$$\mathrm{rot}_z\, \underline{v} = \left(\frac{\partial}{\partial\rho} + \frac{1}{\rho}\right)v_\varphi - \frac{1}{\rho}\frac{\partial}{\partial\varphi}v_\rho = \frac{1}{\rho}\left\{\frac{\partial}{\partial\rho}(\rho v_\varphi) - \frac{\partial v_\rho}{\partial\varphi}\right\} \quad .$$

Das Stokessche Integral über die Kreisfläche vom Radius R wird daher

$$\oint d\underline{f} \cdot \operatorname{rot} \underline{v} = \int_0^{2\pi} d\varphi \int_0^R d\rho\rho \cdot \frac{1}{\rho} \left\{ \frac{\partial}{\partial\rho} (\rho v_\varphi) - \frac{\partial}{\partial\varphi} v_\rho \right\}$$

$$= R \int_0^{2\pi} d\varphi v_\varphi(R,\varphi) - \int_0^R d\rho \{ v_\rho(\rho,2\pi) - v_\rho(\rho,0) \} \quad .$$

Da die Punkte $(\rho,2\pi)$ und $(\rho,0)$ identisch sind, verschwindet der zweite Term. Im ersten ist $R d\varphi = ds$ das Linienelement auf dem Kreisrand und $v_\varphi(R,\varphi)$ die Komponente von $\underline{v}$ in dessen Richtung, das Integral also $\oint d\underline{s} \cdot \underline{v}$ in Übereinstimmung mit dem Stokesschen Satz.

<u>14. Aufgabe (zu §5c).</u> Man leite aus dem Variationsprinzip

$$\delta J = \frac{1}{2} \delta \int d\tau \{ (\operatorname{grad} u)^2 + \lambda u^2 \} = 0 \tag{1}$$

den Ausdruck für $\nabla^2 u$ in Kugelkoordinaten ab. (Zu Variationsprinzipien vgl. Band I, S.147ff.)

Lösung. Wir bezeichnen den Integranden mit L; dann ist in kartesischen Koordinaten

$$L = \frac{1}{2} \left[\left(\frac{\partial u}{\partial x}\right)^2 + \left(\frac{\partial u}{\partial y}\right)^2 + \left(\frac{\partial u}{\partial z}\right)^2 + \lambda u^2 \right]$$

und daher

$$\frac{\partial L}{\partial u} = \lambda u \quad , \quad \frac{\partial L}{\partial \partial_x u} = \frac{\partial u}{\partial x} \quad (\text{mit } \partial_x u = \partial u/\partial x)$$

usw., was zu der Eulerschen Gleichung

$$\nabla^2 u + \lambda u = 0 \tag{2}$$

führt. In Kugelkoordinaten nimmt Gl.(1) die Form

$$\delta \int dr\, d\vartheta d\varphi r^2 \sin\vartheta \cdot \frac{1}{2} \left[\left(\frac{\partial u}{\partial r}\right)^2 + \frac{1}{r^2} \left(\frac{\partial u}{\partial \vartheta}\right)^2 + \frac{1}{r^2 \sin^2\vartheta} \left(\frac{\partial u}{\partial \varphi}\right)^2 + \lambda u^2 \right] = 0$$

an; hier müssen wir daher statt L den Integranden

$$L' = \frac{1}{2} r^2 \sin\vartheta \left[\left(\frac{\partial u}{\partial r}\right)^2 + \frac{1}{r^2} \left(\frac{\partial u}{\partial \vartheta}\right)^2 + \frac{1}{r^2 \sin^2\vartheta} \left(\frac{\partial u}{\partial \varphi}\right)^2 + \lambda u^2 \right]$$

einführen. Dann erhalten wir

$$\frac{\partial L'}{\partial u} = r^2 \sin\vartheta \cdot \lambda u \quad ;$$

$$\frac{\partial L'}{\partial \partial_r u} = r^2 \sin\vartheta \frac{\partial u}{\partial r} \quad ; \quad \frac{\partial}{\partial r}\frac{\partial L'}{\partial \partial_r u} = \sin\vartheta \frac{\partial}{\partial r}\left(r^2 \frac{\partial u}{\partial r}\right) \quad ;$$

$$\frac{\partial L'}{\partial \partial_\vartheta u} = \sin\vartheta \frac{\partial u}{\partial \vartheta} \quad ; \quad \frac{\partial}{\partial \vartheta}\frac{\partial L'}{\partial \partial_\vartheta u} = \frac{\partial}{\partial \vartheta}\left(\sin\vartheta \frac{\partial u}{\partial \vartheta}\right) \quad ;$$

$$\frac{\partial L'}{\partial \partial_\varphi u} = \frac{1}{\sin\vartheta}\frac{\partial u}{\partial \varphi} \quad ; \quad \frac{\partial}{\partial \varphi}\frac{\partial L'}{\partial \partial_\varphi u} = \frac{1}{\sin\vartheta}\frac{\partial^2 u}{\partial \varphi^2} \quad .$$

Die Eulersche Gleichung wird nunmehr also

$$r^2 \sin\vartheta\left\{\lambda u - \frac{1}{r^2}\frac{\partial}{\partial r}\left(r^2 \frac{\partial u}{\partial r}\right) - \frac{1}{r^2 \sin\vartheta}\frac{\partial}{\partial \vartheta}\left(\sin\vartheta \frac{\partial u}{\partial \vartheta}\right) - \frac{1}{r^2 \sin^2\vartheta}\frac{\partial^2 u}{\partial \varphi^2}\right\} = 0 \quad . \tag{3}$$

Da die Differentialgleichungen (2) und (3) übereinstimmen müssen, schließen wir sofort, daß in Kugelkoordinaten

$$\nabla^2 u = \frac{1}{r^2}\frac{\partial}{\partial r}\left(r^2 \frac{\partial u}{\partial r}\right) + \frac{1}{r^2 \sin\vartheta}\frac{\partial}{\partial \vartheta}\left(\sin\vartheta \frac{\partial u}{\partial \vartheta}\right) + \frac{1}{r^2 \sin^2\vartheta}\frac{\partial^2 u}{\partial \varphi^2}$$

wird, in Übereinstimmung mit Gl.(16) von §5c.

<u>15. Aufgabe (zu §6b).</u> Man beweise, daß die Eigenschaft der Symmetrie (und der Antisymmetrie) eines Tensors bei einer Drehung des Achsenkreuzes erhalten bleibt.

Lösung. Die Transformation

$$T'_{\mu\nu} = \sum_{\rho\sigma} D_{\mu\rho} D_{\nu\sigma} T_{\rho\sigma} \tag{1}$$

hat zur Folge, daß

$$T'_{\nu\mu} = \sum_{\rho\sigma} D_{\nu\rho} D_{\mu\sigma} T_{\rho\sigma}$$

wird. Vertauschen wir hier die Zeichen ρ und σ, so gilt

$$T'_{\nu\mu} = \sum_{\rho\sigma} D_{\nu\sigma} D_{\mu\rho} T_{\sigma\rho} \quad . \tag{2}$$

Ist daher $T_{\rho\sigma} = T_{\sigma\rho}$ (Symmetrie), so stimmen die rechten Seiten von (1) und (2) überein, so daß auch $T'_{\mu\nu} = T'_{\nu\mu}$ symmetrisch wird. Ist $T_{\sigma\rho} = -T_{\rho\sigma}$ antisymmetrisch, so dreht sich entsprechend auch links das Vorzeichen um, und $T'_{\mu\nu} = -T'_{\nu\mu}$ bleibt antisymmetrisch.

Ohne Komponenten zu benutzen erhält man für die Transformierten von $\underline{\underline{T}}$ und $\tilde{\underline{\underline{T}}}$ (vgl.§6d)

$$\underline{\underline{T}}' = \underline{\underline{D}}\,\underline{\underline{T}}\,\tilde{\underline{\underline{D}}} \quad ; \quad \tilde{\underline{\underline{T}}}' = \underline{\underline{D}}\,\tilde{\underline{\underline{T}}}\,\tilde{\underline{\underline{D}}} \quad .$$

Ist der Tensor symmetrisch, also $\tilde{\underline{\underline{T}}} = \underline{\underline{T}}$, so stimmen beide Ausdrücke überein, und es wird auch $\tilde{\underline{\underline{T}}}' = \underline{\underline{T}}'$. Ist $\underline{\underline{T}}$ antisymmetrisch, $\tilde{\underline{\underline{T}}} = -\underline{\underline{T}}$, so folgt ebenso auch $\tilde{\underline{\underline{T}}}' = -\underline{\underline{T}}'$.

16. Aufgabe (zu §6b). Man zeige, daß für die dreidimensionale Drehmatrix jedes Element $D_{\mu\nu}$ gleich seinem Minor $d_{\mu\nu}$ ist.

Lösung. Die Orthogonalität der Matrix ist durch die Relationen

$$\sum_\rho D_{\mu\rho} D_{\nu\rho} = \delta_{\mu\nu} \tag{1}$$

definiert; ferner ist

$$\det \underline{\underline{D}} = 1 \quad . \tag{2}$$

Die Gleichungen (1) lauten z.B. für $\mu = 1$ ausführlich geschrieben

$$D_{11}\, D_{11} + D_{12}\, D_{12} + D_{13}\, D_{13} = 1$$

$$D_{11}\, D_{21} + D_{12}\, D_{22} + D_{13}\, D_{23} = 0$$

$$D_{11}\, D_{31} + D_{12}\, D_{32} + D_{13}\, D_{33} = 0 \quad .$$

Dies ist ein inhomogenes Gleichungssystem für die drei (jeweils an erster Stelle der Produkte stehenden) Elemente D_{11}, D_{12}, D_{13}. Seine Lösung lautet wegen der Bedingung (2)

$$D_{11} = \begin{vmatrix} D_{12} & D_{13} & 1 \\ D_{22} & D_{23} & 0 \\ D_{32} & D_{33} & 0 \end{vmatrix} = \begin{vmatrix} D_{22} & D_{23} \\ D_{32} & D_{33} \end{vmatrix} = d_{11}$$

$$D_{12} = -\begin{vmatrix} D_{11} & D_{13} & 1 \\ D_{21} & D_{23} & 0 \\ D_{31} & D_{33} & 0 \end{vmatrix} = -\begin{vmatrix} D_{21} & D_{23} \\ D_{31} & D_{33} \end{vmatrix} = d_{12}$$

$$D_{13} = \begin{vmatrix} D_{11} & D_{12} & 1 \\ D_{21} & D_{22} & 0 \\ D_{31} & D_{32} & 0 \end{vmatrix} = \begin{vmatrix} D_{21} & D_{22} \\ D_{31} & D_{32} \end{vmatrix} = d_{13} \quad .$$

Entsprechendes gilt für $\mu = 2$ und $\mu = 3$, womit der Nachweis erbracht ist.

Anmerkung. Gl.(1) lautet für $\mu = \nu$

$$\sum_\rho D_{\mu\rho} D_{\mu\rho} = 1 \quad ,$$

wofür wir nach dem eben Bewiesenen auch

$$\sum_\rho D_{\mu\rho} d_{\mu\rho} = 1$$

schreiben können. Dieser Ausdruck ist aber gerade die Determinante (2).

17. Aufgabe (zu §6b). Man zeige mit Hilfe der vorstehenden Aufgabe, daß sich ein antisymmetrischer Tensor in drei Dimensionen wie ein Vektor transformiert.

Lösung. In drei Dimensionen stimmt die Zahl der verschiedenen, nicht verschwindenden Elemente von $T_{\mu\nu}$ mit der Zahl der Vektorkomponenten überein. Wir wollen deshalb kürzer

$$T_{23} = -T_{32} = v_1 \quad ; \quad T_{31} = -T_{13} = v_2 \quad ; \quad T_{12} = -T_{21} = v_3$$

schreiben. Sie gehorchen den Transformationsformeln

$$T'_{\mu\nu} = \sum_{\rho\sigma} D_{\mu\rho} D_{\nu\sigma} T_{\rho\sigma} \quad ,$$

die sich in diesem Fall schreiben lassen

$$T'_{23} = (D_{22}D_{33} - D_{23}D_{32})T_{23} + (D_{23}D_{31} - D_{21}D_{33})T_{31} + (D_{21}D_{32} - D_{22}D_{31})T_{12}$$

$$T'_{31} = (D_{32}D_{13} - D_{33}D_{12})T_{23} + (D_{33}D_{11} - D_{31}D_{13})T_{31} + (D_{31}D_{12} - D_{32}D_{11})T_{12}$$

$$T'_{12} = (D_{12}D_{23} - D_{13}D_{22})T_{23} + (D_{13}D_{21} - D_{11}D_{23})T_{31} + (D_{11}D_{22} - D_{12}D_{21})T_{12} .$$

Mit etwas geänderter Bezeichnung und unter Einführung der Minoren $d_{\mu\nu}$ zu den Elementen $D_{\mu\nu}$ können wir dafür schreiben

$$v'_1 = d_{11}v_1 + d_{12}v_2 + d_{13}v_3$$

$$v'_2 = d_{21}v_1 + d_{22}v_2 + d_{23}v_3$$

$$v'_3 = d_{31}v_1 + d_{32}v_2 + d_{33}v_3 \quad .$$

Nach der vorstehenden Aufgabe ist aber $d_{\mu\nu} = D_{\mu\nu}$, womit diese Formeln in die Transformationsformeln der Vektorkomponenten übergehen.

18. Aufgabe (zu §6d). Man beweise die Identität

$$(\underline{\underline{A}}\, \underline{a} \cdot \underline{\underline{B}}\, \underline{b}) = (\underline{a} \cdot \tilde{\underline{\underline{A}}}\, \underline{\underline{B}}\, \underline{b}) \quad .$$

Lösung. In Komponenten lautet diese Gleichung

$$\sum_{\lambda\mu} A_{\lambda\mu} a_\mu \sum_\nu B_{\lambda\nu} b_\nu = \sum_\lambda a_\lambda \sum_{\mu\nu} \tilde{A}_{\lambda\mu} B_{\mu\nu} b_\nu \quad .$$

Ersetzen wir rechts $\tilde{A}_{\lambda\mu} = A_{\mu\lambda}$ und vertauschen die Summationsindices λ und μ, so entsteht gerade der Ausdruck der linken Seite.

19. Aufgabe (zu §6c). Welche Beziehung muß zwischen den drei Invarianten des Tensors $\underline{\underline{T}}$ bestehen, damit zwei seiner Eigenwerte zusammenfallen?

Lösung. Es sei $\lambda_1 = \lambda_2$, dann folgt

$$T' = 2\lambda_1 + \lambda_3 \quad ; \quad T'' = \lambda_1^2 + 2\lambda_1\lambda_3 \quad ; \quad \det \underline{\underline{T}} = \lambda_1^2\lambda_3 \quad . \qquad (1)$$

Wir können hieraus $\lambda_3 = T' - 2\lambda_1$ eliminieren; dann erhalten wir

$$T'' = 2\lambda_1 T' - 3\lambda_1^2 \quad ; \quad \det \underline{\underline{T}} = \lambda_1^2 T' - 2\lambda_1^3 \quad . \tag{2}$$

Die erste dieser beiden Beziehungen ist eine quadratische Gleichung für λ_1 mit den Lösungen

$$\lambda_1 = \frac{1}{3}\left(T' \pm \sqrt{T'^2 - 3T''}\right) \quad , \tag{3a}$$

die wir sofort durch

$$\lambda_3 = \frac{1}{3}\left(T' \mp 2\sqrt{T'^2 - 3T''}\right) \tag{3b}$$

ergänzen. Aus (3a) und (3b) bauen wir nun die Determinante nach Gl.(1) auf. Das Ergebnis dieser Rechnung ist

$$\det \underline{\underline{T}} = \frac{1}{27}\left(-2T'^3 + 9T'T'' \mp 2\sqrt{T'^2 - 3T''}^{\,3}\right) \quad . \tag{4}$$

Es sei angemerkt, daß der Radikand positiv ist, da wir aus Gl.(1)

$$T'^2 - 3T'' = (\lambda_1 - \lambda_3)^2 > 0$$

schließen. Das doppelte Vorzeichen, das auf (3a) zurückgeht, kann entschieden werden, wenn wir rückwärts in (4) T' und T" nach (1) durch λ_1 und λ_3 ausdrücken. Dann entsteht nach einfacher Rechnung

$$\det \underline{\underline{T}} = \frac{1}{27}\Big[(2\lambda_1^3 + 21\lambda_1^2\lambda_3 + 6\lambda_1\lambda_3^2 - 2\lambda_3^3)$$
$$\mp (2\lambda_1^3 - 6\lambda_1^2\lambda_3 + 6\lambda_1\lambda_3^2 - 2\lambda_3^3)\Big] \quad ,$$

und dies wird nur für das obere Vorzeichen gleich $\lambda_1^2\lambda_3$, es sei denn, daß auch noch $\lambda_3 = \lambda_1$, daß das Tensorellipsoid also eine Kugel ist.

<u>20. Aufgabe (zu §6e).</u> Welcher Tensor $\underline{\underline{T}}$ ergibt in Anwendung auf jeden Vektor $\underline{v}$

$$(a)\ \underline{\underline{T}}\,\underline{v} = \underline{v}\,\mathrm{div}\,\underline{a} \quad ; \quad (b)\ \underline{\underline{T}}\,\underline{v} = (\underline{v}\cdot\mathrm{grad})\,\underline{a} \ ?$$

Man berechne für beide Tensoren die Spur und die Divergenz.

Lösung. (a) Da der Vektor $\underline{v}$ lediglich mit dem Skalar div $\underline{a}$ multipliziert wird, muß $\underline{\underline{T}}$ ein Vielfaches des Einheitstensors sein:

$$\underline{\underline{T}} = \underline{\underline{1}}\,\mathrm{div}\,\underline{a} \quad .$$

Dann ist

$$\mathrm{spur}\,\underline{\underline{T}} = 3\,\mathrm{div}\,\underline{a}$$

und

$$\mathrm{Div}\,\underline{\underline{T}} = \mathrm{grad}\,\mathrm{div}\,\underline{a} \quad .$$

(b) In Komponenten gilt

$$\sum_\lambda T_{\mu\lambda} v_\lambda = \sum_\lambda v_\lambda \partial_\lambda a_\mu$$

oder

$$\sum_\lambda v_\lambda (T_{\mu\lambda} - \partial_\lambda a_\mu) = 0 \quad .$$

Da diese Gleichungen für beliebige v_λ gelten sollen, muß jedes

$$T_{\mu\lambda} = \partial_\lambda a_\mu$$

werden, was wir formal auch als direktes Produkt $\underline{\underline{T}} = \nabla\underline{a}$ schreiben können (zum Unterschied von $\nabla \cdot \underline{a} = \text{div}\ \underline{a}$). Wir erhalten nun

$$\text{spur}\ \underline{\underline{T}} = \sum_\mu \partial_\mu a_\mu = \text{div}\ \underline{a}$$

und

$$(\text{Div}\ \underline{\underline{T}})_\nu = \sum_\mu \partial_\mu T_{\mu\nu} = \sum_\mu \partial_\mu \partial_\nu a_\mu = \partial_\nu \text{div}\ \underline{a} \quad ,$$

d.h.

$$\text{Div}\ \underline{\underline{T}} = \text{grad div}\ \underline{a} \quad .$$

II. Riemannsche Geometrie

Im folgenden werden die elementaren Begriffe der Vektor- und Tensorrechnung vom dreidimensionalen Raum euklidischer Metrik auf Räume beliebiger, aber endlicher Anzahl von Dimensionen übertragen, die nicht notwendig euklidisch sein müssen. Diese Verallgemeinerung der elementaren, anschaulichen Geometrie wird als *Riemannsche Geometrie* bezeichnet. Ist die Zahl der Dimensionen N = 2, so sprechen wir von *Flächentheorie*, sofern die Einbettung der Fläche in den dreidimensionalen euklidischen Raum nicht dabei benutzt wird. Ist die Zahl der Dimensionen N = 4, so haben wir es mit den physikalischen Anwendungen auf das Raum-Zeit-Kontinuum der Relativitätstheorie zu tun. Für den dreidimensionalen euklidischen Raum schließlich eignen sich die im folgenden abzuleitenden allgemeinen Formeln, um die Ausdrücke der elementaren Vektor- und Tensoranalysis in beliebigen krummlinigen Koordinaten darzustellen.

§1. Vektoralgebra, Transformationsformeln

Die Lage eines Punktes in einem N-dimensionalen Raum sei durch N Koordinaten $x^\mu (\mu = 1,2,\ldots,N)$ beschrieben, deren Gesamtheit wir auch mit dem Symbol $\{x^\mu\}$ zusammenfassen werden. Im allgemeinen Fall, den wir hier betrachten, sind diese Koordinaten weder als geradlinig noch als zueinander rechtwinklig vorausgesetzt. In jedem Punkt führen wir nun ein System von N *Basisvektoren* $\underline{b}_\mu$ ein, derart, daß sich in Richtung von $\underline{b}_\mu$ nur die Koordinate x^μ verändert, d.h. also daß $\underline{b}_\mu$ die Richtung der entsprechenden Koordinatenlinie besitzt. Dabei soll der Betrag von $\underline{b}_\mu$ so gewählt werden, daß der Abstand zweier Nachbarpunkte mit den Koordinaten x^μ und $x^\mu + dx^\mu$ durch den Vektor

$$\underline{\underline{ds}} = \sum_\mu \underline{b}_\mu dx^\mu \tag{1}$$

nach Größe und Richtung beschrieben wird. Wählen wir nun statt $\{x^\mu\}$ ein anderes Koordinatensystem $\{x'^\mu\}$, das durch beliebige, aber stetige, differenzierbare und vor allem eindeutig umkehrbare Funktionen

$$x^\mu = x^\mu(x'^1, x'^2, \ldots, x'^N)$$

gegeben ist, so gehört zu $\{x'^{\mu}\}$ ein neues System von Basisvektoren $\underline{b}'_{\lambda}$, in dem

$$\underline{ds} = \sum_{\lambda} \underline{b}'_{\lambda} dx'^{\lambda} \tag{1'}$$

ist. Aus der Differentiationsformel

$$dx^{\mu} = \sum_{\lambda} \frac{\partial x^{\mu}}{\partial x'^{\lambda}} dx'^{\lambda} \tag{2}$$

folgt durch Vergleich von (1) mit (1') sofort

$$\underline{b}'_{\lambda} = \sum_{\mu} \frac{\partial x^{\mu}}{\partial x'^{\lambda}} \underline{b}_{\mu} \quad . \tag{3}$$

Ein Vergleich von (2) mit (3) zeigt, daß sich die dx^{μ} gerade umgekehrt transformieren wie die $\underline{b}_{\mu}$. Ein solches Verhalten wird als *kontragredient* bezeichnet. Eine Größe, die analog zu Gl.(1) aufgebaut ist, heißt ein *Vektor*,

$$\underline{v} = \sum_{\mu} \underline{b}_{\mu} v^{\mu} \quad , \tag{4a}$$

wenn sich die v^{μ} gemäß Gl.(2), d.h. also wie

$$v^{\mu} = \sum_{\lambda} \frac{\partial x^{\mu}}{\partial x'^{\lambda}} v'^{\lambda} \tag{4b}$$

transformieren. Die v^{μ} werden als *kontravariante Komponenten* des Vektors $\underline{v}$ bezeichnet. Die Vektoren $\underline{b}_{\mu}$ bezeichnen wir im folgenden auch als die *kovariante Basis*.

Wir definieren nun das *skalare Produkt* zweier Vektoren

$$\underline{v} = \sum_{\mu} \underline{b}_{\mu} v^{\mu} \quad ; \quad \underline{w} = \sum_{\nu} \underline{b}_{\nu} w^{\nu}$$

durch

$$(\underline{v} \cdot \underline{w}) = \sum_{\mu\nu} (\underline{b}_{\mu} \cdot \underline{b}_{\nu}) v^{\mu} w^{\nu} \tag{5a}$$

mit

$$(\underline{b}_{\mu} \cdot \underline{b}_{\nu}) = g_{\mu\nu} \quad , \tag{5b}$$

wobei die $g_{\mu\nu}$ ortsabhängige Zahlen sind, die wir mit Hilfe von

$$(\underline{ds} \cdot \underline{ds}) = \sum_{\mu\nu} g_{\mu\nu} dx^{\mu} dx^{\nu} = ds^2 \quad ; \quad g_{\mu\nu} = g_{\nu\mu} \tag{6}$$

erklären. Hier soll ds die Länge (der Betrag) des Vektors $\underline{ds}$ sein. Ferner definieren wir den Winkel ϑ zwischen zwei Linienelementen $\underline{ds}$ und $\underline{\delta s}$ im gleichen Punkt durch

$$(\underline{ds} \cdot \underline{\delta s}) = \sum_{\mu\nu} g_{\mu\nu} dx^{\mu} \delta x^{\nu} = ds\,\delta s \cos\vartheta \quad . \tag{7}$$

Dies zeigt insbesondere, daß das skalare Produkt kommutativ ist, da bei Vertauschung der beiden Vektoren $\cos\vartheta$ erhalten bleibt. Mit Länge und Winkel haben wir eine *Metrik* in den Raum eingeführt. Deshalb heißt

$$ds^2 = \sum_{\mu\nu} g_{\mu\nu} dx^\mu dx^\nu \tag{8}$$

die *metrische Fundamentalform*.

In der euklidischen Geometrie ist $ds^2 > 0$, so daß diese Form positiv definit ist; dies braucht in nichteuklidischen Geometrien nicht der Fall zu sein. So führt man z.B. in der speziellen Relativitätstheorie

$$ds^2 = (dx^1)^2 + (dx^2)^2 + (dx^3)^2 - (dx^0)^2$$

mit $x^0 = ct$ ein und unterscheidet Punktepaare, für die $ds^2 > 0$ ist (raumartig gelegen, außerhalb des Lichtkegels), von solchen, für die $ds^2 < 0$ ist (zeitartig gelegen, innerhalb des Lichtkegels). Auch kann in nichteuklidischen Geometrien in Gl.(7) $|\cos\vartheta| > 1$ werden.

Neben der kovarianten Basis $\{\underline{b}_\mu\}$ definieren wir nun eine zweite, dazu reziproke Basis $\{\underline{b}^\mu\}$ durch

$$(\underline{b}_\mu \cdot \underline{b}^\nu) = \delta_\mu^\nu \ , \tag{9}$$

wobei δ_μ^ν das Kronecker-Symbol ist, und schreiben analog zu Gl.(5b)

$$(\underline{b}^\mu \cdot \underline{b}^\nu) = g^{\mu\nu} \quad . \tag{10}$$

Dann läßt sich jeder Vektor $\underline{v}$ entweder nach den $\underline{b}_\nu$ oder nach den $\underline{b}^\nu$ zerlegen,

$$\underline{v} = \sum_\nu v^\nu \underline{b}_\nu = \sum_\nu v_\nu \underline{b}^\nu \quad . \tag{11}$$

Seine kontravarianten Komponenten v^ν haben wir oben bereits eingeführt; die v_ν heißen seine *kovarianten Komponenten*. Die Basisvektoren $\underline{b}^\nu$ bezeichnen wir als die *kontravariante Basis*.

Man kann sich die beiden Basissysteme leicht veranschaulichen, wenn man in zwei Dimensionen die euklidische Umgebung eines Punktes P betrachtet (Fig.5). Während die $\underline{b}_\nu$ die Richtungen der Koordinatenlinien haben, stehen die $\underline{b}^\nu$ nach (9) jeweils senkrecht auf diesen. In drei Dimensionen ist $\underline{b}^1$ senkrecht auf der dx^2, dx^3-Ebene usw. Dieser Fall spielt eine Rolle in der Kristallphysik. Sind die $\underline{b}_\mu$ die Gittervektoren, so daß an den Stellen

$$\underline{v}(k,\ell,m) = k\underline{b}_1 + \ell\underline{b}_2 + m\underline{b}_3$$

mit ganzzahligen k, ℓ, m jeweils ein Gitteratom sitzt (einfaches oder Bravaisgitter), so bilden die $\underline{b}^\mu$ das sogenannte reziproke Gitter, das die Gitterebenen definiert.

Gehen wir mit (9) und (10) in Gl.(11) ein, so erhalten wir

$$(\underline{b}_\mu \cdot \underline{v}) = \sum_\nu g_{\mu\nu} v^\nu = \sum_\nu \delta_\mu^\nu v_\nu = v_\mu$$

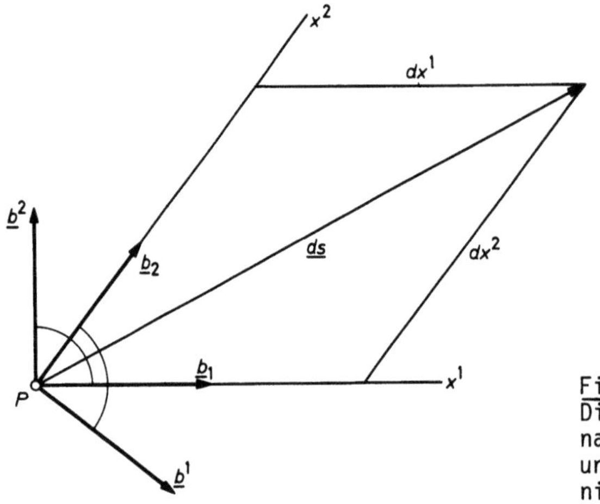

Fig.5. Basisvektoren in zwei Dimensionen für nicht orthogonale Koordinaten. Kovariante und kontravariante Basis fallen nicht zusammen

und

$$(\underline{b}^\mu \cdot \underline{v}) = \sum_\nu \delta^\mu_\nu v^\nu = v^\mu = \sum_\nu g^{\mu\nu} v_\nu \quad .$$

Das führt zu einer einfachen Regel für das "Herauf- und Herunterziehen" von Indices:

$$v_\mu = \sum_\nu g_{\mu\nu} v^\nu \quad ; \quad v^\mu = \sum_\nu g^{\mu\nu} v_\nu \quad . \tag{12}$$

Für das skalare Produkt erhalten wir damit vier verschiedene Schreibweisen:

$$(\underline{v} \cdot \underline{w}) = \sum_{\mu\nu} g_{\mu\nu} v^\mu w^\nu = \sum_\nu v_\nu w^\nu = \sum_{\mu\nu} g^{\mu\nu} v_\mu w_\nu = \sum_\mu v^\mu w_\mu \quad . \tag{13}$$

Aus Gl.(12) folgt ferner

$$\underline{v} = \sum_\mu \underline{b}_\mu v^\mu = \sum_{\mu\nu} \underline{b}_\mu g^{\mu\nu} v_\nu = \sum_\nu \underline{b}^\nu v_\nu = \sum_{\mu\nu} \underline{b}^\nu g_{\mu\nu} v^\mu \quad ,$$

mithin

$$\underline{b}^\nu = \sum_\mu g^{\mu\nu} \underline{b}_\mu \quad \text{und} \quad \underline{b}_\nu = \sum_\mu g_{\mu\nu} \underline{b}^\mu \quad , \tag{14}$$

d.h. also die gleiche Regel für die Stellung der Indices auch bei den Basisvektoren.

Damit sind wir vorbereitet, um die *Transformationseigenschaften* der v_μ und $\underline{b}^\mu$ zu untersuchen, die wir in Gl.(4b) für die v^μ und in Gl.(3) für die $\underline{b}_\mu$ bereits beschrieben haben. Setzen wir in der von der Wahl des Koordinatensystems unabhängigen Beziehung (9) einmal die alten und einmal die neuen Basisvektoren ein, also

$$(\underline{b}_\mu \cdot \underline{b}^\nu) = (\underline{b}'_\mu \cdot \underline{b}'^\nu) = \delta^\nu_\mu \quad ,$$

und führen für $\underline{b}'_\mu$ Gl.(3) ein, während wir $\underline{b}'^\nu$ zunächst mit unbekannten Koeffizienten $h^\nu_\varkappa$ schreiben,

$$\underline{b}'_\mu = \sum_\lambda \frac{\partial x^\lambda}{\partial x'^\mu} \underline{b}_\lambda \quad ; \quad \underline{b}'^\nu = \sum_\varkappa h^\nu_\varkappa \underline{b}^\varkappa \quad ,$$

so erhalten wir für das skalare Produkt der neuen Basisvektoren

$$(\underline{b}'_\mu \cdot \underline{b}'^\nu) = \sum_{\varkappa\lambda} \frac{\partial x^\lambda}{\partial x'^\mu} h^\nu_\varkappa (\underline{b}_\lambda \cdot \underline{b}^\varkappa) = \sum_\lambda \frac{\partial x^\lambda}{\partial x'^\mu} h^\nu_\lambda \quad .$$

Dies soll nun aber gleich δ^ν_μ werden. Das erfordert

$$h^\nu_\lambda = \frac{\partial x'^\nu}{\partial x^\lambda} \quad ,$$

weil nur dann

$$\sum_\lambda \frac{\partial x^\lambda}{\partial x'^\mu} \frac{\partial x'^\nu}{\partial x^\lambda} = \frac{\partial x'^\nu}{\partial x'^\mu} = \delta^\nu_\mu$$

entsteht. Also transformiert sich der kontravariante Basisvektor $\underline{b}^\lambda$ gemäß

$$\underline{b}'^\nu = \sum_\lambda \frac{\partial x'^\nu}{\partial x^\lambda} \underline{b}^\lambda \tag{15}$$

kontragredient zu $\underline{b}_\lambda$, Gl.(3). Schließlich erhalten wir aus

$$\underline{v} = \sum_\mu v_\mu \underline{b}^\mu = \sum_\lambda v'_\lambda \underline{b}'^\lambda \quad ,$$

wenn wir $\underline{b}'^\lambda$ aus (15) einsetzen, die Transformationsformel für die kovarianten Komponenten des Vektors $\underline{v}$:

$$v_\mu = \sum_\lambda \frac{\partial x'^\lambda}{\partial x^\mu} v'_\lambda \quad , \tag{16}$$

kontragredient zu (4b) für v^μ.

Wir können unsere Formeln benutzen, um für das skalare Produkt zweier Vektoren die Unabhängigkeit der Schreibweise

$$(\underline{v} \cdot \underline{w}) = \sum_\nu v_\nu w^\nu$$

von der Wahl des Koordinatensystems zu beweisen. Setzen wir nämlich für v_ν Gl.(16) und für w^ν Gl.(4b) ein, so entsteht

$$(\underline{v} \cdot \underline{w}) = \sum_{\nu\lambda\rho} \frac{\partial x'^\lambda}{\partial x^\nu} v'_\lambda \frac{\partial x^\nu}{\partial x'^\rho} w'^\rho \quad .$$

Die Ausführung der Summe über ν gibt nach den Regeln der Differentialrechnung δ^λ_ρ, so daß in der Tat

$$(\underline{v} \cdot \underline{w}) = \sum_\lambda v'_\lambda w'^\lambda$$

bleibt.

§2. Tensoren

Wir haben in unserer Theorie die Vektoren zunächst nur formal als lineare Formen

$$\underline{v} = \sum_\mu v^\mu \underline{b}_\mu$$

eingeführt. Erst durch die Definition des skalaren Produkts mit Hilfe von

$$(\underline{b}_\mu \cdot \underline{b}_\nu) = g_{\mu\nu}$$

sind wir dazu gelangt, einfache Zahlengrößen durch Vektoren auszudrücken. So wird z.B. die kinetische Energie E einer Punktmasse m in der Mechanik

$$E = \frac{m}{2} v^2 = \frac{m}{2} (\underline{v} \cdot \underline{v}) = \frac{m}{2} \sum_{\mu\nu} g_{\mu\nu} v^\mu v^\nu \quad .$$

Analog hierzu können wir auch Formen zweiten (und höheren) Grades bilden. Ein solches formales Gebilde heißt ein *Tensor zweiter* (und höherer) *Stufe*. Auch solche Gebilde werden in der Physik oft mit Vorteil benutzt, wenn man analog zum skalaren Produkt zweier Vektoren sinngemäß erweiterte Multiplikationsvorschriften hinzufügt.

Wir schreiben formal einen Tensor zweiter Stufe

$$\underline{\underline{T}} = \sum_{\mu\nu} T^{\mu\nu} \underline{b}_\mu \underline{b}_\nu = \sum_{\mu\nu} T_\mu^\nu \underline{b}^\mu \underline{b}_\nu = \sum_{\mu\nu} T_{\mu\nu} \underline{b}^\mu \underline{b}^\nu \quad . \tag{1}$$

Dabei hat die bloße Aneinanderreihung $\underline{b}_\mu \underline{b}_\nu$ zunächst keinen definierten Sinn: erst durch Kombination mit einem Vektor $\underline{v}$ kann dem Ausdruck Sinn gegeben werden. Wir definieren die Produkte

$$(\underline{v} \cdot \underline{\underline{T}}) = \sum_\lambda v_\lambda \underline{b}^\lambda \cdot \sum_{\mu\nu} T^{\mu\nu} \underline{b}_\mu \underline{b}_\nu = \sum_{\lambda\mu\nu} v_\lambda T^{\mu\nu} (\underline{b}^\lambda \cdot \underline{b}_\mu) \underline{b}_\nu$$
$$= \sum_\nu \left(\sum_\lambda v_\lambda T^{\lambda\nu} \right) \underline{b}_\nu$$

und

$$(\underline{\underline{T}} \cdot \underline{v}) = \sum_{\mu\nu} T^{\mu\nu} \underline{b}_\mu \underline{b}_\nu \cdot \sum_\lambda v_\lambda \underline{b}^\lambda = \sum_{\lambda\mu\nu} v_\lambda T^{\mu\nu} \underline{b}_\mu (\underline{b}_\nu \cdot \underline{b}^\lambda)$$
$$= \sum_\mu \left(\sum_\lambda v_\lambda T^{\mu\lambda} \right) \underline{b}_\mu \quad .$$

In beiden Fällen entstehen also Vektoren, nämlich

$$\begin{aligned} \underline{p} &= \underline{v} \cdot \underline{\underline{T}} \quad \text{mit} \quad p^\mu = \sum_\lambda v_\lambda T^{\lambda\mu} \quad , \\ \underline{q} &= \underline{\underline{T}} \cdot \underline{v} \quad \text{mit} \quad q^\mu = \sum_\lambda T^{\mu\lambda} v_\lambda \quad . \end{aligned} \tag{2}$$

Nur wenn die Form $T^{\mu\nu}$ symmetrisch ist (symmetrischer Tensor, $T^{\mu\nu} = T^{\nu\mu}$), werden beide Vektoren identisch. Dies Produkt ist daher im allgemeinen nicht kommutativ.

In Gl.(1) haben wir die Komponenten des Tensors $\underline{\underline{T}}$ in drei Formen, nämlich kontravariant, gemischt und kovariant angeschrieben. Mit Hilfe der Relationen

$$\underline{b}^\nu = \sum_\mu g^{\mu\nu} \underline{b}_\mu \quad ; \quad \underline{b}_\nu = \sum_\mu g_{\mu\nu} \underline{b}^\mu$$

lassen sie sich ineinander überführen, z.B.

$$\underline{\underline{T}} = \sum_{\mu\nu} T^{\mu\nu}\underline{b}_\mu\underline{b}_\nu = \sum_{\mu\nu} T^{\mu\nu} \sum_\rho g_{\rho\mu}\underline{b}^\rho \sum_\sigma g_{\sigma\nu}\underline{b}^\sigma \quad ,$$

d.h.

$$T_{\rho\sigma} = \sum_{\mu\nu} g_{\rho\mu}g_{\sigma\nu}T^{\mu\nu} \tag{3}$$

und analog

$$T_{\rho\bullet}^{\ \ \mu} = \sum_\nu g_{\rho\nu}T^{\nu\mu} \quad ; \quad T^{\mu}_{\ \bullet\rho} = \sum_\nu g_{\rho\nu}T^{\mu\nu} \quad . \tag{4}$$

Man beachte den Unterschied zwischen $T_{\rho\bullet}^{\ \ \mu}$ und $T^{\mu}_{\ \bullet\rho}$, wobei der Punkt jeweils für die Vakanz in der unteren Indexreihe steht.

Die *Transformationseigenschaften* eines Vektors haben wir daraus abgeleitet, daß die lineare Form bei Änderung des Koordinatensystems erhalten bleibt:

$$\underline{v} = \sum_\nu v^\nu\underline{b}_\nu = \sum_\nu v'^\nu\underline{b}'_\nu \quad .$$

Genauso fordern wir beim Tensor die Erhaltung von (1):

$$\underline{\underline{T}} = \sum_{\mu\nu} T^{\mu\nu}\underline{b}_\mu\underline{b}_\nu = \sum_{\rho\sigma} T'^{\rho\sigma}\underline{b}'_\rho\underline{b}'_\sigma \quad .$$

Wegen Gl.(3) von §1, also

$$\underline{b}'_\rho = \sum_\mu \frac{\partial x^\mu}{\partial x'^\rho}\underline{b}_\mu \quad ; \quad \underline{b}'_\sigma = \sum_\nu \frac{\partial x^\nu}{\partial x'^\sigma}\underline{b}_\nu$$

ergibt diese Forderung

$$T^{\mu\nu} = \sum_{\rho\sigma} T'^{\rho\sigma}\frac{\partial x^\mu}{\partial x'^\rho}\frac{\partial x^\nu}{\partial x'^\sigma} \quad , \tag{5a}$$

d.h. eine zu (4b) von §1 analoge Doppelsumme, die die Bezeichnung der $T^{\mu\nu}$ als kontravariante Komponenten des Tensors rechtfertigt. Genauso erhalten wir

$$T^{\mu}_{\ \bullet\nu} = \sum_{\rho\sigma} T'^{\rho}_{\ \bullet\sigma}\frac{\partial x^\mu}{\partial x'^\rho}\frac{\partial x'^\sigma}{\partial x^\nu} \tag{5b}$$

für die gemischten und

$$T_{\mu\nu} = \sum_{\rho\sigma} T'_{\rho\sigma}\frac{\partial x'^\rho}{\partial x^\mu}\frac{\partial x'^\sigma}{\partial x^\nu} \tag{5c}$$

für die kovarianten Tensorkomponenten.

Neben den Produkten (2) eines Tensors mit einem Vektor definieren wir nun noch das *skalare Produkt zweier Tensoren*:

$$\begin{aligned}(\underline{\underline{A}} \cdot \underline{\underline{B}}) &= \sum_{\mu\nu} A^{\mu\nu}\underline{b}_\mu\underline{b}_\nu \cdot \sum_{\rho\sigma} B_{\rho\sigma}\underline{b}^\rho\underline{b}^\sigma \\ &= \sum_{\mu\nu}\sum_{\rho\sigma} A^{\mu\nu}B_{\rho\sigma}(\underline{b}_\mu \cdot \underline{b}^\rho)(\underline{b}_\nu \cdot \underline{b}^\sigma) \\ &= \sum_{\mu\nu} A^{\mu\nu}B_{\mu\nu} \quad .\end{aligned} \tag{6}$$

Daß dieser Ausdruck tatsächlich ein Skalar wird, kann man leicht nachrechnen: In

$$(\underline{\underline{A}} \cdot \underline{\underline{B}}) = \sum_{\mu\nu} A^{\mu\nu}B_{\mu\nu} = \sum_{\mu\nu}\left(\sum_{\rho\sigma} A'^{\rho\sigma}\frac{\partial x^\mu}{\partial x'^\rho}\frac{\partial x^\nu}{\partial x'^\sigma}\right)\left(\sum_{\varkappa\lambda} B'_{\varkappa\lambda}\frac{\partial x'^\varkappa}{\partial x^\mu}\frac{\partial x'^\lambda}{\partial x^\nu}\right)$$

benutzen wir zweimal die Kettenregel,

$$\sum_\mu \frac{\partial x'^\varkappa}{\partial x^\mu}\frac{\partial x^\mu}{\partial x'^\rho} = \delta^\varkappa_\rho \quad \text{und} \quad \sum_\nu \frac{\partial x'^\lambda}{\partial x^\nu}\frac{\partial x^\nu}{\partial x'^\sigma} = \delta^\lambda_\sigma \quad .$$

Damit entsteht

$$(\underline{\underline{A}} \cdot \underline{\underline{B}}) = \sum_{\rho\sigma} A'^{\rho\sigma}B'_{\rho\sigma}$$

unverändert.

Ein wichtiger algebraischer Prozeß an Tensoren beliebiger Stufe ist ihre *Verjüngung* oder *Kontraktion*, d.h. Spurbildung bezüglich eines unteren und eines oberen Index, z.B.

$$\sum_\mu T_{\mu\nu\bullet}^{\ \ \ \mu} = v_\nu \quad ; \quad \sum_\mu T^\mu_{\bullet\mu} = C \quad .$$

Dabei entsteht jeweils ein um zwei Stufen niederer Tensor; v_ν ist ein Vektor, C ein Skalar. Der Beweis sei für C als Beispiel erbracht mit Hilfe der Transformationsformel (5b) für gemischte Tensorkomponenten. Setzen wir dort $\nu = \mu$ und summieren, so finden wir

$$C = \sum_\mu\sum_{\rho\sigma} T'^\rho_{\bullet\sigma}\frac{\partial x^\mu}{\partial x'^\rho}\frac{\partial x'^\sigma}{\partial x^\mu} \quad .$$

Mit Hilfe der Kettenregel können wir die Summe über μ vollziehen, so daß

$$C = \sum_{\rho\sigma} T'^\rho_{\bullet\sigma}\delta^\sigma_\rho = \sum_\rho T'^\rho_{\bullet\rho}$$

entsteht, also die für einen Skalar zu fordernde Invarianz.

Wegen seiner besonderen Bedeutung behandeln wir nun noch den *metrischen* oder *Fundamentaltensor*

$$\underline{\underline{G}} = \sum_{\mu\nu} g_{\mu\nu}\underline{b}^\mu\underline{b}^\nu = \sum_{\mu\nu} g^{\mu\nu}\underline{b}_\mu\underline{b}_\nu = \sum_\nu \underline{b}^\nu\underline{b}_\nu \quad . \tag{7}$$

Da wir seine Komponenten bereits in §1 eingeführt haben, bleibt jetzt nur noch zu zeigen, daß sich diese wie Tensorkomponenten transformieren. Hierzu benutzen wir die Invarianz des Skalars ds^2:

$$ds^2 = \sum_{\mu\nu} g_{\mu\nu}dx^\mu dx^\nu = \sum_{\rho\sigma} g'_{\rho\sigma}dx'^\rho dx'^\sigma \quad .$$

Umrechnen der Differentiale auf die neuen Koordinaten ergibt

$$ds^2 = \sum_{\mu\nu} g_{\mu\nu}\sum_\rho\frac{\partial x^\mu}{\partial x'^\rho}dx'^\rho\sum_\sigma\frac{\partial x^\nu}{\partial x'^\sigma}dx'^\sigma$$

$$= \sum_{\rho\sigma} \Big(\sum_{\mu\nu} g_{\mu\nu} \frac{\partial x^\mu}{\partial x'^\rho} \frac{\partial x^\nu}{\partial x'^\sigma} \Big) dx'^\rho dx'^\sigma \quad .$$

Der Vergleich mit dem vorigen Ausdruck für ds^2 führt also auf

$$g'_{\rho\sigma} = \sum_{\mu\nu} \frac{\partial x^\mu}{\partial x'^\rho} \frac{\partial x^\nu}{\partial x'^\sigma} g_{\mu\nu} \tag{8}$$

entsprechend der Transformationsformel (5c) kovarianter Tensorkomponenten.

Nach Gl.(9) von §1 ist $(\underline{b}_\mu \cdot \underline{b}^\nu) = \delta_\mu^\nu$. Das läßt sich mit Hilfe von Gl.(14) von §1 umrechnen:

$$\delta_\mu^\nu = \Big(\underline{b}_\mu \cdot \sum_\lambda g^{\nu\lambda} \underline{b}_\lambda \Big)$$

oder

$$\sum_\lambda g_{\mu\lambda} g^{\nu\lambda} = \delta_\mu^\nu \quad . \tag{9}$$

Die gemischten Komponenten des Fundamentaltensors bilden also den *Einheitstensor*. Dieser bleibt bei einer Koordinatentransformation stets erhalten.

Den bisherigen Überlegungen lassen sich einige einfache *Regeln* für die Tensoralgebra entnehmen, die wir zum Schluß dieses Paragraphen kurz zusammenstellen wollen:

(1) Summation über einen doppelt, einmal oben (kontravariant) und einmal unten (kovariant) auftretenden Index senkt die Stufe eines Tensors um 2 Einheiten.

(2) Mit Hilfe des metrischen Tensors lassen sich Indices herauf- und herunterziehen, z.B.

$$v_\mu = \sum_\nu g_{\mu\nu} v^\nu \quad ; \quad v^\mu = \sum_\nu g^{\mu\nu} v_\nu \quad ; \quad T_{\mu\nu} = \sum_{\rho\sigma} g_{\mu\rho} g_{\nu\sigma} T^{\rho\sigma} \quad .$$

(3) *Summenkonvention*: Bei Summen über doppelt auftretende Indices nach Regel (1) lassen wir künftig das Summenzeichen weg, schreiben also z.B.

$$v_\mu = g_{\mu\nu} v^\nu \quad ; \quad v^\mu = g^{\mu\nu} v_\nu \quad ; \quad T_{\mu\nu} = g_{\mu\rho} g_{\nu\sigma} T^{\rho\sigma} \quad .$$

Diese Schreibweise wurde 1916 von Einstein eingeführt.

§3. Vektoranalysis

Gegeben sei ein stetig von den Koordinaten abhängiges Vektorfeld $\underline{v}$. Dann wollen wir den Vektor $\underline{v}$ am Orte $\{x^\mu\}$ mit dem Vektor $\underline{v} + \underline{dv}$ am Orte $\{x^\mu + dx^\mu\}$ vergleichen. Offenbar müssen wir dazu in

$$\underline{v} = \underline{b}_\mu v^\mu = \underline{b}^\mu v_\mu$$

sowohl die Änderung der Komponenten als auch die der Basisvektoren beachten:

$$\underline{dv} = \underline{b}_\mu dv^\mu + \underline{db_\mu} v^\mu = \underline{b}^\mu dv_\mu + \underline{db^\mu} v_\mu \quad . \tag{1}$$

Der gesamte Ausdruck $\underline{dv}$ wird als *absolutes Differential* bezeichnet; das erste Glied heißt *relatives Differential*, das zweite *Führungsdifferential*.

Wir zerlegen nun das Führungsdifferential wieder nach den Basisvektoren in Komponenten, indem wir

$$\underline{db}_\mu = dA^\lambda_\mu \underline{b}_\lambda \quad \text{und} \quad \underline{db}^\mu = dB^\mu_\lambda \underline{b}^\lambda \tag{2a}$$

schreiben. Dann folgt unmittelbar

$$dA^\nu_\mu = (\underline{b}^\nu \cdot \underline{db}_\mu) \quad \text{und} \quad dB^\mu_\nu = (\underline{b}_\nu \cdot \underline{db}^\mu) \quad . \tag{2b}$$

Zwischen diesen beiden Größen besteht eine einfache Beziehung, die wir aus der Ortsunabhängigkeit des Einheitstensors,

$$d\delta^\nu_\mu = d(\underline{b}_\mu \cdot \underline{b}^\nu) = 0$$

entnehmen können:

$$0 = (\underline{db}_\mu \cdot \underline{b}^\nu) + (\underline{b}_\mu \cdot \underline{db}^\nu) = dA^\nu_\mu + dB^\nu_\mu \quad .$$

Wir können also dB^ν_μ überall durch $-dA^\nu_\mu$ ersetzen und schreiben (2a,b) um in

$$\underline{db}_\mu = \underline{b}_\lambda dA^\lambda_\mu \quad ; \quad \underline{db}^\mu = -\underline{b}^\lambda dA^\mu_\lambda \quad ; \tag{3a}$$

$$(\underline{b}^\nu \cdot \underline{db}_\mu) = dA^\nu_\mu \quad ; \quad (\underline{b}_\nu \cdot \underline{db}^\mu) = -dA^\mu_\nu \quad . \tag{3b}$$

Behandeln wir analog zum Einheitstensor auch $g_{\mu\nu}$ und $g^{\mu\nu}$, die natürlich nicht ortsunabhängig sind, so erhalten wir unter Benutzung von (3a)

$$dg_{\mu\nu} = d(\underline{b}_\mu \cdot \underline{b}_\nu) = dA^\lambda_\mu g_{\lambda\nu} + dA^\lambda_\nu g_{\lambda\mu} \tag{4a}$$

und

$$dg^{\mu\nu} = d(\underline{b}^\mu \cdot \underline{b}^\nu) = -dA^\mu_\lambda g^{\lambda\nu} - dA^\nu_\lambda g^{\mu\lambda} \quad . \tag{4b}$$

Diese Relationen sind nicht voneinander unabhängig, vielmehr folgen die Gln.(4b) aus (4a).

Die Gln.(4a) werden als das *Lemma von Ricci* bezeichnet. In N Dimensionen gibt es ingesamt $\frac{1}{2}N(N+1)$ Gleichungen (4a), die sich als Bestimmungsgleichungen für die dA^λ_μ auffassen lassen, sofern die Metrik bekannt ist. Da es aber im ganzen N^2 verschiedene Größen dA^λ_μ gibt, genügen sie nicht dazu. Z.B. erhält man für $N=4$ insgesamt 10 Bestimmungsgleichungen für 16 Unbekannte. Zur vollständigen Bestimmung von $\underline{dv}$, Gl.(1), bedürfen wir also noch weiterer Informationen. Um diese zu erhalten müssen wir einige weitere Begriffe einführen.

Zunächst schreiben wir das absolute Differential (1) mit Hilfe von (3a) in Komponentenzerlegung:

$$\underline{dv} = \underline{b}_\mu (dv^\mu + v^\lambda dA^\mu_\lambda) = \underline{b}^\mu (dv_\mu - v_\lambda dA^\lambda_\mu) \quad . \tag{5}$$

Ein *konstantes Vektorfeld* liegt vor, wenn die Vektoren $\underline{v}$ und $\underline{v} + \underline{dv}$ in zwei Nachbarpunkten übereinstimmen, wenn also das absolute Differential (5) verschwindet. Wir sprechen dann von einer *linearen Übertragung* des Vektors $\underline{v}$ zum Nachbarpunkt. Wohl aber ändern sich dabei seine Komponenten, da für $\underline{dv} = 0$ aus (5)

$$dv^\mu = -v^\lambda dA^\mu_\lambda \quad ; \quad dv_\mu = v_\lambda dA^\lambda_\mu \tag{6}$$

folgt. Der Vektor ändert sich dann weder nach Betrag noch Richtung. Dies folgt daraus, daß diese beiden Größen für zwei linear übertragene Vektoren $\underline{v}$ und $\underline{w}$ durch die drei skalaren Produkte $\underline{v}^2$, $\underline{w}^2$ und $(\underline{v}\cdot\underline{w})$ bestimmt sind, die alle drei konstant bleiben, wenn $\underline{dv} = 0$ und $\underline{dw} = 0$ ist.

Als nächstes können wir eine *Kurve* behandeln, die wir durch Angabe aller Koordinaten $x^\mu = x^\mu(s)$ als stetige Funktion der Bogenlänge s längs der Kurve beschreiben wollen. Dann ist der Vektor

$$\underline{ds} = \underline{b}_\mu dx^\mu = \underline{b}_\mu \frac{dx^\mu}{ds} ds$$

das Linienelement längs der Kurve. Es hat die Richtung der Tangente; den Einheitsvektor $\underline{ds}/ds$ wollen wir als *Tangentenvektor*

$$\underline{t} = \underline{b}_\mu \frac{dx^\mu}{ds} \tag{7}$$

einführen. Dann definieren wir eine *geodätische Linie* als eine Kurve mit konstantem Tangentenvektor, $\underline{dt} = 0$, oder

$$\frac{\underline{dt}}{ds} = \underline{b}_\mu \frac{d^2x^\mu}{ds^2} + \frac{\underline{db}_\mu}{ds}\frac{dx^\mu}{ds} = 0 \quad .$$

Hier läßt sich das zweite Glied mit Hilfe von (3a) umformen:

$$\frac{\underline{db}_\mu}{ds} = \underline{b}_\lambda \frac{dA^\lambda_\mu}{ds} = \underline{b}_\lambda \frac{\partial A^\lambda_\mu}{\partial x^\nu}\frac{dx^\nu}{ds} \quad .$$

Damit entsteht

$$\frac{\underline{dt}}{ds} = \underline{b}_\lambda \left\{ \frac{d^2x^\lambda}{ds^2} + \frac{\partial A^\lambda_\mu}{\partial x^\nu}\frac{dx^\mu}{ds}\frac{dx^\nu}{ds} \right\} = 0 \quad .$$

Das ist aber nur dann erfüllt, wenn die geschweifte Klammer für jedes λ verschwindet. Daraus ergeben sich N Differentialgleichungen zweiter Ordnung für die N Funktionen $x^\lambda(s)$, welche eine geodätische Linie festlegen:

$$\frac{d^2x^\lambda}{ds^2} + \frac{\partial A^\lambda_\mu}{\partial x^\nu}\frac{dx^\mu}{ds}\frac{dx^\nu}{ds} = 0 \quad . \tag{8}$$

Auch hier gehen die $\partial A^\lambda_\mu/\partial x^\nu$ zunächst noch als unvollständig bestimmte Koeffizienten ein.

Nun lassen sich aber die geodätischen Linien noch auf einem anderen Wege gewinnen, da sie die Bogenlänge s zu einem Extremum machen sollen. Wir können daher auch das Variationsprinzip

$$\delta \int ds = 0$$

zugrundelegen. Um hier die gesuchten Funktionen $x^\lambda(s)$ einzuführen, benutzen wir

$$ds = \sqrt{g_{\mu\nu}\dot{x}^\mu\dot{x}^\nu}\,ds$$

mit $\dot{x} = dx/ds$. Dann können wir das Extremalprinzip in die gewohnte Gestalt

$$\delta \int_{s_1}^{s_2} ds\, L(\dot{x}, x) = 0 \quad \text{mit} \quad L = \sqrt{g_{\mu\nu}\dot{x}^\mu\dot{x}^\nu} \tag{9}$$

bringen. Aus den Ableitungen

$$\frac{\partial L}{\partial x^\lambda} = \frac{1}{2L}\frac{\partial g_{\mu\nu}}{\partial x^\lambda}\dot{x}^\mu\dot{x}^\nu \quad ; \quad \frac{\partial L}{\partial \dot{x}^\lambda} = \frac{1}{L}\, g_{\lambda\nu}\dot{x}^\nu$$

bauen wir die Eulerschen Gleichungen zu (9)

$$\frac{d}{ds}\frac{\partial L}{\partial \dot{x}^\lambda} - \frac{\partial L}{\partial x^\lambda} = 0$$

in der Form

$$\frac{d}{ds}\left(\frac{1}{L}\, g_{\lambda\nu}\dot{x}^\nu\right) - \frac{1}{2L}\frac{\partial g_{\mu\nu}}{\partial x^\lambda}\dot{x}^\mu\dot{x}^\nu = 0$$

auf. Da L = 1 eine Konstante, auch für die Nachbarkurven, ist, vereinfacht sich das beim Ausdifferenzieren des ersten Gliedes zu

$$g_{\lambda\nu}\ddot{x}^\nu + \left(\frac{\partial g_{\lambda\nu}}{\partial x^\mu} - \frac{1}{2}\frac{\partial g_{\mu\nu}}{\partial x^\lambda}\right)\dot{x}^\mu\dot{x}^\nu = 0 \quad .$$

Wir wollen an dieser Stelle einige Vereinfachungen der Schreibweise treffen. Zunächst wollen wir Differentiationen nach den Koordinaten durch das einfache Symbol ∂_λ anstelle von $\partial/\partial x^\lambda$ wiedergeben; wir werden noch sehen, daß sich dies hinsichtlich der Summenregel formal als kovariante Vektorkomponente behandeln läßt, so daß sich diese Schreibweise gut einfügt. Zweitens führen wir an dieser Stelle die *Christoffelschen Symbole erster Art*

$$\Gamma_{\lambda,\mu\nu} = \frac{1}{2}\left(\partial_\mu g_{\nu\lambda} + \partial_\nu g_{\lambda\mu} - \partial_\lambda g_{\mu\nu}\right) \tag{10a}$$

ein, mit denen sich unsere Differentialgleichungen kurz

$$g_{\lambda\nu}\ddot{x}^\nu + \Gamma_{\lambda,\mu\nu}\dot{x}^\mu\dot{x}^\nu = 0 \tag{11a}$$

schreiben lassen. Der Übergang zu kontravarianten Komponenten unter Verwendung der *Christoffelschen Symbole zweiter Art*

$$\Gamma^\rho_{\mu\nu} = g^{\rho\lambda}\Gamma_{\lambda,\mu\nu} \tag{10b}$$

ergibt die in den zweiten Ableitungen getrennten Differentialgleichungen der geodätischen Linien

$$\ddot{x}^\rho + \Gamma^\rho_{\mu\nu}\dot{x}^\mu\dot{x}^\nu = 0 \quad . \tag{11b}$$

Ein wichtiger Sonderfall muß hier erwähnt werden. In einer *nicht definiten Metrik* kann ds = 0 längs einer Linie werden; wir sprechen dann von einer Nullinie. In der Relativitätstheorie treten z.B. solche Linien auf. Auch unter diesen gibt es *geodätische Nullinien*, die der Gl.(11b) genügen, wobei allerdings der Punkt die Differentiation statt nach der Bogenlänge nach irgendeinem anderen längs der Linie monoton wachsenden Parameter bedeutet, z.B. nach der Bogenlänge der Projektion der Linie in einen (N-1)-dimensionalen Unterraum. Solche Linien beschreiben in der Relativitätstheorie Lichtstrahlen; ihre Projektion in den dreidimensionalen Ortsraum ergibt den Weg des Lichtstrahls.

Für die Christoffelschen Symbole wird häufig die Schreibweise

$$\begin{bmatrix}\mu\nu\\ \lambda\end{bmatrix} = \Gamma_{\lambda,\mu\nu} \qquad \begin{Bmatrix}\mu\nu\\ \lambda\end{Bmatrix} = \Gamma^{\lambda}_{\mu\nu}$$

benutzt. Unsere Schreibweise hat den Vorteil, daß die Stellung der drei Indices die Anwendung der Summationsregel erlaubt. Eines freilich machen die Klammersymbole deutlicher: Die Christoffelschen Symbole sind keine Tensorkomponenten.

Der Vergleich mit Gl.(8) ergibt nunmehr auch die Lösung unseres durch das Lemma von Ricci nur teilweise gelösten Problems,

$$\frac{\partial A^{\lambda}_{\mu}}{\partial x^{\nu}} = \Gamma^{\lambda}_{\mu\nu} \ . \qquad (12)$$

Setzen wir (12) nachträglich in das Lemma von Ricci, Gl.(4a) ein, so erhalten wir die nützliche Identität

$$\partial_{\rho} g_{\mu\nu} = \Gamma_{\mu,\nu\rho} + \Gamma_{\nu,\mu\rho} \ .$$

Wir können mit Gl.(12) einige frühere Ergebnisse jetzt in die endgültige Gestalt bringen. So können wir Gl.(2a) jetzt durch

$$\partial_{\nu} \underline{b}_{\mu} = \Gamma^{\lambda}_{\nu\mu} \underline{b}_{\lambda} \quad ; \quad \partial_{\nu} \underline{b}^{\mu} = -\Gamma^{\mu}_{\nu\lambda} \underline{b}^{\lambda} \qquad (13)$$

ersetzen und für das absolute Differential eines Vektors

$$\underline{dv} = \underline{b}_{\mu}(dv^{\mu} + \Gamma^{\mu}_{\lambda\rho} v^{\lambda} dx^{\rho}) = \underline{b}^{\mu}(dv_{\mu} - \Gamma^{\lambda}_{\mu\rho} v_{\lambda} dx^{\rho}) \qquad (14)$$

schreiben.

Damit sind wir soweit vorbereitet, daß wir die aus der elementaren Vektoranalysis bekannten Formen der Differentiation in die Riemannsche Geometrie übertragen können. Hierzu führen wir hier wie dort zunächst den *Nabla-Operator* ein,

$$\nabla = \underline{b}^{\mu} \partial_{\mu} \ ,$$

mit dessen Hilfe wir sofort den *Gradienten eines Skalars* φ definieren:

$$\mathrm{grad}\varphi = \nabla\varphi = \underline{b}^{\mu} \partial_{\mu} \varphi \ . \qquad (15)$$

Dies ist ein Vektor mit den kovarianten Komponenten $\partial_{\mu}\varphi$; denn aus der Transformationsformel

$$\underline{b}'^{\mu} = (\partial_\lambda x'^{\mu})\underline{b}^{\lambda}$$

und der Kettenregel

$$\partial'_\mu \varphi = (\partial'_\mu x^{\rho})\partial_\rho \varphi$$

folgt

$$\nabla'\varphi = \underline{b}'^{\mu}\partial'_\mu\varphi = \underline{b}^{\lambda}(\partial_\lambda x'^{\mu})(\partial'_\mu x^{\rho})\partial_\rho\varphi = \underline{b}^{\lambda}\delta^{\rho}_{\lambda}\partial_\rho\varphi = \underline{b}^{\lambda}\partial_\lambda\varphi = \nabla\varphi \quad .$$

Damit ist die Schreibweise des Symbols ∂_μ als kovariante Vektorkomponente voll gerechtfertigt.

Als nächstes definieren wir die *Divergenz eines Vektors* als skalares Produkt der Form

$$\mathrm{div}\ \underline{v} = (\nabla \cdot \underline{v}) \quad . \tag{16}$$

Ausführlich geschrieben ist das

$$(\nabla \cdot \underline{v}) = \underline{b}^{\mu}\partial_\mu \cdot \underline{b}_\nu v^{\nu} = (\underline{b}^{\mu} \cdot \underline{b}_\nu)\partial_\mu v^{\nu} + (\underline{b}^{\mu} \cdot \partial_\mu \underline{b}_\nu)v^{\nu} \quad .$$

Hier ersetzen wir $\partial_\mu \underline{b}_\nu$ aus Gl.(13). Dann entsteht

$$\mathrm{div}\ \underline{v} = \partial_\mu v^{\mu} + \Gamma^{\mu}_{\mu\nu}v^{\nu} = (\partial_\mu + \Gamma^{\nu}_{\nu\mu})v^{\mu} \quad . \tag{17}$$

Die Divergenz läßt sich auch in anderen Formen ausdrücken. So können wir schreiben

$$(\nabla \cdot \underline{v}) = \underline{b}^{\mu}\partial_\mu \cdot \underline{b}^{\nu}v_\nu = g^{\mu\nu}\partial_\mu v_\nu + v_\nu(\underline{b}^{\mu} \cdot \partial_\mu \underline{b}^{\nu}) \quad .$$

Ersetzen wir hier $\partial_\mu \underline{b}^{\nu}$ nach Gl.(13), so folgt weiter

$$(\nabla \cdot \underline{v}) = g^{\mu\nu}\partial_\mu v_\nu - v_\nu \Gamma^{\nu}_{\mu\lambda}g^{\mu\lambda}$$

oder mit Umbenennung der Indices im zweiten Gliede

$$\mathrm{div}\ \underline{v} = g^{\mu\nu}v_{\nu|\mu} \tag{18a}$$

mit

$$v_{\nu|\mu} = \partial_\mu v_\nu - \Gamma^{\lambda}_{\mu\nu}v_\lambda \quad . \tag{18b}$$

Die hier auftretende Größe $v_{\nu|\mu}$ muß ein Tensor sein, da div $\underline{v}$ ein Skalar ist. Das ist nicht für die einfache Ableitung $\partial_\mu v_\nu$ erfüllt; denn

$$\partial'_\mu v'_\nu = (\partial'_\mu x^{\lambda})\partial_\lambda\left\{(\partial'_\nu x^{\rho})v_\rho\right\} = (\partial'_\mu x^{\lambda})(\partial'_\nu x^{\rho})\partial_\lambda v_\rho + (\partial'_\mu x^{\lambda})v_\rho(\partial_\lambda \partial'_\nu x^{\rho}) \quad ,$$

und hier ist das zweite Glied ein Zusatzterm zu dem ersten, der für sich allein der Transformation einer kovarianten Tensorkomponente entspricht. (Man beachte, daß $\partial_\lambda\partial'_\nu x^{\rho}$ *nicht* gleich $\partial'_\nu\partial_\lambda x^{\rho} = \partial'_\nu\delta^{\rho}_{\lambda} = 0$ ist!) Ebenso kann daher auch der zweite Term in (18b) für sich allein nicht Komponente eines Tensors zweiter Stufe und somit $\Gamma^{\lambda}_{\mu\nu}$ kein Tensor dritter Stufe sein.

Wir bezeichnen den echten Tensor $v_{\nu|\mu}$ als die *kovariante Ableitung* des Vektors $\underline{v}$. Sie wird auch als *Erweiterung* des Vektors bezeichnet, weil dabei die Stufe um 1 erhöht wird, im Gegensatz zu der rein algebraischen Verjüngung, welche die Stufenzahl um 2 senkt.

Mit $v_{\nu|\mu}$ ist natürlich auch $v_{\mu|\nu}$ ein Tensor, mithin auch ihre Differenz

$$R_{\mu\nu} = v_{\nu|\mu} - v_{\mu|\nu} = -R_{\nu\mu} \tag{19}$$

ein antisymmetrischer Tensor. Ausführlich geschrieben ist das nach Gl.(18b)

$$R_{\mu\nu} = \left(\partial_\mu v_\nu - \Gamma^\lambda_{\mu\nu} v_\lambda\right) - \left(\partial_\nu v_\mu - \Gamma^\lambda_{\nu\mu} v_\lambda\right) \; .$$

Wegen der Symmetrie $\Gamma^\lambda_{\mu\nu} = \Gamma^\lambda_{\nu\mu}$ heben sich hier die Zusatzglieder heraus. Daher ist

$$\text{rot } \underline{v} = (\partial_\mu v_\nu - \partial_\nu v_\mu)\underline{b}^\mu \underline{b}^\nu \tag{20}$$

ein antisymmetrischer Tensor zweiter Stufe, den wir in Anlehnung an den dreidimensionalen Fall als *Rotation* des Vektors $\underline{v}$ bezeichnen.

Wenden wir die Divergenzoperation insbesondere auf den Vektor gradφ an, so entsteht der dem Laplaceschen Operator analoge sogenannte *zweite Differentialparameter von Beltrami*

$$(\nabla \cdot \nabla)\varphi = \nabla^2\varphi = \underline{b}^\mu \partial_\mu \cdot \underline{b}^\nu \partial_\nu \varphi$$

$$= (\underline{b}^\mu \cdot \underline{b}^\nu)\partial_\mu \partial_\nu \varphi - \underline{b}^\mu \cdot \Gamma^\nu_{\mu\lambda} \underline{b}^\lambda \partial_\nu \varphi \quad ,$$

woraus

$$\nabla^2\varphi = g^{\mu\nu}\left(\partial_\mu \partial_\nu \varphi - \Gamma^\lambda_{\mu\nu} \partial_\lambda \varphi\right) \tag{21}$$

entsteht.

Der Begriff der Divergenz wird bekanntlich in der elementaren Geometrie auch für einen Tensor eingeführt. Analog dazu definieren wir zu dem Tensor

$$\underline{\underline{T}} = T_{\mu\nu} \underline{b}^\mu \underline{b}^\nu$$

die Divergenz durch

$$\text{div } \underline{\underline{T}} = \nabla \cdot \underline{\underline{T}} = \underline{b}^\lambda \partial_\lambda \cdot (T_{\mu\nu} \underline{b}^\mu \underline{b}^\nu)$$

$$= \underline{b}^\lambda \cdot \left\{\underline{b}^\mu \underline{b}^\nu \partial_\lambda T_{\mu\nu} + T_{\mu\nu}\left[(\partial_\lambda \underline{b}^\mu)\underline{b}^\nu + \underline{b}^\mu(\partial_\lambda \underline{b}^\nu)\right]\right\} \; .$$

Ersetzen wir hier nach Gl.(13) $\partial_\lambda \underline{b}^\mu$ und $\partial_\lambda \underline{b}^\nu$, so können wir schreiben

$$\text{div } \underline{\underline{T}} = (\underline{b}^\lambda \cdot \underline{b}^\mu)\underline{b}^\nu \partial_\lambda T_{\mu\nu} - T_{\mu\nu}\left[\Gamma^\mu_{\lambda\rho}(\underline{b}^\lambda \cdot \underline{b}^\rho)\underline{b}^\nu + \Gamma^\nu_{\lambda\rho}(\underline{b}^\lambda \cdot \underline{b}^\rho)\underline{b}^\mu\right]$$

und unter Umbenennung der Indices

$$\text{div } \underline{\underline{T}} = g^{\mu\lambda}\left[\partial_\lambda T_{\mu\nu} - \Gamma^\rho_{\mu\lambda} T_{\rho\nu} - \Gamma^\rho_{\lambda\nu} T_{\mu\rho}\right]\underline{b}^\nu \; .$$

Dies ist als skalares Produkt eines Vektors mit einem Tensor selbst ein Vektor. Die eckige Klammer

$$T_{\mu\nu|\lambda} = \partial_\lambda T_{\mu\nu} - \Gamma^\rho_{\mu\lambda} T_{\rho\nu} - \Gamma^\rho_{\lambda\nu} T_{\mu\rho} \tag{22a}$$

ist also selbst ein Tensor dritter Stufe, den wir als *kovariante Ableitung des Tensors* $\underline{\underline{T}}$ bezeichnen. Damit können wir kurz schreiben

$$\operatorname{div} \underline{\underline{T}} = g^{\mu\lambda} T_{\mu\nu|\lambda} \underline{b}^{\nu} \quad . \tag{22b}$$

Aus den kovarianten Komponenten

$$D_\lambda = g^{\mu\rho} T_{\mu\lambda|\rho}$$

der Divergenz bilden wir die kontravarianten Komponenten dieses Vektors:

$$D^\nu = g^{\nu\lambda} D_\lambda = g^{\mu\rho} g^{\nu\lambda} \left(\partial_\rho T_{\mu\lambda} - \Gamma^\sigma_{\mu\rho} T_{\sigma\lambda} - \Gamma^\sigma_{\rho\lambda} T_{\mu\sigma} \right) \quad .$$

Führen wir hierin auch noch die kontravarianten Tensorkomponenten ein, so geht das über in

$$D^\nu = g^{\mu\rho} g^{\nu\lambda} \left\{ \partial_\rho \left(g_{\mu\alpha} g_{\lambda\beta} T^{\alpha\beta} \right) - \Gamma^\sigma_{\mu\rho} g_{\sigma\alpha} g_{\lambda\beta} T^{\alpha\beta} - \Gamma^\sigma_{\rho\lambda} g_{\mu\alpha} g_{\sigma\beta} T^{\alpha\beta} \right\} \quad .$$

Ausdifferenzieren im ersten Gliede und Ausnutzung von Gl.(9) aus §2 führt weiter zu

$$D^\nu = \partial_\rho T^{\rho\nu} + g^{\nu\lambda} T^{\rho\beta} \left(\partial_\rho g_{\lambda\beta} - \Gamma^\sigma_{\rho\lambda} g_{\sigma\beta} \right) + g^{\mu\rho} T^{\alpha\nu} \left(\partial_\rho g_{\mu\alpha} - \Gamma^\sigma_{\mu\rho} g_{\sigma\alpha} \right) \quad .$$

Unter Vorwegnahme von Gl.(3a) aus §5 erhalten wir für die beiden Klammern einfach $\Gamma_{\lambda,\rho\beta}$ und $\Gamma_{\mu,\rho\alpha}$, so daß

$$D^\nu = \partial_\rho T^{\rho\nu} + \Gamma^\nu_{\rho\beta} T^{\rho\beta} + \Gamma^\rho_{\rho\alpha} T^{\alpha\nu} \tag{23}$$

entsteht.

§4. Integrabilität und Krümmungstensor

In der Flächentheorie wird gezeigt, daß ein grundsätzlicher Unterschied zwischen abwickelbaren und nicht abwickelbaren Flächen besteht. Eine Zylinderfläche etwa besitzt zweifellos eine Krümmung; sie läßt sich aber in eine Ebene abwickeln, wobei ihre Krümmung verschwindet, ohne daß sich die Geometrie innerhalb der Fläche dabei ändert. Diese Art der Krümmung ist daher eine von der Einbettung der Fläche in den dreidimensionalen Raum abhängige Größe. Als ihr Maß benutzt man den Ausdruck

$$K = \frac{1}{R_1} + \frac{1}{R_2} \quad ,$$

wobei R_1 und R_2 den kleinsten und größten Krümmungsradius in einem Punkt bedeuten, und die zugehörigen Krümmungskreise in zwei zueinander und zur Tangentialebene senkrechten Schnittebenen liegen.

Bei einer nicht abwickelbaren Fläche ist es zweckmäßig neben K noch die Größe

$$K' = \frac{1}{\sqrt{R_1 R_2}}$$

einzuführen, die als *Gaußsches Krümmungsmaß* bezeichnet wird. Bei der Zylinderfläche z.B. ist R_2 unendlich groß, daher $K = 1/R_1$ endlich, während $K' = 0$ wird, und letzteres gilt für jede abwickelbare Umgebung eines Punktes. Bei einer Kugel vom Radius R dagegen ist $R_1 = R_2 = R$ und daher $K = 2/R$ und $K' = 1/R$. Das Nichtverschwinden von K' ist charakteristisch für Nichtabwickelbarkeit. In der Flächentheorie wird bewiesen, daß diese Größe unabhängig von der Einbettung der Fläche in den Raum ist und nur von den Ableitungen des (zweidimensionalen) metrischen Tensors abhängt.

Für die Riemannsche Geometrie kann nur eine zu K' analoge Größe von Interesse sein, da hier die geometrischen Eigenschaften eines Raumes beliebiger Dimension allein auf den metrischen Tensor aufgebaut werden, ohne eine Einbettung in einen höherdimensionalen Raum vorzunehmen. Dabei gibt es ein einfaches geometrisches Kriterium um zu erkennen, ob der betreffende Raum "eben" oder, wie wir jetzt sagen, "euklidisch" ist, nämlich die Parallelverschiebung eines Vektors auf verschiedenen Wegen von einem Punkt P zu einem anderen P'. Ist das Ergebnis vom Wege abhängig, so ist der Raum nicht euklidisch, ist es unabhängig vom Wege ("integrabel"), so ist der Raum euklidisch, wenigstens in der von den Wegen umschlossenen Figur. Im euklidischen Fall kann man bekanntlich das Linienelement durch Einführung geeigneter Koordinaten stets in eine Form mit konstanten $g_{\mu\nu}$ bringen. Im nichteuklidischen Falle ist dies auf keine Weise möglich.

Wir wollen uns das auch noch am zweidimensionalen Fall verdeutlichen, indem wir wieder Zylinder und Kugel als Beispiele wählen. Auf der Zylinderfläche sieht man (Fig.6), daß Parallelverschiebung des Vektors $\underline{v}$ auf den beiden Wegen PP_1P' und PP_2P' von P nach P' in P' zum gleichen Resultat führt. Auf der Kugel dagegen ist das nicht der Fall, wie ein Blick auf Fig.7 lehrt, in der die Verschiebung auf den Wegen PP' (direkt) und PP_1P' für ein Dreieck aus drei zueinander senkrechten Größtkreisen (z.B. dem Äquator und den Meridianen 0° und 90°) skizziert ist; vielmehr unterscheiden sich die beiden Endergebnisse in P' hierbei um 90°. Ist das sphärische Dreieck schmaler, so wird der Winkel zwischen den Endlagen des Vektors kleiner. Bei Umlaufung einer geschlossenen Figur wird der Vektor um einen von der umlaufenen Fläche abhängigen Winkel gedreht.

Von zwei Dimensionen gehen wir jetzt zu Riemannschen Räumen beliebiger Dimension über. Dabei schreiten wir von einem Punkt P (Fig.8) entweder zuerst um ein Linienelement $\underline{ds}$ nach P_1 und danach um $\underline{\delta s}$ von P_1 nach P' fort, oder wir gehen umgekehrt zuerst um $\underline{\delta s}$ von P nach P_2 und dann um $\underline{ds}$ von dort weiter nach P'. Auf dem Wege PP_1 ändert sich ein Vektor $\underline{v}$ in P nach Gl.(14) von §3 durch lineare Übertragung nach P_1 um das Führungsdifferential

$$dv^\mu = -\Gamma^\mu_{\rho\lambda} v^\lambda dx^\rho \quad , \tag{1}$$

wobei $\Gamma^\mu_{\rho\lambda}$ und v^λ (und in der Folge alle anderen Größen, bei denen wir kein Argument x angeben) an der Stelle P zu nehmen sind. Bei dem zweiten Schritt P_1P', bei

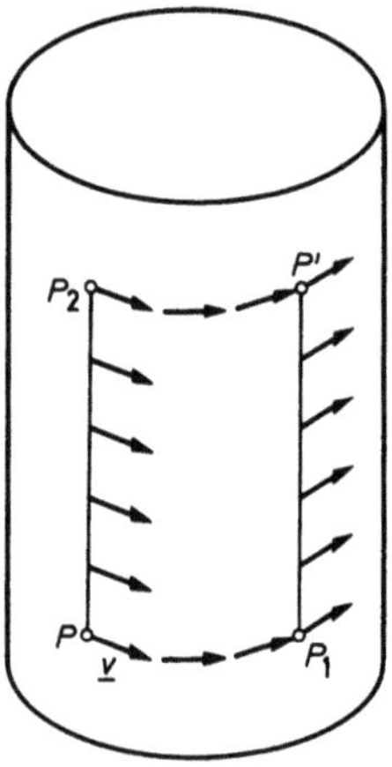

Fig.6

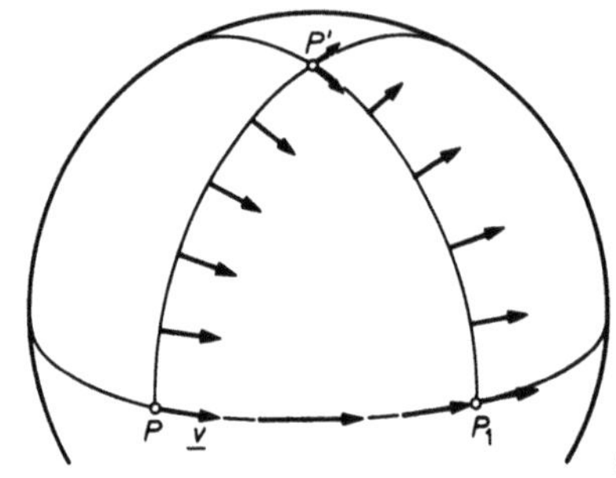

Fig.7

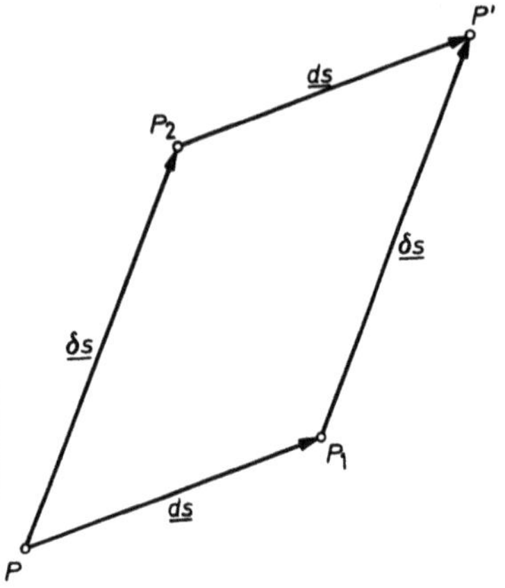

Fig.8

Fig.6. Der Zylinder ist eine abwickelbare Fläche. Die Parallelverschiebung eines Vektors ist integrabel

Fig.7. Die Kugel ist keine abwickelbare Fläche. Die Parallelverschiebung eines Vektors ist nicht integrabel

Fig.8. Parallelverschiebung eines Vektors von einem Punkt P nach einem infinitesimal benachbarten Punkt P' auf zwei verschiedenen Wegen, entweder über P_1 oder über P_2

dem wir von der Stelle $x+dx$ ausgehen, tritt hinzu die Änderung

$$\delta v^\mu = -\Gamma^\mu_{\sigma\lambda}(x+dx)\, v^\lambda(x+dx)\delta x^\sigma$$

oder, mit Taylorentwicklung,

$$\delta v^\mu = -\left\{\Gamma^\mu_{\sigma\lambda}v^\lambda + \left(v^\lambda\partial_\rho\Gamma^\mu_{\sigma\lambda} + \Gamma^\mu_{\sigma\lambda}\partial_\rho v^\lambda\right)dx^\rho\right\}\delta x^\sigma \quad . \tag{2}$$

Im ganzen ändern sich also die kontravarianten Komponenten von $\underline{v}$ auf dem Wege PP_1P' um die Summe der Ausdrücke (1) und (2),

$$d_1v^\mu = -\Gamma^\mu_{\rho\lambda}v^\lambda(dx^\rho + \delta x^\rho) - \left(v^\lambda\partial_\rho\Gamma^\mu_{\sigma\lambda} + \Gamma^\mu_{\sigma\lambda}\partial_\rho v^\lambda\right)dx^\rho\delta x^\sigma \quad . \tag{3a}$$

Analog erhalten wir für den Weg PP_2P'

$$d_2v^\mu = -\Gamma^\mu_{\rho\lambda}v^\lambda(dx^\rho + \delta x^\rho) - \left(v^\lambda\partial_\sigma\Gamma^\mu_{\rho\lambda} + \Gamma^\mu_{\rho\lambda}\partial_\sigma v^\lambda\right)dx^\rho\delta x^\sigma \quad . \tag{3b}$$

Die beiden so in P' entstehenden Vektorkomponenten unterscheiden sich also um

$$Dv^\mu = d_2v^\mu - d_1v^\mu \quad ;$$

diese Größe ist ein Maß der Nichtintegrabilität und damit der Abweichung von der euklidischen Struktur. Nach (3a,b) wird

$$Dv^\mu = \left\{\left(\partial_\rho\Gamma^\mu_{\sigma\lambda} - \partial_\sigma\Gamma^\mu_{\rho\lambda}\right)v^\lambda + \left(\Gamma^\mu_{\sigma\lambda}\partial_\rho v^\lambda - \Gamma^\mu_{\rho\lambda}\partial_\sigma v^\lambda\right)\right\}dx^\rho\delta x^\sigma \quad .$$

Hier können wir nach Gl.(1) die Ableitungen $\partial_\rho v^\lambda$ und $\partial_\sigma v^\lambda$ umformen; mit einigen

Umbenennungen der Indices in diesen Gliedern erhalten wir dann

$$Dv^{\mu} = R^{\mu}_{\bullet\lambda,\rho\sigma} v^{\lambda} dx^{\rho} \delta x^{\sigma} \quad (4a)$$

mit

$$R^{\mu}_{\bullet\lambda,\rho\sigma} = \partial_{\rho}\Gamma^{\mu}_{\sigma\lambda} - \partial_{\sigma}\Gamma^{\mu}_{\rho\lambda} - \Gamma^{\mu}_{\sigma\nu}\Gamma^{\nu}_{\rho\lambda} + \Gamma^{\mu}_{\rho\nu}\Gamma^{\nu}_{\sigma\lambda} \ . \quad (4b)$$

Da ebenso wie die dx^{ρ} und δx^{σ} auch die Dv^{μ} kontravariante Vektorkomponenten sind, zeigt Gl.(4a), daß die Koeffizienten $R^{\mu}_{\bullet\lambda,\rho\sigma}$ Komponenten eines Tensors vierter Stufe

$$\underline{\underline{R}} = R^{\mu}_{\bullet\lambda,\rho\sigma} \underline{b}_{\mu} \underline{b}^{\lambda} \underline{b}^{\rho} \underline{b}^{\sigma} \quad (5)$$

bilden, der von $\underline{v}$ und den ebenfalls willkürlichen Verschiebungen dx^{ρ} und δx^{σ} unabhängig ist. Vielmehr hängt er nur von den Christoffelschen Symbolen und deren Ableitungen und damit nur von den ersten und zweiten Ableitungen der $g_{\mu\nu}$ ab. Er gibt daher für die infinitesimale Umgebung jedes Punktes Auskunft über eine Struktureigenschaft des Raumes. Dieser Tensor heißt der *Riemann-Christoffelsche Krümmungstensor*.

Existiert ein Koordinatensystem, in dem alle $g_{\mu\nu}$ in der Umgebung eines Punktes P Konstanten sind, so daß ihre ersten und zweiten Ableitungen verschwinden, so verschwinden dort auch *sämtliche* Komponenten von $\underline{\underline{R}}$, d.h. $\underline{\underline{R}} = 0$. Wegen des Tensorcharakters von $\underline{\underline{R}}$ ist diese Aussage unabhängig von der speziellen Wahl des Koordinatensystems. Das Verschwinden *aller* $R^{\mu}_{\bullet\lambda,\rho\sigma}$ in irgendeinem (und damit in jedem) Koordinatensystem ist die notwendige und hinreichende Bedingung dafür, daß die infinitesimale Umgebung von P euklidisch ist. Verschwindet der Tensor dort nicht identisch, so ist umgekehrt die Umgebung nicht euklidisch.

§5. Eigenschaften des metrischen Tensors und des Krümmungstensors

Der metrische Tensor $\underline{\underline{G}}$ und der Krümmungstensor $\underline{\underline{R}}$ sind so wichtig, daß wir uns im folgenden mit ihren besonderen Eigenschaften genauer beschäftigen müssen.

a) *Der metrische Tensor*

Wir kennen bereits die Beziehung

$$g_{\mu\rho} g^{\nu\rho} = \delta^{\nu}_{\mu} \ . \quad (1)$$

Differenzieren wir sie, so entsteht

$$g_{\mu\rho}\partial_{\lambda} g^{\nu\rho} = -g^{\nu\rho}\partial_{\lambda} g_{\mu\rho} \ ,$$

was durch Multiplikation mit $g^{\mu\sigma}$ bzw. mit $g_{\nu\sigma}$ nach Gl.(1) auf

$$\partial_{\lambda} g^{\nu\sigma} = -g^{\mu\sigma} g^{\nu\rho}\partial_{\lambda} g_{\mu\rho} \quad \text{und} \quad \partial_{\lambda} g_{\mu\sigma} = -g_{\mu\rho} g_{\nu\sigma}\partial_{\lambda} g^{\nu\rho}$$

führt. Mit geänderten Indices schreiben wir dafür

$$\partial_\lambda g^{\mu\nu} = -g^{\mu\rho} g^{\nu\sigma} \partial_\lambda g_{\rho\sigma} \tag{2a}$$

und

$$\partial_\lambda g_{\mu\nu} = -g_{\mu\rho} g_{\nu\sigma} \partial_\lambda g^{\rho\sigma} \quad . \tag{2b}$$

Andererseits ist nach der Definition der Christoffelschen Symbole

$$\partial_\lambda g_{\mu\nu} = \Gamma_{\mu,\nu\lambda} + \Gamma_{\nu,\mu\lambda} \quad . \tag{3a}$$

Setzen wir das in (2a) rechts ein, so folgt

$$\partial_\lambda g^{\mu\nu} = -\left(g^{\rho\nu} \Gamma^{\mu}_{\rho\lambda} + g^{\mu\rho} \Gamma^{\nu}_{\rho\lambda}\right) \quad . \tag{3b}$$

Wir führen nun die *Determinante* g der $g_{\mu\nu}$ ein. Sie gehört nicht zu den linearen Gebilden, für die wir die Summenregeln anwenden können; deshalb müssen wir in den nächsten Formeln die Summenzeichen mitschreiben. Bezeichnen wir mit $G^{\mu\nu}$ den Minor von $g_{\mu\nu}$, so wird

$$g = \sum_{\nu} g_{\mu\nu} G^{\mu\nu} \tag{4}$$

für jedes μ, also im N-dimensionalen Raum

$$\sum_{\mu\nu} g_{\mu\nu} G^{\mu\nu} = N g \quad .$$

Andererseits folgt aus Gl.(1)

$$\sum_{\mu\nu} g_{\mu\nu} g^{\mu\nu} = N \quad . \tag{5}$$

Damit beide Beziehungen für jeden metrischen Tensor gleichzeitig erfüllt werden, muß der Minor zu $g_{\mu\nu}$

$$G^{\mu\nu} = g\, g^{\mu\nu}$$

werden. Hieraus lassen sich die kontravarianten Komponenten

$$g^{\mu\nu} = \frac{1}{g} G^{\mu\nu} \tag{6}$$

am einfachsten berechnen.

Die Determinante ist eine Funktion aller $g_{\mu\nu}$; daher ist nach Gl.(4)

$$\frac{\partial g}{\partial g_{\mu\nu}} = G^{\mu\nu} = g\, g^{\mu\nu} \quad ,$$

so daß das vollständige Differential der Funktion g aller $g_{\mu\nu}$

$$dg = \sum_{\mu\nu} \frac{\partial g}{\partial g_{\mu\nu}} dg_{\mu\nu} = g \sum_{\mu\nu} g^{\mu\nu} dg_{\mu\nu}$$

wird.

Lassen wir von jetzt an die Summenzeichen wieder weg und ziehen noch die aus (5) folgende Beziehung

$$g_{\mu\nu} dg^{\mu\nu} + g^{\mu\nu} dg_{\mu\nu} = 0$$

heran, so folgt

$$dg = g\,g^{\mu\nu}\,dg_{\mu\nu} = -g\,g_{\mu\nu}dg^{\mu\nu} \quad . \tag{7}$$

Stattdessen können wir auch schreiben

$$\partial_\lambda \ln g = g^{\mu\nu}\partial_\lambda g_{\mu\nu} = -g_{\mu\nu}\partial_\lambda g^{\mu\nu} \quad . \tag{8}$$

Mit Gl.(3b) kombiniert führt das auf

$$\frac{1}{2}\,\partial_\lambda \ln g = \Gamma^{\nu}_{\nu\lambda} \quad , \tag{9}$$

also auf einen einfachen Ausdruck für die Spur eines Christoffelschen Symbols. Dies läßt sich oft zu nützlichen Vereinfachungen verwenden. So entsteht z.B. für die Divergenz eines Vektorfeldes $\underline{v}$ nach Gl.(17) von §3

$$\operatorname{div} \underline{v} = \left\{\partial_\mu + \frac{1}{2}\,\partial_\mu \ln g\right\} v^\mu$$

oder kürzer

$$\operatorname{div} \underline{v} = \frac{1}{\sqrt{g}}\,\partial_\mu(\sqrt{g}v^\mu) \quad . \tag{10a}$$

Analog ergibt sich aus Gl.(23) von §3 die Divergenz eines Tensors zu

$$\nabla \cdot \underline{\underline{T}} = \left\{\frac{1}{\sqrt{g}}\,\partial_\mu(\sqrt{g}T^{\mu\nu}) + \Gamma^{\nu}_{\mu\lambda}T^{\mu\lambda}\right\} \cdot \underline{b}_\nu \quad . \tag{10b}$$

Wir haben in der elementaren Tensoralgebra gesehen, daß die *Determinante* eines Tensors drehinvariant ist. Sie besitzt jedoch keine Invarianz gegen beliebige Koordinatentransformationen. Aus den Transformationsformeln, Gl.(5c) von §2,

$$T'_{\mu\nu} = c^{\rho}_{\mu}c^{\sigma}_{\nu}T_{\rho\sigma} \quad \text{mit} \quad c^{\rho}_{\mu} = \frac{\partial x^\rho}{\partial x'^\mu}$$

folgt nämlich nach den Regeln für Determinantenmultiplikation

$$\det T' = (\det c)^2 \det T \quad .$$

Speziell ergibt sich in Anwendung auf den metrischen Tensor also

$$g' = (\det c)^2\, g \quad .$$

Andererseits ist det c aber auch die Funktionaldeterminante, welche die x^ρ mit den x'^μ verbindet, so daß

$$dx^1\, dx^2 \,\ldots\, dx^N = \det c \;\; dx'^1\, dx'^2 \,\ldots\, dx'^N$$

gilt. Fassen wir die letzten beiden Gleichungen zusammen, so finden wir, daß die Größe

$$d\tau = \sqrt{g}\, dx^1\, dx^2 \,\ldots\, dx^N$$

eine Invariante ist. Sie beschreibt offenbar das N-dimensionale Volumelement in beliebigen Koordinaten.

Hieraus läßt sich leicht eine Anwendung auf den Gaußschen Satz ziehen. Der Ausdruck

$$I = \int d\tau(\nabla \cdot \underline{v})$$

ist auch eine Invariante wegen der Invarianz beider Faktoren unter dem Integralzeichen. Nach (10a) können wir dafür schreiben

$$I = \int dx^1 \int dx^2 \ldots \int dx^N \frac{\partial}{\partial x^\nu} (\sqrt{g} v^\nu) \quad .$$

Hier ist wie in der elementaren Theorie gliedweise Integration möglich, die den Ausdruck in ein (N-1)faches Integral über die Oberfläche des Integrationsgebietes überführt. Von physikalischem Interesse ist in dieser Allgemeinheit meist nur das Integral über allseitig unendlich ausgedehntes Grundgebiet bei Verschwinden des Integrals über die unendlich ferne Oberfläche, so daß I = 0 wird.

b) *Der Krümmungstensor*

Die einfachste Eigenschaft des Tensors

$$\underline{\underline{R}} = R_{\mu\nu,\rho\sigma} \underline{b}^\mu \underline{b}^\nu \underline{b}^\rho \underline{b}^\sigma$$

ist seine Antisymmetrie im hinteren Indexpaar,

$$R_{\mu\nu,\sigma\rho} = -R_{\mu\nu,\rho\sigma} \quad , \tag{11}$$

die unmittelbar an der Definition (4b) in §4 abzulesen ist, da wir

$$R_{\mu\nu,\rho\sigma} = A_{\mu\nu,\rho\sigma} - A_{\mu\nu,\sigma\rho} \tag{12a}$$

mit

$$A_{\mu\nu,\rho\sigma} = g_{\mu\alpha} \partial_\rho \Gamma^\alpha_{\sigma\nu} + \Gamma_{\mu,\rho\beta} \Gamma^\beta_{\sigma\nu} \tag{12b}$$

schreiben können. Es ist zweckmäßig, zunächst diese kovarianten Tensorkomponenten etwas umzuformen. Sie lassen sich einfacher

$$A_{\mu\nu,\rho\sigma} = \partial_\rho \Gamma_{\mu,\sigma\nu} - \Gamma^\lambda_{\mu\rho} \Gamma_{\lambda,\sigma\nu} \tag{12c}$$

schreiben, wie wir zunächst beweisen wollen.

Wir bilden dazu

$$\partial_\rho \Gamma^\alpha_{\sigma\nu} = \partial_\rho (g^{\alpha\beta} \Gamma_{\beta,\sigma\nu}) = (\partial_\rho g^{\alpha\beta}) \Gamma_{\beta,\sigma\nu} + g^{\alpha\beta} \partial_\rho \Gamma_{\beta,\sigma\nu} \quad .$$

Nach Gl.(3b) können wir hier

$$\partial_\rho g^{\alpha\beta} = -\left(g^{\alpha\tau} \Gamma^\beta_{\tau\rho} + g^{\beta\tau} \Gamma^\alpha_{\tau\rho}\right) = -\left(g^{\alpha\tau} g^{\beta\omega} + g^{\beta\tau} g^{\alpha\omega}\right) \Gamma_{\omega,\tau\rho}$$

setzen. Daher wird das erste Glied von (12b)

$$g_{\mu\alpha} \partial_\rho \Gamma^\alpha_{\sigma\nu} = g_{\mu\alpha} \left\{ g^{\alpha\beta} \partial_\rho \Gamma_{\beta,\sigma\nu} - (g^{\alpha\tau} g^{\beta\omega} + g^{\beta\tau} g^{\alpha\omega}) \Gamma_{\omega,\tau\rho} \Gamma_{\beta,\sigma\nu} \right\}$$

$$= \partial_\rho \Gamma_{\mu,\sigma\nu} - \Gamma_{\omega,\mu\rho} \Gamma^\omega_{\sigma\nu} - \Gamma_{\mu,\tau\rho} \Gamma^\tau_{\sigma\nu} \quad .$$

Hier hebt sich beim Einsetzen in (12b) das jeweils letzte Glied der beiden Terme heraus und (12c) bleibt übrig.

Wir benutzen (12c) um als nächstes die Symmetrie des Krümmungstensors gegen eine Vertauschung der beiden Indexpaare zu beweisen,

$$R_{\mu\nu,\rho\sigma} = R_{\rho\sigma,\mu\nu} \quad . \tag{13}$$

Bei Verwendung von (12c) wird

$$R_{\mu\nu,\rho\sigma} = \partial_\rho\Gamma_{\mu,\sigma\nu} - \partial_\sigma\Gamma_{\mu,\rho\nu} - \Gamma^\lambda_{\mu\rho}\Gamma_{\lambda,\nu\sigma} + \Gamma^\lambda_{\mu\sigma}\Gamma_{\lambda,\nu\rho} \tag{14a}$$

und

$$R_{\rho\sigma,\mu\nu} = \partial_\mu\Gamma_{\rho,\nu\sigma} - \partial_\nu\Gamma_{\rho,\mu\sigma} - \Gamma^\lambda_{\rho\mu}\Gamma_{\lambda,\sigma\nu} + \Gamma^\lambda_{\rho\nu}\Gamma_{\lambda,\sigma\mu} \quad . \tag{14b}$$

Das jeweils vorletzte Glied dieser Ausdrücke stimmt überein. Dasselbe gilt für das letzte, denn

$$\Gamma^\lambda_{\rho\nu}\Gamma_{\lambda,\sigma\mu} = \Gamma_{\lambda,\rho\nu}\Gamma^\lambda_{\sigma\mu} \quad . \tag{15}$$

Schließlich besteht auch für die Differenz der Differentialquotienten Gleichheit, wovon man sich durch direktes Ausrechnen überzeugt:

$$\begin{aligned} 2(\partial_\rho\Gamma_{\mu,\sigma\nu} - \partial_\sigma\Gamma_{\mu,\rho\nu}) &= 2(\partial_\mu\Gamma_{\rho,\nu\sigma} - \partial_\nu\Gamma_{\rho,\mu\sigma}) \\ &= \partial_\rho\partial_\nu g_{\mu\sigma} + \partial_\sigma\partial_\mu g_{\rho\nu} - \partial_\rho\partial_\mu g_{\sigma\nu} - \partial_\sigma\partial_\nu g_{\mu\rho} \quad . \end{aligned} \tag{16}$$

Damit ist Gl.(13) vollständig bewiesen.

Schließlich folgt aus (11) und (13) noch die Antisymmetrie der kovarianten Tensorkomponenten im vorderen Indexpaar,

$$R_{\nu\mu,\rho\sigma} = -R_{\mu\nu,\rho\sigma} \quad . \tag{17}$$

In der Relativitätstheorie spielt besonders die *Verjüngung* von $\underline{\underline{R}}$ zu einem Tensor zweiter Stufe eine Rolle. Diese könnte im Prinzip auf zwei verschiedene Weisen erfolgen. Man sieht aber sofort ein, daß

$$R^\mu_{\cdot\mu,\rho\sigma} = 0 \tag{18}$$

identisch verschwindet. Wir finden nämlich bei Ausnutzung der Symmetrien von $\underline{\underline{G}}$ und $\underline{\underline{R}}$

$$R^\mu_{\cdot\mu,\rho\sigma} = g^{\mu\lambda}R_{\lambda\mu,\rho\sigma} = -g^{\mu\lambda}R_{\mu\lambda,\rho\sigma} = -R^\mu_{\cdot\mu,\rho\sigma} \quad .$$

Daher bleibt nur die Verjüngung zu

$$\bar{R}_{\lambda\rho} = R^\mu_{\cdot\lambda,\rho\mu} = \partial_\rho\Gamma^\mu_{\mu\lambda} - \partial_\mu\Gamma^\mu_{\rho\lambda} - \Gamma^\mu_{\mu\nu}\Gamma^\nu_{\rho\lambda} + \Gamma^\mu_{\rho\nu}\Gamma^\nu_{\mu\lambda} \tag{19}$$

von Interesse. Mit Hilfe von Gl.(9) lassen sich hier das erste und dritte Glied umformen, und wir erhalten schließlich unter Umbenennung der Indices den Tensor

$$\underline{\underline{\bar{R}}} = \bar{R}_{\mu\nu}\underline{b}^\mu\underline{b}^\nu \tag{19a}$$

mit

$$\bar{R}_{\mu\nu} = \frac{1}{2}\,\partial_\mu\partial_\nu \ln g - \frac{1}{2}\,\Gamma^\alpha_{\mu\nu}\partial_\alpha \ln g - \partial_\alpha\Gamma^\alpha_{\mu\nu} + \Gamma^\alpha_{\mu\beta}\Gamma^\beta_{\nu\alpha} \quad . \tag{19b}$$

Man erkennt unmittelbar die Symmetrie dieses Ausdruckes,

$$\bar{R}_{\mu\nu} = \bar{R}_{\nu\mu} \quad . \tag{19c}$$

Daneben wird auch häufig der Skalar

$$R = \bar{R}^{\mu}_{\mu} = g^{\mu\nu}\bar{R}_{\mu\nu} \tag{20}$$

gebraucht. Von Wichtigkeit bei den Anwendungen ist, daß die Divergenz

$$\nabla \cdot (\underline{\underline{\bar{R}}} - \frac{1}{2} R \, \underline{\underline{G}}) = 0 \tag{21}$$

identisch verschwindet, da diese in die Feldgleichungen der Relativitätstheorie eingeht. Die Bedeutung von Gl.(21) für die Physik ist daher so groß, daß wir sie hier beweisen müssen. Der Beweis wäre sehr mühsam, wenn wir ihn nicht entscheidend durch den im folgenden zunächst einzuführenden Begriff der *geodätischen Koordinaten* vereinfachen könnten.

Durch jeden Punkt eines N-dimensionalen Raumes können wir in jeder Richtung eine geodätische Linie ziehen, deren Richtung wir an dieser Stelle durch die Werte von N "Richtungscosinus", $c^{\mu} = dx^{\mu}/ds$ definieren, zwischen denen natürlich die Beziehung $g_{\mu\nu}c^{\mu}c^{\nu} = 1$ besteht. Wir betrachten nun die durch einen festen Punkt O gelegten geodätischen Linien und führen als die Koordinaten eines Punktes P, der auf einer geodätischen Linie durch O mit den Konstanten c^{μ} liegt, die Zahlen $x^{\mu} = c^{\mu}s$ ein, wobei s den längs der geodätischen Linie gemessenen Abstand zwischen P und O bedeutet[1]. Das so bestimmte Koordinatensystem, dessen Ursprung in O liegt, heißt ein geodätisches. Im euklidischen Raum, in dem die geodätischen Linien gerade sind, definiert jedes, auch schiefwinklige Achsenkreuz ein solches System.

In diesen Koordinaten ist im ganzen Raum der längs einer geodätischen Linie gebildete Differentialquotient $dx^{\mu}/ds = c^{\mu}$ eine Konstante und $d^2x^{\mu}/ds^2 = 0$, so daß die Differentialgleichungen der betreffenden geodätischen Linie in

$$\Gamma^{\lambda}_{\mu\nu}c^{\mu}c^{\nu} = 0$$

übergehen. Da dies für alle geodätischen Linien durch O (nicht für andere!) gelten muß, müssen alle Christoffelschen Symbole im ganzen Raum verschwinden und damit wegen

$$\partial_{\lambda}g_{\mu\nu} = g_{\mu\rho}\Gamma^{\rho}_{\lambda\nu} + g_{\rho\nu}\Gamma^{\rho}_{\mu\lambda}$$

auch alle ersten Ableitungen sämtlicher $g_{\mu\nu}$.

Nebenbei sei bemerkt, daß die Möglichkeit durch geeignete Wahl der Koordinaten alle $\Gamma^{\lambda}_{\mu\nu}$ an jedem Ort gleich Null zu machen, während sie in anderen Koordinatensystemen nicht verschwinden, deutlich zeigt, daß die $\Gamma^{\lambda}_{\mu\nu}$ keine Tensorkomponenten sein können.

---

[1]Für geodätische Nullinien (§3) muß anstelle von s wieder ein anderer, längs der Linie monoton veränderlicher Parameter benutzt werden.

In einem solchen geodätischen Koordinatensystem wird die Herleitung von Gl.(21) nun einfach genug, um sie vorzuführen. Zunächst vereinfacht sich dann die Divergenz jedes Tensors $\underline{\underline{T}}$ zu

$$D_\lambda = (\nabla \cdot \underline{\underline{T}})_\lambda = g_{\lambda\nu}\partial_\mu T^{\mu\nu} = g^{\mu\alpha}\partial_\mu T_{\alpha\lambda} \quad .$$

Betrachten wir insbesondere den Tensor mit den Komponenten

$$T_{\alpha\lambda} = \bar{R}_{\alpha\lambda} - \frac{1}{2} R\, g_{\alpha\lambda} \quad ,$$

so erhalten wir, wiederum in geodätischen Koordinaten,

$$D_\lambda = g^{\mu\alpha}\partial_\mu \bar{R}_{\alpha\lambda} - \frac{1}{2}\partial_\lambda \bar{R}^\alpha_\alpha = g^{\mu\alpha}(\partial_\mu \bar{R}_{\alpha\lambda} - \frac{1}{2}\partial_\lambda \bar{R}_{\alpha\mu}) \quad .$$

Bei einmaligem Differenzieren dieser Tensorkomponenten tragen die in den Christoffel-Symbolen bilinearen Glieder wieder nichts bei, so daß einfach

$$\partial_\mu \bar{R}_{\alpha\lambda} = \partial_\mu\partial_\lambda \Gamma^\rho_{\rho\alpha} - \partial_\mu\partial_\rho \Gamma^\rho_{\lambda\alpha}$$

folgt und

$$D_\lambda = \frac{1}{2} g^{\mu\alpha}\left\{\partial_\lambda\partial_\mu \Gamma^\rho_{\rho\alpha} + \partial_\lambda\partial_\rho \Gamma^\rho_{\mu\alpha} - 2\partial_\mu\partial_\rho \Gamma^\rho_{\lambda\alpha}\right\}$$

entsteht. Nun wird in geodätischen Koordinaten

$$\partial_\lambda\partial_\mu \Gamma^\sigma_{\rho\alpha} = \frac{1}{2} g^{\sigma\beta}\partial_\lambda\partial_\mu(\partial_\rho g_{\alpha\beta} + \partial_\alpha g_{\beta\rho} - \partial_\beta g_{\rho\alpha}) \quad ,$$

so daß wir für D_λ erhalten

$$\begin{aligned} D_\lambda = \frac{1}{4} g^{\mu\alpha} g^{\rho\beta}\Big\{&(\partial_\lambda\partial_\mu\partial_\rho g_{\alpha\beta} + \partial_\lambda\partial_\mu\partial_\alpha g_{\beta\rho} - \partial_\lambda\partial_\mu\partial_\beta g_{\rho\alpha}) \\ &+ (\partial_\lambda\partial_\rho\partial_\mu g_{\alpha\beta} + \partial_\lambda\partial_\rho\partial_\alpha g_{\beta\mu} - \partial_\lambda\partial_\rho\partial_\beta g_{\mu\alpha}) \\ &- 2(\partial_\mu\partial_\rho\partial_\lambda g_{\alpha\beta} + \partial_\mu\partial_\rho\partial_\alpha g_{\beta\lambda} - \partial_\mu\partial_\rho\partial_\beta g_{\lambda\alpha})\Big\} \quad . \end{aligned}$$

Hier heben sich die ersten Glieder der drei Klammern gegenseitig weg. Vertauschen wir im letzten Gliede jeder Klammer sowohl α mit β als auch μ mit ρ, so daß der Vorfaktor $g^{\mu\alpha}g^{\rho\beta}$ erhalten bleibt, so hebt es sich gerade gegen eines der vorletzten Glieder weg. Also wird in der Tat $D_\lambda = 0$, womit Gl.(21) bewiesen ist.

§6. Variationsprinzip

a) *Homogenes Problem*

Wir betrachten das Variationsprinzip

$$\delta \int d^n x\, L = 0 \tag{1}$$

mit der "Lagrangefunktion"

$$L = \sqrt{g}\, g^{\rho\sigma}\left(\Gamma^\mu_{\mu\nu}\Gamma^\nu_{\rho\sigma} - \Gamma^\mu_{\rho\nu}\Gamma^\nu_{\sigma\mu}\right) \quad . \tag{2}$$

Führen wir hier die Hilfsgrößen

$$\gamma^{\mu\nu} = \sqrt{g}\, g^{\mu\nu} \tag{3}$$

ein und variieren diese und ihre in den Γ's auftretenden ersten Ableitungen unabhängig voneinander, so läßt sich zeigen, daß

$$\frac{\partial L}{\partial \gamma^{\rho\sigma}} = \Gamma^{\mu}_{\rho\nu}\Gamma^{\nu}_{\sigma\mu} - \Gamma^{\mu}_{\mu\nu}\Gamma^{\nu}_{\rho\sigma} \tag{4a}$$

und

$$\frac{\partial L}{\partial \partial_\nu \gamma^{\rho\sigma}} = \Gamma^{\nu}_{\rho\sigma} - \Gamma^{\mu}_{\mu\rho}\delta^{\nu}_{\sigma} \tag{4b}$$

wird. Die Eulerschen Gleichungen

$$\frac{\partial L}{\partial \gamma^{\rho\sigma}} - \partial_\nu \frac{\partial L}{\partial \partial_\nu \gamma^{\rho\sigma}} = 0 \tag{5a}$$

werden dann identisch mit Gl.(19) von §5b bei Umbenennung der Indices, so daß wir unter Einführung des Krümmungstensors statt (5a) kurz

$$\bar{R}_{\rho\sigma} = 0 \tag{5b}$$

schreiben können. Da die Feldgleichungen der Relativitätstheorie im leeren Raum diese Form haben, lassen sie sich also aus diesem Variationsprinzip ableiten.

Es sei noch ausdrücklich darauf hingewiesen, daß das invariante Volumelement die Form $d^n x\sqrt{g}$ hat, weshalb die Hinzufügung des Faktors $\sqrt{g}$ in L, Gl.(2), notwendig ist, um ein von der Koordinatenwahl unabhängiges Variationsprinzip aufzubauen.

Wir müssen nun die Richtigkeit der Gln.(4a,b) beweisen. Mit Hilfe von (3) schreiben wir dazu die beiden Glieder von L, Gl.(2), als Produkt von je drei Faktoren, dessen Variation wir nach dem Schema

$$\delta(abc) = c\delta(ab) + b\delta(ac) - bc\delta a$$

zerlegen, wobei a für $\gamma^{\rho\sigma}$, b und c für die beiden Γ's steht. Auf diese Weise entsteht

$$\delta L = \Gamma^{\mu}_{\mu\nu}\delta\left(\gamma^{\rho\sigma}\Gamma^{\nu}_{\rho\sigma}\right) + \Gamma^{\nu}_{\rho\sigma}\delta\left(\gamma^{\rho\sigma}\Gamma^{\mu}_{\mu\nu}\right) - \Gamma^{\mu}_{\mu\nu}\Gamma^{\nu}_{\rho\sigma}\delta\gamma^{\rho\sigma}$$
$$- \Gamma^{\mu}_{\rho\nu}\delta\left(\gamma^{\rho\sigma}\Gamma^{\nu}_{\sigma\mu}\right) - \Gamma^{\nu}_{\sigma\mu}\delta\left(\gamma^{\rho\sigma}\Gamma^{\mu}_{\rho\nu}\right) + \Gamma^{\mu}_{\rho\nu}\Gamma^{\nu}_{\sigma\mu}\delta\gamma^{\rho\sigma} \quad . \tag{6}$$

Von den sechs Gliedern tragen das dritte und sechste zu $\delta\gamma^{\rho\sigma}$ bei. Wir zeigen jetzt, daß die übrigen vier die Beiträge zu $\delta\partial_\nu\gamma^{\rho\sigma}$ liefern.

Dazu beginnen wir mit dem vierten und fünften Glied, die bei Umbenennung der Summationsindices zu

$$-\Gamma^{\nu}_{\rho\sigma}\delta\left(\gamma^{\rho\mu}\Gamma^{\sigma}_{\mu\nu} + \gamma^{\mu\sigma}\Gamma^{\rho}_{\mu\nu}\right)$$

zusammengezogen werden können. Nun ist nach Gl.(3b) von §5a

$$g^{\rho\mu}\Gamma^{\sigma}_{\mu\nu} + g^{\mu\sigma}\Gamma^{\rho}_{\mu\nu} = -\partial_\nu g^{\rho\sigma} \quad , \tag{7a}$$

so daß diese beiden Glieder von (6) kurz

$$\Gamma^{\nu}_{\rho\sigma}\delta(\sqrt{g}\;\partial_{\nu}g^{\rho\sigma}) \tag{8a}$$

geschrieben werden können. Das zweite Glied in Gl.(6) schreiben wir wegen

$$\Gamma^{\mu}_{\mu\nu} = \partial_{\nu}\ln\sqrt{g} \tag{7b}$$

um in

$$\Gamma^{\nu}_{\rho\sigma}\delta(g^{\rho\sigma}\partial_{\nu}\sqrt{g}) \quad . \tag{8b}$$

Die drei Glieder 2, 4, 5 des Ausdrucks (6) sind gleich der Summe der Ausdrücke (8a) und (8b), die sich wieder kürzer zu

$$\Gamma^{\nu}_{\rho\sigma}\delta\partial_{\nu}(\sqrt{g}\;g^{\rho\sigma}) = \Gamma^{\nu}_{\rho\sigma}\delta\partial_{\nu}\gamma^{\rho\sigma} \tag{9a}$$

zusammenziehen läßt.

Wir formen nun noch das erste Glied in (6) um, wobei wir nach (7a) und (7b)

$$g^{\rho\sigma}\Gamma^{\nu}_{\rho\sigma} = -\partial_{\rho}g^{\rho\nu} - g^{\rho\nu}\partial_{\rho}\ln\sqrt{g}$$

setzen. Mit einigen Umbenennungen der Indices wird dann

$$\Gamma^{\mu}_{\mu\nu}\delta\left(\gamma^{\rho\sigma}\Gamma^{\nu}_{\rho\sigma}\right) = -\Gamma^{\mu}_{\mu\nu}\delta\left(\sqrt{g}\partial_{\rho}g^{\rho\nu} + g^{\rho\nu}\partial_{\rho}\sqrt{g}\right)$$

$$= -\Gamma^{\mu}_{\mu\nu}\delta\partial_{\rho}\gamma^{\rho\nu} \quad ,$$

was wir auch

$$-\Gamma^{\mu}_{\mu\rho}\delta^{\nu}_{\sigma}\delta(\partial_{\nu}\gamma^{\rho\sigma}) \tag{9b}$$

schreiben können.

Aus (9a) und (9b) setzt sich also der Beitrag der Variation von $\partial_{\nu}\gamma^{\rho\sigma}$ zusammen, zu dem noch die Glieder 3 und 6 mit derjenigen von $\gamma^{\rho\sigma}$ hinzutreten. Insgesamt wird also

$$\delta L = \left(\Gamma^{\mu}_{\rho\nu}\Gamma^{\nu}_{\sigma\mu} - \Gamma^{\mu}_{\mu\nu}\Gamma^{\nu}_{\rho\sigma}\right)\delta\gamma^{\rho\sigma} + \left(\Gamma^{\nu}_{\rho\sigma} - \Gamma^{\mu}_{\mu\rho}\delta^{\nu}_{\sigma}\right)\delta(\partial_{\nu}\gamma^{\rho\sigma}) \quad . \tag{10}$$

Damit sind die Gln.(4a,b) bewiesen und gezeigt, daß (5b) die Feldgleichungen darstellt.

b) *Inhomogenes Problem*

In der Relativitätstheorie lauten die Feldgleichungen bei Anwesenheit von Materie nicht mehr einfach $\bar{R}_{\rho\sigma} = 0$, sondern auf die rechte Seite der Gleichungen tritt ein Tensor, der durch die Verteilung der Materie im Raum und ihren Bewegungszustand bedingt ist. Er läßt sich einfach durch den symmetrischen "*Materietensor*" $T_{\rho\sigma}$ beschreiben,

$$\bar{R}_{\rho\sigma} = \varkappa\left(T_{\rho\sigma} - \frac{1}{2}Tg_{\rho\sigma}\right) \quad , \tag{11a}$$

wobei $T = T^{\rho}_{\rho}$ die Verjüngung ist. Da hieraus (mit n = 4)

$$\bar{R}^{\rho}_{\rho} = R = \varkappa(T - 2T) = -\varkappa T$$

folgt, lassen sich diese inhomogenen Feldgleichungen auch in der gebräuchlicheren Form

$$\bar{R}_{\rho\sigma} - \frac{1}{2} R\, g_{\rho\sigma} = \varkappa T_{\rho\sigma} \qquad (11b)$$

schreiben.

Das mathematisch Wesentliche ist nun, daß der Materietensor nur von den $g^{\rho\sigma}$ (bzw. den $\gamma^{\rho\sigma}$) und den Koordinaten, nicht aber von den Ableitungen der $g^{\rho\sigma}$ abhängt. Er läßt sich daher auch aus einem nur von den $g^{\rho\sigma}$ selbst abhängigen Zusatzglied L' der Lagrangefunktion L gewinnen; es muß

$$\frac{\partial L'}{\partial\gamma^{\rho\sigma}} = -\varkappa(T_{\rho\sigma} - \frac{1}{2} T\, g_{\rho\sigma}) \qquad (12)$$

werden. Hier ist es bequem, mit Hilfe von

$$\frac{\partial L'}{\partial g^{\mu\nu}} = \frac{\partial L'}{\partial\gamma^{\rho\sigma}} \frac{\partial\gamma^{\rho\sigma}}{\partial g^{\mu\nu}} = -\varkappa(T_{\rho\sigma} - \frac{1}{2} T\, g_{\rho\sigma}) \frac{\partial}{\partial g^{\mu\nu}} (\sqrt{g}\, g^{\rho\sigma})$$

die $\gamma^{\rho\sigma}$ zu eliminieren. Wegen $\partial g/\partial g^{\mu\nu} = -g\, g_{\mu\nu}$ und $g_{\rho\sigma} g^{\rho\sigma} = 4$ (in den vier Dimensionen der Relativitätstheorie) läßt sich das zu

$$\frac{\partial L'}{\partial g^{\mu\nu}} = -\varkappa\sqrt{g}\, T_{\mu\nu} \qquad (13)$$

zusammenziehen. Dies sind 10 Differentialgleichungen, aus denen wir L' konstruieren müssen.

Ein einfacher Ansatz möge noch zeigen, daß man hier nicht mehr mit linearen Betrachtungen auskommt. Wir setzen an:

$$L' = \sqrt{g}(A + \sqrt{g^{\rho\sigma}B_{\rho\sigma}}) \quad , \qquad (14)$$

wobei der Skalar A und der Tensor $\underline{\underline{B}}$ noch von den Koordinaten abhängen. Die Kombination $B = g^{\rho\sigma}B_{\rho\sigma}$ ist ein Skalar. Aus (14) folgt

$$\frac{\partial L'}{\partial g^{\mu\nu}} = -\frac{1}{2}\sqrt{g}\, g_{\mu\nu}(A + \sqrt{B}) + \sqrt{g}\,\frac{1}{2\sqrt{B}}\, B_{\rho\sigma}\delta^{\rho}_{\mu}\delta^{\sigma}_{\nu} \quad ,$$

so daß Einsetzen in (13)

$$(A + \sqrt{B})g_{\mu\nu} - \frac{1}{\sqrt{B}}\, B_{\mu\nu} = 2\varkappa T_{\mu\nu} \qquad (15)$$

ergibt.

In der Relativitätstheorie besitzt der Materietensor die Form

$$T_{\mu\nu} = p\, g_{\mu\nu} + (p + \mu)U_{\mu\nu}$$

mit $U_{\mu\nu} = u_{\mu}u_{\nu}$ und $U = -1$. (Physikalisch bedeuten hier die u_{μ} die Komponenten der Vierergeschwindigkeit der Materie, p den Druck und μ die Dichte, dabei ist c = 1 gesetzt.) Setzen wir das in (15) ein, so folgt zunächst

$$A = -\sqrt{B} + 2\varkappa p$$

und

$$B_{\mu\nu} = -2\varkappa\sqrt{B}(p+\mu)U_{\mu\nu} \quad .$$

Verjüngung der letzten Gleichung gibt $\sqrt{B} = 2\varkappa(p+\mu)$ und damit

$$A = -2\varkappa\mu \quad ; \quad B_{\mu\nu} = -4\varkappa^2(p+\mu)^2 U_{\mu\nu} \quad ,$$

sodaß schließlich

$$L' = 2\varkappa\sqrt{g}\left\{-\mu + (p+\mu)\sqrt{g^{\rho\sigma}U_{\rho\sigma}}\right\}$$

für den Kopplungsterm der Lagrangefunktion entsteht.

§7. Orthogonale Koordinatensysteme

Wir behandeln im folgenden den besonderen Fall etwas näher, daß wir ein Koordinatensystem verwenden, in dem der metrische Tensor $\underline{\underline{G}}$ diagonal ist, in dem sich die Koordinatenlinien also überall senkrecht schneiden. In diesem Paragraphen wird es zweckmäßig sein, alle Summenzeichen mitzuschreiben. Dann lauten z.B. die grundlegenden Beziehungen zwischen kovarianten und kontravarianten Basisvektoren

$$\underline{b}^{\mu} = \sum_{\nu} g^{\mu\nu}\underline{b}_{\nu} \quad ; \quad \underline{b}_{\mu} = \sum_{\nu} g_{\mu\nu}\underline{b}^{\nu} \quad .$$

Sie vereinfachen sich für diagonales $\underline{\underline{G}}$ zu

$$\underline{b}^{\mu} = g^{\mu\mu}\underline{b}_{\mu} \quad ; \quad \underline{b}_{\mu} = g_{\mu\mu}\underline{b}^{\mu} \quad .$$

Hieraus folgt unmittelbar

$$g^{\mu\mu} = 1/g_{\mu\mu} \quad ,$$

und weiter folgt aus $\underline{b}^{\mu} \cdot \underline{b}_{\mu} = 1$, daß

$$\underline{b}_{\mu} = \sqrt{g_{\mu\mu}}\,\underline{e}_{\mu} \quad ; \quad \underline{b}^{\mu} = \frac{1}{\sqrt{g_{\mu\mu}}}\,\underline{e}_{\mu} \qquad (1)$$

wird, wobei $\underline{e}_{\mu}$ Einheitsvektor der gemeinsamen Richtung beider Basisvektoren ist.

Einen Vektor $\underline{v}$ schreiben wir mit Hilfe dieser Basisvektoren bekanntlich [vgl.§1, Gl.(11)]:

$$\underline{v} = \sum_{\mu} v_{\mu}\underline{b}^{\mu} = \sum_{\mu} v^{\mu}\underline{b}_{\mu} \quad . \qquad (2a)$$

Ersetzen wir hier die Basisvektoren durch die Einheitsvektoren nach Gl.(1), so entsteht

$$\underline{v} = \sum_{\mu} \hat{v}_{\mu}\underline{e}_{\mu} \quad . \qquad (2b)$$

Mit (1) führt das dazu, daß wir die kovarianten und kontravarianten Komponenten des Vektors $\underline{v}$ durch seine "natürlichen" Komponenten $\hat{v}_{\mu}$ ausdrücken können,

$$v_{\mu} = \sqrt{g_{\mu\mu}}\,\hat{v}_{\mu} \quad ; \quad v^{\mu} = \frac{1}{\sqrt{g_{\mu\mu}}}\,\hat{v}_{\mu} \quad . \qquad (3)$$

Entsprechende Formeln lassen sich für einen Tensor aus

$$\underline{\underline{T}} = \sum_{\mu\nu} T_{\mu\nu}\underline{b}^{\mu}\underline{b}^{\nu} = \sum_{\mu\nu} T^{\mu\nu}\underline{b}_{\mu}\underline{b}_{\nu} = \sum_{\mu\nu} T^{\mu}_{\cdot\nu}\underline{b}_{\mu}\underline{b}^{\nu}$$

und

$$\underline{\underline{T}} = \sum_{\mu\nu} \hat{T}_{\mu\nu}\underline{e}_{\mu}\underline{e}_{\nu}$$

ableiten:

$$T_{\mu\nu} = \sqrt{g_{\mu\mu}g_{\nu\nu}}\,\hat{T}_{\mu\nu} \quad ; \quad T^{\mu\nu} = \frac{1}{\sqrt{g_{\mu\mu}g_{\nu\nu}}}\,\hat{T}_{\mu\nu} \quad ; \quad T^{\mu}_{\cdot\nu} = \sqrt{\frac{g_{\nu\nu}}{g_{\mu\mu}}}\,\hat{T}_{\mu\nu} \quad . \tag{4}$$

Als Beispiel wollen wir die schon mehrfach benutzten *Kugelkoordinaten* r, ϑ, φ heranziehen, für die

$$ds^2 = dr^2 + r^2(d\vartheta^2 + \sin^2\vartheta\, d\varphi^2) \tag{5a}$$

und daher

$$g_{rr} = 1 \quad ; \quad g_{\vartheta\vartheta} = r^2 \quad ; \quad g_{\varphi\varphi} = r^2\sin^2\vartheta \tag{5b}$$

ist. Nach Gl.(3) können wir dann die kovarianten Komponenten durch die "natürlichen" wie folgt ersetzen:

$$\hat{v}_r = v_r \quad ; \quad \hat{v}_\vartheta = \frac{1}{r}\,v_\vartheta \quad ; \quad \hat{v}_\varphi = \frac{1}{r\sin\vartheta}\,v_\varphi \quad . \tag{6}$$

In Aufgabe 11 werden grad u und div $\underline{v}$ durch die kovarianten Komponenten ausgedrückt. Wir wollen hier die entsprechenden Ausdrücke in "natürlichen" Komponenten ableiten. Aus

$$\underline{g} = \operatorname{grad} u = \sum_{\mu} \underline{b}^{\mu}\partial_{\mu}u = \sum_{\mu} \frac{1}{\sqrt{g_{\mu\mu}}}\,\underline{e}_{\mu}\partial_{\mu}u \tag{7}$$

entnehmen wir für die Kugelkoordinaten

$$\operatorname{grad} u = \underline{e}_r\partial_r u + \frac{1}{r}\,\underline{e}_\vartheta\partial_\vartheta u + \frac{1}{r\sin\vartheta}\,\underline{e}_\varphi\partial_\varphi u \quad ,$$

d.h. die natürlichen Komponenten sind

$$\hat{g}_r = \frac{\partial u}{\partial r} \quad ; \quad \hat{g}_\vartheta = \frac{1}{r}\frac{\partial u}{\partial\vartheta} \quad ; \quad \hat{g}_\varphi = \frac{1}{r\sin\vartheta}\frac{\partial u}{\partial\varphi} \quad . \tag{8}$$

Für div $\underline{v}$ erhalten wir allgemein nach §5a, Gl.(10a)

$$\operatorname{div}\underline{v} = \frac{1}{\sqrt{g}}\sum_{\mu}\partial_{\mu}(\sqrt{g}\,v^{\mu}) = \frac{1}{\sqrt{g}}\sum_{\mu}\frac{\partial}{\partial x^{\mu}}\left(\sqrt{\frac{g}{g_{\mu\mu}}}\,\hat{v}_{\mu}\right) \tag{9}$$

und speziell in Kugelkoordinaten mit $\sqrt{g} = r^2\sin\vartheta$

$$\operatorname{div}\underline{v} = \frac{1}{r^2\sin\vartheta}\left\{\frac{\partial}{\partial r}(r^2\sin\vartheta\,\hat{v}_r) + \frac{\partial}{\partial\vartheta}(r\sin\vartheta\,\hat{v}_\vartheta) + \frac{\partial}{\partial\varphi}(r\hat{v}_\varphi)\right\}$$

$$= \frac{1}{r^2}\frac{\partial}{\partial r}(r^2\hat{v}_r) + \frac{1}{r\sin\vartheta}\left\{\frac{\partial}{\partial\vartheta}(\sin\vartheta\,\hat{v}_\vartheta) + \frac{\partial}{\partial\varphi}\hat{v}_\varphi\right\} \quad . \tag{10}$$

Die Ausdrücke (8) und (10) wurden in I§5c auf elementarem Wege viel umständlicher gewonnen.

Schließlich sei an dieser Stelle auch die *Rotation* berechnet, für die wir das Ergebnis bereits in I§5c angegeben, die Herleitung aber unterdrückt haben, weil sie auf dem dort eingeschlagenen elementaren Wege zu umständlich geworden wäre.

Wir wissen bereits, daß rot $\underline{v}$ in drei Dimensionen mit dem antisymmetrischen Tensor, §3Gl.(20),

$$\underline{\underline{R}} = \sum_{\mu\nu} (\partial_\mu v_\nu - \partial_\nu v_\mu)\underline{b}^\mu \underline{b}^\nu$$

identisch ist. Dafür können wir schreiben

$$\underline{\underline{R}} = \sum_{\mu\nu} \left\{\partial_\mu(\sqrt{g_{\nu\nu}}\hat{v}_\nu) - \partial_\nu(\sqrt{g_{\mu\mu}}\hat{v}_\mu)\right\} \frac{1}{\sqrt{g_{\mu\mu}g_{\nu\nu}}} \underline{e}_\mu \underline{e}_\nu \quad . \tag{11}$$

Dies ergibt bei Spezialisierung auf Kugelkoordinaten die drei Komponenten

$$R_{r\vartheta} = \frac{1}{r}\left\{\partial_r(r\hat{v}_\vartheta) - \partial_\vartheta \hat{v}_r\right\} \quad ;$$

$$R_{\vartheta\varphi} = \frac{1}{r^2 \sin\vartheta}\left\{\partial_\vartheta(r \sin\vartheta \hat{v}_\varphi) - \partial_\varphi(r\hat{v}_\vartheta)\right\} \quad ;$$

$$R_{\varphi r} = \frac{1}{r \sin\vartheta}\left\{\partial_\varphi \hat{v}_r - \partial_r(r \sin\vartheta \hat{v}_\varphi)\right\} \quad .$$

Ersetzen von $\underline{e}_r\underline{e}_\vartheta$ durch $\underline{e}_r \times \underline{e}_\vartheta = \underline{e}_\varphi$ usw. führt auf

$$\text{rot } \underline{v} = R_{r\vartheta}\underline{e}_\varphi + R_{\vartheta\varphi}\underline{e}_r + R_{\vartheta r}\underline{e}_\vartheta \quad .$$

Die drei Komponenten dieses axialen Vektors sind nach den vorstehenden Formeln identisch mit den in I§5c, Gl.(17) ohne Beweis angegebenen.

Aufgaben zu Kapitel II: Riemannsche Geometrie

1. Aufgabe (zu §1). Man zeige, daß die metrische Fundamentalform diagonal ist, wenn die Koordinaten paarweise orthogonal sind.

Lösung. Nach Gl.(7) ist der Winkel ϑ zwischen zwei Linienelementen ds und δs durch

$$ds\delta s \cos\vartheta = \sum_{\mu\nu} g_{\mu\nu} dx^\mu dx^\nu$$

gegeben. Zwei Linienelemente in Koordinatenrichtungen haben je nur eine von Null verschiedene Komponente, etwa dx^i und δx^k. Für sie geht die Beziehung dann einfach in $\cos\vartheta_{ik} = g_{ik}$ über. Ist dies für alle Paare i, k gleich Null, so stehen die Koordinatenlinien senkrecht aufeinander ($\cos\vartheta_{ik} = 0$) und die Fundamentalform ist diagonal ($g_{ik} = 0$).

2. Aufgabe (zu §2). Man zeige, daß die Skalare $((\underline{v}\cdot\underline{\underline{T}})\cdot\underline{w})$ und $(\underline{v}\cdot(\underline{\underline{T}}\cdot\underline{w}))$ einander gleich sind, so daß man ohne Klammern einfach $\underline{v}\cdot\underline{\underline{T}}\cdot\underline{w}$ schreiben kann (Assoziativgesetz).

Lösung. Mit $(\underline{\underline{T}}\cdot\underline{w}) = \underline{q}$ und $(\underline{v}\cdot\underline{\underline{T}}) = \underline{p}$ erhalten wir

$$\underline{v}\cdot(\underline{\underline{T}}\cdot\underline{w}) = \sum_\mu v_\mu q^\mu \quad ; \quad ((\underline{v}\cdot\underline{\underline{T}})\cdot\underline{w}) = \sum_\lambda p^\lambda w_\lambda$$

und nach Gl.(2)

$$q^\mu = \sum_\lambda T^{\mu\lambda} w_\lambda \quad ; \quad p^\lambda = \sum_\mu v_\mu T^{\mu\lambda} \quad .$$

Einsetzen hiervon ergibt in beiden Fällen den gleichen Skalar

$$\sum_{\mu\lambda} v_\mu T^{\mu\lambda} w_\lambda = \underline{v}\cdot\underline{\underline{T}}\cdot\underline{w} \quad .$$

3. Aufgabe (zu §2). Man beweise, daß die in Gl.(2) eingeführten Größen $\underline{p} = \underline{v}\cdot\underline{\underline{T}}$ und $\underline{q} = \underline{\underline{T}}\cdot\underline{v}$ Vektoren sind.

Lösung. In

$$p^\mu = \sum_\lambda v_\lambda T^{\lambda\mu} \quad ; \quad q^\mu = \sum_\lambda T^{\mu\lambda} v_\lambda \tag{1}$$

erhalten wir durch Koordinatentransformation mit Gl.(16) von §1 und (5a) von §2 die Ausdrücke

$$v'_\lambda = \sum_\tau \frac{\partial x^\tau}{\partial x'^\lambda} v_\tau \quad ; \quad T'^{\mu\nu} = \sum_{\rho\sigma} \frac{\partial x'^\mu}{\partial x^\rho}\frac{\partial x'^\nu}{\partial x^\sigma} T^{\rho\sigma} \quad . \tag{2}$$

Damit bilden wir

$$p'^\mu = \sum_\lambda v'_\lambda\, T'^{\lambda\mu} = \sum_\lambda \left(\sum_\tau \frac{\partial x^\tau}{\partial x'^\lambda} v_\tau\right)\left(\sum_{\rho\sigma} \frac{\partial x'^\lambda}{\partial x^\rho}\frac{\partial x'^\mu}{\partial x^\sigma} T^{\rho\sigma}\right)$$

und

$$q'^\mu = \sum_\lambda T'^{\mu\lambda} v'_\lambda = \sum_\lambda \left(\sum_{\rho\sigma} \frac{\partial x'^\mu}{\partial x^\rho}\frac{\partial x'^\lambda}{\partial x^\sigma} T^{\rho\sigma}\right)\left(\sum_\tau \frac{\partial x^\tau}{\partial x'^\lambda} v_\tau\right) \quad .$$

Hierin ist nach der Kettenregel

$$\sum_\lambda \frac{\partial x^\tau}{\partial x'^\lambda}\frac{\partial x'^\lambda}{\partial x^\rho} = \delta^\tau_\rho \quad \text{bzw.} \quad \sum_\lambda \frac{\partial x^\tau}{\partial x'^\lambda}\frac{\partial x'^\lambda}{\partial x^\sigma} = \delta^\tau_\sigma \quad ;$$

mithin vereinfachen sich die Ausdrücke zu

$$p'^\mu = \sum_{\rho\sigma} \frac{\partial x'^\mu}{\partial x^\sigma} v_\rho T^{\rho\sigma} = \sum_\sigma \frac{\partial x'^\mu}{\partial x^\sigma}\left(\sum_\rho v_\rho T^{\rho\sigma}\right) \quad ;$$

$$q'^\mu = \sum_{\rho\sigma} \frac{\partial x'^\mu}{\partial x^\rho} T^{\rho\sigma} v_\sigma = \sum_\rho \frac{\partial x'^\mu}{\partial x^\rho}\left(\sum_\sigma T^{\rho\sigma} v_\sigma\right) \quad .$$

Führen wir in diesen Beziehungen auf der rechten Seite gemäß (1) die Komponenten von $\underline{p}$ und $\underline{q}$ ein, so gehen sie über in

$$p'^{\mu} = \sum_{\sigma} \frac{\partial x'^{\mu}}{\partial x^{\sigma}} p^{\sigma} \quad ; \quad q'^{\mu} = \sum_{\rho} \frac{\partial x'^{\mu}}{\partial x^{\rho}} q^{\rho} \quad ,$$

und das sind gerade die zu (2) kontragredienten Transformationsformeln für kontravariante Vektorkomponenten.

4. Aufgabe (zu §2). Man gebe für einen Tensor dritter Stufe die Transformationsformeln seiner gemischten Komponenten $T_{\lambda\mu\bullet}^{\ \ \ \nu}$ an und zeige, daß die Größen

$$T_{\lambda\mu\bullet}^{\ \ \ \mu} = U_{\lambda}$$

die kovarianten Komponenten eines Vektors sind.

Lösung. Erweitern wir das Schema von Gl.(5b) sinngemäß, so erhalten wir für den Tensor dritter Stufe

$$T'^{\ \ \ \nu}_{\lambda\mu\bullet} = \sum_{\rho\sigma\tau} T_{\rho\sigma\bullet}^{\ \ \ \tau} \frac{\partial x^{\rho}}{\partial x'^{\lambda}} \frac{\partial x^{\sigma}}{\partial x'^{\mu}} \frac{\partial x'^{\nu}}{\partial x^{\tau}} \quad .$$

Wir bilden nun zunächst links die Spur,

$$\sum_{\mu} T'^{\ \ \ \mu}_{\lambda\mu\bullet} = U'_{\lambda} \quad ;$$

dann entsteht rechts

$$\sum_{\rho\sigma\tau} T_{\rho\sigma\bullet}^{\ \ \ \tau} \frac{\partial x^{\rho}}{\partial x'^{\lambda}} \sum_{\mu} \frac{\partial x^{\sigma}}{\partial x'^{\mu}} \frac{\partial x'^{\mu}}{\partial x^{\tau}} = \sum_{\rho\sigma\tau} T_{\rho\sigma\bullet}^{\ \ \ \tau} \frac{\partial x^{\rho}}{\partial x'^{\lambda}} \delta_{\tau}^{\sigma} \quad .$$

Ausführen der Summation über τ und σ ergibt

$$\sum_{\tau\sigma} T_{\rho\sigma\bullet}^{\ \ \ \tau} \delta_{\tau}^{\sigma} = \sum_{\sigma} T_{\rho\sigma\bullet}^{\ \ \ \sigma} = U_{\rho} \quad ,$$

so daß schließlich

$$U'_{\lambda} = \sum_{\rho} \frac{\partial x^{\rho}}{\partial x'^{\lambda}} U_{\rho}$$

entsteht, und das ist gerade die Transformationsformel kovarianter Vektorkomponenten.

5. Aufgabe (zu §2). Man zeige, daß die Symmetrie eines Tensors zweiter Stufe, $T_{\mu\nu} = T_{\nu\mu}$ bei Transformation erhalten bleibt.

Lösung. Wir transformieren nach Gl.(5c)

$$T_{\mu\nu} = \sum_{\rho\sigma} T'_{\rho\sigma} \frac{\partial x'^{\rho}}{\partial x^{\mu}} \frac{\partial x'^{\sigma}}{\partial x^{\nu}} \quad ; \quad T_{\nu\mu} = \sum_{\rho\sigma} T'_{\rho\sigma} \frac{\partial x'^{\rho}}{\partial x^{\nu}} \frac{\partial x'^{\sigma}}{\partial x^{\mu}} \quad .$$

Vertauschen wir in der zweiten Formel die Namen der Summationsindices ρ und σ, so wird daraus

$$T_{\nu\mu} = \sum_{\rho\sigma} T'_{\sigma\rho} \frac{\partial x'^{\sigma}}{\partial x^{\nu}} \frac{\partial x'^{\rho}}{\partial x^{\mu}} \quad .$$

Die Differenz ist daher

$$T_{\mu\nu} - T_{\nu\mu} = \sum_{\rho\sigma} (T'_{\rho\sigma} - T'_{\sigma\rho}) \frac{\partial x'^{\rho}}{\partial x^{\mu}} \frac{\partial x'^{\sigma}}{\partial x^{\nu}} \quad .$$

Ist $\underline{\underline{T}}$ symmetrisch, so ist $T'_{\rho\sigma} = T'_{\sigma\rho}$ für alle Kombinationen der Indices. Daher verschwindet die rechte Seite für alle μ und ν, so daß auch im ungestrichenen Koordinatensystem stets $T_{\mu\nu} = T_{\nu\mu}$ folgt.

Anmerkung. In Aufgabe 15 von Kapitel I wurde dies speziell für eine Drehung bewiesen.

6. Aufgabe (zu §3). Man leite aus der kovarianten Formulierung des Lemmas von Ricci,

$$dg_{\mu\nu} = dA^{\lambda}_{\mu} g_{\lambda\nu} + dA^{\lambda}_{\nu} g_{\lambda\mu}$$

die kontravariante

$$dg^{\mu\nu} = - dA^{\mu}_{\lambda} g^{\lambda\nu} - dA^{\nu}_{\lambda} g^{\mu\lambda}$$

ab. [Beweis der Gl.(4b) im Text].

Lösung. Wir gehen aus von

$$dg^{\mu\nu} = d(g^{\mu\rho} g^{\nu\sigma} g_{\rho\sigma}) = \delta^{\nu}_{\rho} dg^{\mu\rho} + \delta^{\mu}_{\sigma} dg^{\nu\sigma} + g^{\mu\rho} g^{\nu\sigma} dg_{\rho\sigma}$$

$$= 2dg^{\mu\nu} + g^{\mu\rho} g^{\nu\sigma} dg_{\rho\sigma} \quad ,$$

woraus

$$dg^{\mu\nu} = -g^{\mu\rho} g^{\nu\sigma} dg_{\rho\sigma}$$

folgt. In diese Beziehung führen wir den Riccischen Ausdruck für $dg_{\rho\sigma}$ ein und schreiben

$$dg^{\mu\nu} = -g^{\mu\rho} g^{\nu\sigma} (dA^{\lambda}_{\rho} g_{\lambda\sigma} + dA^{\lambda}_{\sigma} g_{\lambda\rho})$$

$$= -g^{\mu\rho} \delta^{\nu}_{\lambda} dA^{\lambda}_{\rho} - g^{\nu\sigma} \delta^{\mu}_{\lambda} dA^{\lambda}_{\sigma}$$

oder kurz

$$dg^{\mu\nu} = - g^{\mu\rho} dA^{\nu}_{\rho} - g^{\nu\sigma} dA^{\mu}_{\sigma} \quad ,$$

und das ist bei Umbenennung der Indices identisch mit der zu beweisenden Formel.

7. Aufgabe (zu §3). Man beweise, daß die kovariante Ableitung des metrischen Tensors verschwindet.

Lösung. Nach der Definition der kovarianten Ableitung ist

$$g_{\mu\nu|\lambda} = \partial_{\lambda} g_{\mu\nu} - \Gamma^{\rho}_{\mu\lambda} g_{\rho\nu} - \Gamma^{\rho}_{\lambda\nu} g_{\mu\rho} = \partial_{\lambda} g_{\mu\nu} - \Gamma_{\nu,\mu\lambda} - \Gamma_{\mu,\lambda\nu} \quad .$$

Setzen wir hier die ausführlichen Ausdrücke für die Christoffelschen Symbole ein, so erhalten wir

$$g_{\mu\nu|\lambda} = \partial_{\lambda} g_{\mu\nu} - \frac{1}{2} (\partial_{\mu} g_{\lambda\nu} + \partial_{\lambda} g_{\nu\mu} - \partial_{\nu} g_{\mu\lambda}) - \frac{1}{2} (\partial_{\lambda} g_{\nu\mu} + \partial_{\nu} g_{\mu\lambda} - \partial_{\mu} g_{\lambda\nu}) \quad .$$

Hier heben sich rechts alle Glieder gegenseitig weg, so daß in der Tat $g_{\mu\nu|\lambda} = 0$ wird.

8. Aufgabe (zu §3). Man rechne kovariante Basisvektoren und Vektorkomponenten von kartesischen auf Kugelkoordinaten um.

Lösung. Es seien im dreidimensionalen euklidischen Raum die x^μ gleich x, y, z und die x'^μ gleich r, ϑ, φ. Zwischen den Koordinaten bestehen die Beziehungen

$$x = r\sin\vartheta\cos\varphi \quad ; \quad y = r\sin\vartheta\sin\varphi \quad ; \quad z = r\cos\vartheta \quad .$$

Dann folgt aus $\underline{b}'_\mu = (\partial'_\mu x^\lambda)\underline{b}_\lambda$ mit

$$\partial_r x = \sin\vartheta\cos\varphi \quad ; \quad \partial_r y = \sin\vartheta\sin\varphi \quad ; \quad \partial_r z = \cos\vartheta \quad ;$$

$$\partial_\vartheta x = r\cos\vartheta\cos\varphi \quad ; \quad \partial_\vartheta y = r\cos\vartheta\sin\varphi \quad ; \quad \partial_\vartheta z = -r\sin\vartheta \quad ;$$

$$\partial_\varphi x = -r\sin\vartheta\sin\varphi \quad ; \quad \partial_\varphi y = r\sin\vartheta\cos\varphi \quad ; \quad \partial_\varphi z = 0$$

für die kovariante Basis

$$\begin{aligned} \underline{b}_r &= \sin\vartheta(\underline{b}_x\cos\varphi + \underline{b}_y\sin\varphi) + \underline{b}_z\cos\vartheta \quad ; \\ \underline{b}_\vartheta &= r\left\{\cos\vartheta(\underline{b}_x\cos\varphi + \underline{b}_y\sin\varphi) - \underline{b}_z\sin\vartheta\right\} \quad ; \\ \underline{b}_\varphi &= r\sin\vartheta(-\underline{b}_x\sin\varphi + \underline{b}_y\cos\varphi) \quad . \end{aligned} \tag{1}$$

Hieraus können wir übrigens sofort den metrischen Tensor in Kugelkoordinaten entnehmen, indem wir $(\underline{b}'_\mu \cdot \underline{b}'_\nu) = g_{\mu\nu}$ bilden und berücksichtigen, daß in kartesischen Koordinaten $(\underline{b}_\mu \cdot \underline{b}_\nu) = \delta_{\mu\nu}$ ist. Auch in Kugelkoordinaten wird der metrische Tensor diagonal mit

$$g_{rr} = 1 \quad ; \quad g_{\vartheta\vartheta} = r^2 \quad ; \quad g_{\varphi\varphi} = r^2\sin^2\vartheta \quad , \tag{2}$$

so daß das Linienelement lautet

$$ds^2 = dr^2 + r^2 d\vartheta^2 + r^2\sin^2\vartheta\, d\varphi^2 \quad . \tag{3}$$

Die Beträge der kovarianten Basisvektoren sind jeweils gleich $\sqrt{g_{\mu\mu}}$; wir können sie daher wie folgt durch Einheitsvektoren $\underline{e}_\mu$ der gleichen Richtung ausdrücken:

$$\underline{b}_r = \underline{e}_r \quad ; \quad \underline{b}_\vartheta = r\,\underline{e}_\vartheta \quad ; \quad \underline{b}_\varphi = r\sin\vartheta\,\underline{e}_\varphi \quad . \tag{4}$$

Für die kovarianten Komponenten eines Vektors $\underline{v}$ entstehen wegen $v'_\mu = (\partial'_\mu x^\lambda)v_\lambda$ ganz analoge Transformationsformeln wie für die kovariante Basis:

$$\begin{aligned} v_r &= \sin\vartheta(v_x\cos\varphi + v_y\sin\varphi) + v_z\cos\vartheta \quad ; \\ v_\vartheta &= r\left\{\cos\vartheta(v_x\cos\varphi + v_y\sin\varphi) - v_z\sin\vartheta\right\} \quad ; \\ v_\varphi &= r\sin\vartheta(-v_x\sin\varphi + v_y\cos\varphi) \quad . \end{aligned} \tag{5}$$

Um die kontravarianten Komponenten von $\underline{v}$ zu erhalten, benutzen wir $v^\mu = g^{\mu\lambda}v_\lambda$. Hier folgt wegen $g^{\mu\lambda}g_{\nu\lambda} = \delta^\mu_\nu$ aus der Diagonalität von $g_{\nu\lambda}$ sofort auch diejenige von $g^{\mu\lambda}$ mit $g^{\mu\mu} = 1/g_{\mu\mu}$. Die Vektorkomponenten v_μ sind also einfach durch $g_{\mu\mu}$ zu dividieren um v^μ zu erhalten.

Damit können wir den Vektor $\underline{v}$ vollständig gemäß $\underline{v} = v^{\mu}\underline{b}_{\mu}$ aufschreiben:

$$\underline{v} = [\sin\vartheta(v_x \cos\varphi + v_y \sin\varphi) + v_z \cos\vartheta]\underline{b}_r$$
$$+ [\cos\vartheta(v_x \cos\varphi + v_y \sin\varphi) - v_z \sin\vartheta] \frac{1}{r} \underline{b}_\vartheta$$
$$+ [- v_x \sin\varphi + v_y \cos\varphi] \frac{1}{r \sin\vartheta} \underline{b}_\varphi \quad . \tag{6}$$

Ein Blick auf (4) zeigt, daß hier die eckigen Klammern gerade die Komponenten der elementaren Theorie sind, d.h. die Faktoren, die vor den drei Einheitsvektoren stehen.

9. Aufgabe (zu §3). Man gebe die Christoffel-Symbole für einen diagonalen Fundamentaltensor an. Warum ist das zugehörige Koordinatensystem orthogonal?

Lösung. Aus der Definition

$$\Gamma_{\lambda,\mu\nu} = \frac{1}{2} (\partial_\mu g_{\nu\lambda} + \partial_\nu g_{\lambda\mu} - \partial_\lambda g_{\mu\nu})$$

folgen insbesondere die Ausdrücke für drei verschiedene Indices λ, μ, ν:

$$\Gamma_{\lambda,\lambda\lambda} = \frac{1}{2} \partial_\lambda g_{\lambda\lambda} \qquad \text{(alle drei Indices gleich)}$$

$$\left.\begin{aligned} \Gamma_{\mu,\mu\lambda} &= \Gamma_{\mu,\lambda\mu} = \frac{1}{2} \partial_\lambda g_{\mu\mu} \\ \Gamma_{\lambda,\mu\mu} &= \partial_\mu g_{\mu\lambda} - \frac{1}{2} \partial_\lambda g_{\mu\mu} \end{aligned}\right\} \qquad \text{(zwei Indices gleich)}$$

$$\Gamma_{\lambda,\mu\nu} = \Gamma_{\lambda,\nu\mu} \qquad \text{(alle drei Indices verschieden)} \quad .$$

Ist $g_{\mu\nu} = g_{\mu\mu}\delta_{\mu\nu}$ diagonal, so vereinfachen sich diese Formeln zu

$$\Gamma_{\lambda,\lambda\lambda} = \frac{1}{2} \partial_\lambda g_{\lambda\lambda}$$
$$\Gamma_{\mu,\mu\lambda} = \Gamma_{\mu,\lambda\mu} = -\Gamma_{\lambda,\mu\mu} = \frac{1}{2} \partial_\lambda g_{\mu\mu}$$
$$\Gamma_{\lambda,\mu\nu} = \Gamma_{\lambda,\nu\mu} = 0 \quad .$$

Um die $\Gamma^{\lambda}_{\mu\nu}$ zu berechnen, brauchen wir die kontravarianten Komponenten des Fundamentaltensors $\underline{\underline{G}}$. Die Relationen

$$\sum_\rho g^{\mu\rho} g_{\rho\nu} = \delta^{\mu}_{\nu}$$

vereinfachen sich für diagonales $\underline{\underline{G}}$ zu $g^{\mu\mu} = 1/g_{\mu\mu}$. Daher geht die allgemeine Formel

$$\Gamma^{\lambda}_{\mu\nu} = \sum_\rho g^{\lambda\rho} \Gamma_{\rho,\mu\nu}$$

in die einfache Beziehung $\Gamma^{\lambda}_{\mu\nu} = \Gamma_{\lambda,\mu\nu}/g_{\lambda\lambda}$ über.

Um die Orthogonalität des Koordinatensystems einzusehen, bilden wir aus den kovarianten Basisvektoren $\underline{b}_\mu$ die kontravarianten

$$\underline{b}^\mu = \sum_\nu g^{\mu\nu}\underline{b}_\nu \quad .$$

Ist $\underline{\underline{G}}$ diagonal, so wird dies einfach ein Produkt, $\underline{b}^\mu = g^{\mu\mu}\underline{b}_\mu$, d.h. beide Vektoren haben die gleiche Richtung. Nun ist aber allgemein $(\underline{b}^\mu \cdot \underline{b}_\nu) = \delta^\mu_\nu$, d.h. für $\mu \neq \nu$ sind $\underline{b}^\mu$ und $\underline{b}_\nu$ senkrecht zueinander. Da aber $\underline{b}^\mu$ die gleiche Richtung hat wie $\underline{b}_\mu$, sofern $\underline{\underline{G}}$ diagonal ist, stehen auch die zugehörigen Koordinatenlinien senkrecht aufeinander.

10. Aufgabe (zu §3). Für das euklidische Linienelement in Kugelkoordinaten

$$ds^2 = dr^2 + r^2 d\vartheta^2 + r^2 \sin^2\vartheta d\varphi^2$$

sollen der metrische Tensor, die Christoffelschen Symbole und der Zusammenhang zwischen kovarianten und kontravarianten Vektorkomponenten bestimmt werden. Welche Beziehungen bestehen zwischen den Basisvektoren und Einheitsvektoren?

Lösung. Der metrische Tensor hat nur Diagonalelemente,

$$g_{rr} = 1 \quad ; \quad g_{\vartheta\vartheta} = r^2 \quad ; \quad g_{\varphi\varphi} = r^2 \sin^2\vartheta \quad .$$

Die entsprechenden kontravarianten Komponenten sind dann die Reziprokwerte,

$$g^{rr} = 1 \quad ; \quad g^{\vartheta\vartheta} = 1/r^2 \quad ; \quad g^{\varphi\varphi} = \frac{1}{r^2 \sin^2\vartheta} \quad .$$

Nach den allgemeinen Formeln der vorhergehenden Aufgabe erhalten wir für die Christoffelschen Symbole

$$\Gamma_{r,\vartheta\vartheta} = -r \quad ; \qquad \Gamma_{\vartheta,r\vartheta} = r \qquad \Gamma_{\varphi,r\varphi} = r \sin^2\vartheta \quad ;$$

$$\Gamma_{r,\varphi\varphi} = -r \sin^2\vartheta \quad ; \quad \Gamma_{\vartheta,\varphi\varphi} = -r^2 \sin\vartheta\cos\vartheta \quad ; \quad \Gamma_{\varphi,\vartheta\varphi} = r^2 \sin\vartheta\cos\vartheta \quad .$$

Alle anderen sind gleich Null. Entsprechend finden wir durch Multiplizieren mit den $g^{\mu\mu}$

$$\Gamma^r_{\vartheta\vartheta} = -r \quad ; \qquad \Gamma^\vartheta_{r\vartheta} = \frac{1}{r} \qquad \Gamma^\varphi_{r\varphi} = \frac{1}{r} \quad ;$$

$$\Gamma^r_{\varphi\varphi} = -r \sin^2\vartheta \quad ; \qquad \Gamma^\vartheta_{\varphi\varphi} = -\sin\vartheta\cos\vartheta \quad ; \qquad \Gamma^\varphi_{\vartheta\varphi} = \cot\vartheta \quad .$$

Die kontravarianten Vektorkomponenten entstehen aus den kovarianten ebenfalls durch Multiplikation mit den $g^{\mu\mu}$:

$$v^r = v_r \quad ; \quad v^\vartheta = \frac{1}{r^2} v_\vartheta \quad ; \quad v^\varphi = \frac{1}{r^2 \sin^2\vartheta} v_\varphi \quad .$$

Das gleiche gilt für die Basisvektoren:

$$\underline{b}^r = \underline{b}_r \quad ; \quad \underline{b}^\vartheta = \frac{1}{r^2} \underline{b}_\vartheta \quad ; \quad \underline{b}^\varphi = \frac{1}{r^2 \sin^2\vartheta} \underline{b}_\varphi \quad .$$

Aus $(\underline{b}_\mu \cdot \underline{b}_\mu) = g_{\mu\mu}$ und $(\underline{b}^\mu \cdot \underline{b}^\mu) = g^{\mu\mu}$ erhalten wir die Beträge der Basisvektoren, die danach mit den Einheitsvektoren $\underline{e}_\mu = \underline{e}^\mu$ der Koordinatenrichtungen verknüpft sind gemäß

$$\underline{b}_r = \underline{e}_r \quad ; \quad \underline{b}_\vartheta = r\,\underline{e}_\vartheta \quad ; \quad \underline{b}_\varphi = r \sin\vartheta\,\underline{e}_\varphi \quad ;$$

$$\underline{b}^r = \underline{e}_r \quad ; \quad \underline{b}^\vartheta = \frac{1}{r}\,\underline{e}_\vartheta \quad ; \quad \underline{b}^\varphi = \frac{1}{r\,\sin\vartheta}\,\underline{e}_\varphi \quad .$$

11. Aufgabe (zu §3). Man gebe in Kugelkoordinaten die Größen grad u, div $\underline{v}$ und $\nabla^2 u$ an. Dabei soll grad u mit Hilfe der drei Einheitsvektoren ausgedrückt werden.

Lösung. Mit den Ergebnissen der vorhergehenden Aufgabe wird für orthogonale Koordinaten

$$\text{grad } u = \sum_\mu \underline{b}^\mu \partial_\mu u = \sum_\mu \sqrt{g^{\mu\mu}}\,\underline{e}_\mu \partial_\mu u$$

oder speziell für Kugelkoordinaten

$$\text{grad } u = \frac{\partial u}{\partial r}\,\underline{e}_r + \frac{1}{r}\frac{\partial u}{\partial \vartheta}\,\underline{e}_\vartheta + \frac{1}{r\,\sin\vartheta}\frac{\partial u}{\partial \varphi}\,\underline{e}_\varphi \quad .$$

Die Divergenz berechnen wir aus

$$\text{div } \underline{v} = \sum_\mu g^{\mu\mu} v_{\mu|\mu} \quad \text{mit} \quad v_{\mu|\mu} = \partial_\mu v_\mu - \sum_\lambda \Gamma^\lambda_{\mu\mu} v_\lambda \quad .$$

Für unser Beispiel wird

$$v_{r|r} = \partial_r v_r$$

$$v_{\vartheta|\vartheta} = \partial_\vartheta v_\vartheta - \Gamma^r_{\vartheta\vartheta} v_r = \partial_\vartheta v_\vartheta + r v_r$$

$$v_{\varphi|\varphi} = \partial_\varphi v_\varphi - \Gamma^r_{\varphi\varphi} v_r - \Gamma^\vartheta_{\varphi\varphi} v_\vartheta = \partial_\varphi v_\varphi + r\,\sin^2\vartheta\, v_r + \sin\vartheta\cos\vartheta\, v_\vartheta \quad .$$

Durch Zusammensetzen dieser Ausdrücke entsteht

$$\text{div } \underline{v} = \frac{\partial v_r}{\partial r} + \frac{2}{r} v_r + \frac{1}{r^2}\frac{\partial v_\vartheta}{\partial \vartheta} + \frac{\cot\vartheta}{r^2} v_\vartheta + \frac{1}{r^2\,\sin^2\vartheta}\frac{\partial v_\varphi}{\partial \varphi}$$

in kovarianten Komponenten. Auf kontravariante Komponenten umgerechnet erhalten wir

$$\text{div } \underline{v} = \frac{\partial v^r}{\partial r} + \frac{2}{r} v^r + \frac{\partial v^\vartheta}{\partial \vartheta} + \cot\vartheta\, v^\vartheta + \frac{\partial v^\varphi}{\partial \varphi} \quad .$$

Man beachte, daß keiner der beiden Ausdrücke die Vektorkomponenten bei Zerlegung nach den Einheitsvektoren $\underline{e}_\mu$ enthält.

Um den Laplaceschen Operator zu erhalten, brauchen wir in div $\underline{v}$ für die v_μ nur die kovarianten Komponenten von grad u, d.h. $\partial_\mu u$ einzusetzen. Dann entsteht sofort der bekannte Ausdruck

$$\nabla^2 u = \text{div grad } u$$

$$= \frac{\partial^2 u}{\partial r^2} + \frac{2}{r}\frac{\partial u}{\partial r} + \frac{1}{r^2}\frac{\partial^2 u}{\partial \vartheta^2} + \frac{\cot\vartheta}{r^2}\frac{\partial u}{\partial \vartheta} + \frac{1}{r^2\,\sin^2\vartheta}\frac{\partial^2 u}{\partial \varphi^2} \quad .$$

12. Aufgabe (zu §3). Die elliptischen Koordinaten ξ, η, φ für gestreckte Rotationsellipsoide über den Brennpunkten $z = \pm 1$ auf der z-Achse erhält man durch die Transformationsformeln

$$x = \sqrt{(1 - \eta^2)(\xi^2 - 1)}\,\cos\varphi$$

$$y = \sqrt{(1 - \eta^2)(\xi^2 - 1)}\ \sin\varphi$$

$$z = \xi\eta \quad . \tag{1}$$

Man gebe für diese Koordinaten an: (a) den metrischen Tensor, (b) die Christoffelschen Symbole, (c) den Vektor grad u, (d) den Skalar div $\underline{v}$, (e) den Laplace-Operator.

Lösung. Für den Zusammenhang mit der allgemeinen Theorie seien zunächst die Koordinaten x, y, z als x^μ und die Koordinaten ξ, η, φ als x'^μ bezeichnet. Dann ist $\underline{b}_\mu = \underline{b}^\mu = \underline{e}_\mu$ ein Einheitsvektor und $g_{\mu\nu} = g^{\mu\nu} = \delta_\mu^\nu$.

a) *Metrischer Tensor*

Wir benutzen die Formeln

$$\underline{b}'_\mu = (\partial'_\mu x^\lambda)\underline{b}_\lambda \quad \text{und} \quad (\underline{b}'_\mu \cdot \underline{b}'_\nu) = g'_{\mu\nu} \quad .$$

Damit entsteht bei Berechnung der Ableitungen aus Gl.(1)

$$\underline{b}'_\xi = \sqrt{\frac{1-\eta^2}{\xi^2-1}}\,(\underline{e}_x \cos\varphi + \underline{e}_y \sin\varphi)\xi + \eta\underline{e}_z$$

$$\underline{b}'_\eta = -\sqrt{\frac{\xi^2-1}{1-\eta^2}}\,(\underline{e}_x \cos\varphi + \underline{e}_y \sin\varphi)\eta + \xi\underline{e}_z \tag{2}$$

$$\underline{b}'_\varphi = \sqrt{(\xi^2 - 1)(1 - \eta^2)}\,(- \underline{e}_x \sin\varphi + \underline{e}_y \cos\varphi) \ .$$

Man überzeugt sich leicht davon, daß die skalaren Produkte zweier verschiedener $\underline{b}'_\mu$ verschwinden. Der metrische Tensor wird daher diagonal, und zwar (wenn wir den Strich für die elliptischen Koordinaten von jetzt an weglassen) wird

$$g_{\xi\xi} = \frac{\xi^2-\eta^2}{\xi^2-1} \quad ; \quad g_{\eta\eta} = \frac{\xi^2-\eta^2}{1-\eta^2} \quad ; \quad g_{\varphi\varphi} = (\xi^2 - 1)(1 - \eta^2) \quad . \tag{3}$$

Die kontravarianten Tensorkomponenten sind die Reziprokwerte hiervon (s.Aufg.9).

b) *Christoffelsche Symbole*

Nach den Betrachtungen von Aufg.9 können wir für diagonalen metrischen Tensor die Betrachtung auf die folgenden von Null verschiedenen Symbole beschränken:

$\Gamma_{\xi,\xi\xi} = \frac{1}{2}\partial_\xi g_{\xi\xi}$	$\Gamma_{\eta,\xi\xi} = -\frac{1}{2}\partial_\eta g_{\xi\xi}$	$\Gamma_{\varphi,\xi\xi} = -\frac{1}{2}\partial_\varphi g_{\xi\xi}$
$\Gamma_{\xi,\xi\eta} = \Gamma_{\xi,\eta\xi} = \frac{1}{2}\partial_\eta g_{\xi\xi}$	$\Gamma_{\eta,\xi\eta} = \Gamma_{\eta,\eta\xi} = \frac{1}{2}\partial_\xi g_{\eta\eta}$	$\Gamma_{\varphi,\xi\varphi} = \Gamma_{\varphi,\varphi\xi} = \frac{1}{2}\partial_\xi g_{\varphi\varphi}$
$\Gamma_{\xi,\xi\varphi} = \Gamma_{\xi,\varphi\xi} = \frac{1}{2}\partial_\varphi g_{\xi\xi}$	$\Gamma_{\eta,\eta\eta} = \frac{1}{2}\partial_\eta g_{\eta\eta}$	$\Gamma_{\varphi,\eta\varphi} = \Gamma_{\varphi,\varphi\eta} = \frac{1}{2}\partial_\eta g_{\varphi\varphi}$
$\Gamma_{\xi,\eta\eta} = -\frac{1}{2}\partial_\xi g_{\eta\eta}$	$\Gamma_{\eta,\eta\varphi} = \Gamma_{\eta,\varphi\eta} = \frac{1}{2}\partial_\varphi g_{\eta\eta}$	$\Gamma_{\varphi,\eta\eta} = -\frac{1}{2}\partial_\varphi g_{\eta\eta}$
$\Gamma_{\xi,\varphi\varphi} = -\frac{1}{2}\partial_\xi g_{\varphi\varphi}$	$\Gamma_{\eta,\varphi\varphi} = -\frac{1}{2}\partial_\eta g_{\varphi\varphi}$	$\Gamma_{\varphi,\varphi\varphi} = \frac{1}{2}\partial_\varphi g_{\varphi\varphi}$.

Da die $g_{\mu\nu}$ nach Gl.(3) nicht von φ abhängen, entfallen noch sämtliche Symbole, die Ableitungen nach φ sind. Für die übrigen ergibt sich durch Ausführung der Differentiationen:

$$\begin{array}{l|l|l}
\Gamma_{\xi,\xi\xi} = -\dfrac{\xi(1-\eta^2)}{(\xi^2-1)^2} & \Gamma_{\eta,\xi\xi} = \dfrac{\eta}{\xi^2-1} & \Gamma_{\varphi,\xi\varphi} = \xi(1-\eta^2) \\
\Gamma_{\xi,\xi\eta} = -\dfrac{\eta}{\xi^2-1} & \Gamma_{\eta,\xi\eta} = \dfrac{\xi}{1-\eta^2} & \Gamma_{\varphi,\eta\varphi} = -\eta(\xi^2-1) \\
\Gamma_{\xi,\eta\eta} = -\dfrac{\xi}{1-\eta^2} & \Gamma_{\eta,\eta\eta} = \dfrac{\eta(\xi^2-1)}{(1-\eta^2)^2} & \\
\Gamma_{\xi,\varphi\varphi} = -\xi(1-\eta^2) & \Gamma_{\eta,\varphi\varphi} = \eta(\xi^2-1) &
\end{array} \quad . \qquad (4a)$$

Hieraus erhalten wir die $\Gamma^{\lambda}_{\mu\nu}$ durch Multiplizieren von $\Gamma_{\lambda,\mu\nu}$ mit $g^{\lambda\lambda} = 1/g_{\lambda\lambda}$. Das ergibt

$$\begin{array}{l|l|l}
\Gamma^{\xi}_{\xi\xi} = -\dfrac{\xi(1-\eta^2)}{(\xi^2-1)(\xi^2-\eta^2)} & \Gamma^{\eta}_{\xi\xi} = \dfrac{\eta(1-\eta^2)}{(\xi^2-1)(\xi^2-\eta^2)} & \Gamma^{\varphi}_{\xi\varphi} = \dfrac{\xi}{\xi^2-1} \\
\Gamma^{\xi}_{\xi\eta} = -\dfrac{\eta}{\xi^2-\eta^2} & \Gamma^{\eta}_{\xi\eta} = \dfrac{\xi}{\xi^2-\eta^2} & \Gamma^{\varphi}_{\eta\varphi} = \dfrac{-\eta}{1-\eta^2} \\
\Gamma^{\xi}_{\eta\eta} = -\dfrac{\xi(\xi^2-1)}{(1-\eta^2)(\xi^2-\eta^2)} & \Gamma^{\eta}_{\eta\eta} = \dfrac{\eta(\xi^2-1)}{(1-\eta^2)(\xi^2-\eta^2)} & \\
\Gamma^{\xi}_{\varphi\varphi} = -\dfrac{\xi(\xi^2-1)(1-\eta^2)}{\xi^2-\eta^2} & \Gamma^{\eta}_{\varphi\varphi} = \dfrac{\eta(\xi^2-1)(1-\eta^2)}{\xi^2-\eta^2} &
\end{array} \quad . \qquad (4b)$$

c) *Gradient*

In der Definition grad u $= \sum_\nu \underline{b}^\nu \partial_\nu$ haben wir bei diagonalem metrischen Tensor $\underline{b}^\nu = \sqrt{g^{\nu\nu}}\,\underline{e}_\nu$, wobei $\underline{e}_\nu$ jetzt den Einheitsvektor der gemeinsamen Richtungen von $\underline{b}^\nu$ und $\underline{b}_\nu$ bedeutet. Daher wird nach Gl.(3)

$$\text{grad } u = \sqrt{\frac{\xi^2-1}{\xi^2-\eta^2}}\,\underline{e}_\xi \partial_\xi + \sqrt{\frac{1-\eta^2}{\xi^2-\eta^2}}\,\underline{e}_\eta \partial_\eta + \frac{1}{\sqrt{(\xi^2-1)(1-\eta^2)}}\,\underline{e}_\varphi \partial_\varphi \quad . \qquad (5)$$

d) *Divergenz*

Wir legen die Formel

$$\text{div } \underline{v} = \sum_\mu g^{\mu\mu} v_{\mu|\mu} \quad \text{mit} \quad v_{\mu|\mu} = \partial_\mu v_\mu - \sum_\lambda \Gamma^{\lambda}_{\mu\mu} v_\lambda$$

zugrunde. Mit den Ausdrücken (4b) für die $\Gamma^{\lambda}_{\mu\mu}$ und den $g^{\mu\mu} = 1/g_{\mu\mu}$ aus Gl.(3) erhalten wir dann

$$\text{div } \underline{v} = \frac{\xi^2-1}{\xi^2-\eta^2}\left\{\partial_\xi v_\xi + \frac{\xi(1-\eta^2)}{(\xi^2-1)(\xi^2-\eta^2)}\, v_\xi - \frac{\eta(1-\eta^2)}{(\xi^2-1)(\xi^2-\eta^2)}\, v_\eta\right\}$$

$$+ \frac{1-\eta^2}{\xi^2-\eta^2}\left\{\partial_\eta v_\eta + \frac{\xi(\xi^2-1)}{(1-\eta^2)(\xi^2-\eta^2)} v_\xi - \frac{\eta(\xi^2-1)}{(1-\eta^2)(\xi^2-\eta^2)} v_\eta\right\}$$

$$+ \frac{1}{(\xi^2-1)(1-\eta^2)}\left\{\partial_\varphi v_\varphi + \frac{\xi}{\xi^2-\eta^2} v_\xi - \frac{\eta}{\xi^2-\eta^2} v_\eta\right\} . \tag{6}$$

Zusammenziehen dieser Ausdrücke führt auf

$$\operatorname{div} \underline{v} = \frac{1}{\xi^2-\eta^2}\left\{\frac{\partial}{\partial\xi}\,[(\xi^2 - 1)v_\xi] + \frac{\partial}{\partial\eta}\,[(1 - \eta^2)v_\eta] + \frac{\xi^2-\eta^2}{(\xi^2-1)(1-\eta^2)}\frac{\partial v_\varphi}{\partial\varphi}\right\} . \tag{7}$$

Man beachte, daß die hier auftretenden kovarianten Komponenten nicht diejenigen der elementaren Theorie sind, in der nach Einheitsvektoren zerlegt wird:

$$\underline{v} = \sum_\mu v_\mu \underline{b}^\mu = \sum_\mu (v_\mu\sqrt{g^{\mu\mu}})\underline{e}_\mu .$$

e) *Laplace-Operator*

Dieser folgt ohne Rechnung, indem wir $\underline{v}$ = grad u mit seinen kovarianten Komponenten $\partial_\mu u$ in (7) einsetzen:

$$\nabla^2 u = \frac{1}{\xi^2-\eta^2}\left\{\frac{\partial}{\partial\xi}\left[(\xi^2 - 1)\,\frac{\partial u}{\partial\xi}\right] + \frac{\partial}{\partial\eta}\left[(1 - \eta^2)\,\frac{\partial u}{\partial\eta}\right] + \frac{\xi^2-\eta^2}{(\xi^2-1)(1-\eta^2)}\frac{\partial^2 u}{\partial\varphi^2}\right\} . \tag{8}$$

13. Aufgabe (zu §3). Man stelle die Differentialgleichungen für geodätische Linien in ebenen Polarkoordinaten auf und löse sie.

Lösung. Da das Linienelement

$$ds^2 = dr^2 + r^2 d\varphi^2$$

ist, haben wir

$$g_{rr} = 1 \;\; ; \;\; g_{\varphi\varphi} = r^2 \;\; ; \;\; g_{r\varphi} = 0 .$$

Die einzigen nicht verschwindenden Christoffel-Symbole sind

$$\Gamma_{r,\varphi\varphi} = -r \;\; ; \;\; \Gamma_{\varphi,r\varphi} = \Gamma_{\varphi,\varphi r} = r$$

oder

$$\Gamma^r_{\varphi\varphi} = -r \;\; ; \;\; \Gamma^\varphi_{r\varphi} = \Gamma^\varphi_{\varphi r} = \frac{1}{r} .$$

Die Differentialgleichungen der geodätischen Linien werden daher

$$\ddot{r} + \Gamma^r_{\varphi\varphi}\dot{\varphi}^2 = 0 \;\; ; \;\; \ddot{\varphi} + \left(\Gamma^\varphi_{r\varphi} + \Gamma^\varphi_{\varphi r}\right)\dot{r}\dot{\varphi} = 0$$

oder

$$\ddot{r} - r\dot{\varphi}^2 = 0 \quad \text{und} \quad \ddot{\varphi} + \frac{2}{r}\,\dot{r}\dot{\varphi} = 0 . \tag{1}$$

Die zweite dieser Gleichungen kann sofort zu

$$r^2\dot{\varphi} = a \tag{2}$$

integriert werden. Einsetzen in die erste führt auf

$$\ddot{r} = a^2/r^3$$

oder nach Multiplikation mit $\dot{r}$ und Integration zu

$$\frac{1}{2}\dot{r}^2 = -\frac{a^2}{2r^2} + \frac{1}{2}b^2 \quad .$$

Hier muß $b \geq a/r$, also auch $r \geq a/b$ bleiben, damit die linke Seite nicht negativ wird. Daher ist $r_0 = a/b$ der kleinste Abstand der geodätischen Linie vom Koordinatenursprung. Die weitere Integration ergibt

$$s = \int_{r_0}^{r} \frac{dr}{\sqrt{b^2 - a^2/r^2}} = \frac{1}{b}\sqrt{r^2 - r_0^2} \qquad \text{oder}$$

$$r = \sqrt{r_0^2 + b^2 s^2} \quad , \tag{3}$$

wenn wir durch Wahl der unteren Grenze die Bogenlänge vom Punkt $r = r_0$ ab zählen. Damit können wir nun auch Gl.(2) integrieren:

$$\frac{d\varphi}{ds} = a/r^2 = \frac{a}{r_0^2 + b^2 s^2} \quad ; \quad \varphi - \varphi_0 = \arctan\frac{bs}{r_0} \quad . \tag{4}$$

Entnehmen wir s aus (4) und setzen das in (3) ein, so finden wir

$$r^2 = r_0^2[1 + \tan^2(\varphi - \varphi_0)] \quad \text{oder} \quad r\cos(\varphi - \varphi_0) = r_0 \quad .$$

Wegen $x = r\cos\varphi$, $y = r\sin\varphi$ können wir dafür auch

$$x\cos\varphi_0 + y\sin\varphi_0 = r_0$$

schreiben, und das ist die Gleichung einer Geraden.

Anmerkung. Die Gln.(1) und (2) sind dieselben, die in der klassischen Mechanik die kräftefreie Bewegung eines Massenpunktes in Polarkoordinaten beschreiben, wenn man unter s die Zeit versteht. Gl.(2) drückt insbesondere den Erhaltungssatz des Drehimpulses aus.

14. Aufgabe (zu §3). Man beschreibe die geodätischen Linien des euklidischen Raumes in Kugelkoordinaten mit dem Linienelement

$$ds^2 = dr^2 + r^2(d\vartheta^2 + \sin^2\vartheta\, d\varphi^2) \quad . \tag{1}$$

Lösung. Mit der Bogenlänge s als unabhängiger Variabler erhalten wir die drei Differentialgleichungen

$$\ddot{r} - r\dot{\vartheta}^2 - r\sin^2\vartheta\,\dot{\varphi}^2 = 0 \quad ; \tag{2a}$$

$$\ddot{\vartheta} + \frac{2}{r}\dot{r}\dot{\vartheta} - \sin\vartheta\cos\vartheta\,\dot{\varphi}^2 = 0 \quad ; \tag{2b}$$

$$\ddot{\varphi} + \frac{2}{r}\dot{r}\dot{\varphi} + 2\cot\vartheta\,\dot{\vartheta}\dot{\varphi} = 0 \quad . \tag{2c}$$

Dividieren wir noch (1) durch ds^2, so tritt noch die Gleichung

$$\dot{r}^2 + r^2(\dot{\vartheta}^2 + \sin^2\vartheta\dot{\varphi}^2) = 1 \qquad (3)$$

hinzu. Setzen wir das in (2a) ein, so entsteht eine Differentialgleichung für r(s) allein, nämlich

$$r\,\ddot{r} - (1 - \dot{r}^2) = 0$$

oder

$$\frac{d^2}{ds^2}\,r^2 = 2 \quad . \qquad (4a)$$

Die beiden anderen Differentialgleichungen (2b) und (2c) können wir auch in

$$\frac{d}{ds}\,(r^2\dot{\vartheta}) = r^2\,\sin\vartheta\cos\vartheta\dot{\varphi}^2 \qquad (4b)$$

und

$$\frac{d}{ds}\,(r^2\,\sin^2\vartheta\dot{\varphi}) = 0 \qquad (4c)$$

umschreiben. Im folgenden gehen wir von den Gln.(4a-c) aus.

Gl.(4a) ergibt durch zweimalige Quadratur, daß r^2 eine quadratische Form in s wird. Das steht in Einklang damit, daß die geodätische Linie eine Gerade ist; denn dann müssen x, y, z linear in der Bogenlänge s sein, also muß $r^2 = x^2 + y^2 + z^2$ eine quadratische Form werden.

Gl.(4c) gestattet sofort eine Integration zu

$$r^2\,\sin^2\vartheta\dot{\varphi} = A \quad . \qquad (5)$$

Setzen wir $\dot{\varphi}$ hieraus in (4b) ein und multiplizieren dies mit $r^2\dot{\vartheta}$, so kann

$$(r^2\dot{\vartheta})\,\frac{d}{ds}\,(r^2\dot{\vartheta}) = A^2\,\frac{\cos\vartheta}{\sin^3\vartheta}\,\dot{\vartheta}$$

ebenfalls einmal integriert werden zu

$$\frac{1}{2}\,r^4\dot{\vartheta}^2 = -\,\frac{A^2}{2\,\sin^2\vartheta} + \frac{1}{2}\,B^2 \quad , \qquad (6)$$

wobei für die Integrationskonstanten $B > A$ gelten muß, da die linke Seite von (6) positiv ist. Eliminieren wir aus (6) mit Hilfe von (5) die Konstante A, so entsteht

$$r^4(\dot{\vartheta}^2 + \sin^2\vartheta\dot{\varphi}^2) = B^2 \quad . \qquad (7)$$

Um die Gestalt der geodätischen Linie zu bestimmen, dividieren wir (7) durch das Quadrat von (5),

$$\frac{\dot{\vartheta}^2+\sin^2\vartheta\dot{\varphi}^2}{\sin^4\vartheta\dot{\varphi}^2} = \frac{B^2}{A^2} \quad .$$

Mit $B^2/A^2 = \lambda^2 > 1$ können wir hier den Parameter s eliminieren:

$$\frac{1}{\sin^4\vartheta}\left\{\left(\frac{d\vartheta}{d\varphi}\right)^2 + \sin^2\vartheta\right\} = \lambda^2$$

oder mit $\cos\vartheta = t$

$$\left(\frac{dt}{d\varphi}\right)^2 = \lambda^2(1-t^2)^3 - (1-t^2)^2 \quad ,$$

woraus

$$\varphi - \varphi_0 = \frac{1}{\lambda}\int\limits_0^t \frac{dt}{(1-t^2)\sqrt{a^2-t^2}}$$

mit

$$a^2 = \frac{\lambda^2-1}{\lambda^2} \quad ; \quad 0 < a^2 < 1$$

folgt. Dies Integral läßt sich elementar auswerten zu

$$\varphi - \varphi_0 = \arctan\frac{\sqrt{1-a^2}\,t}{\sqrt{a^2-t^2}} \quad ,$$

was man leicht durch Differenzieren verifizieren kann. Das läßt sich wegen $\sqrt{1-a^2} = 1/\lambda$ auch

$$\tan(\varphi - \varphi_0) = \frac{\cos\vartheta}{\sqrt{\lambda^2\sin^2\vartheta - 1}}$$

schreiben oder

$$(\lambda^2\sin^2\vartheta - 1)\sin^2(\varphi - \varphi_0) = \cos^2\vartheta\cos^2(\varphi - \varphi_0) \quad ,$$

was sich auch in

$$\sqrt{\lambda^2 - 1}\,\sin(\varphi - \varphi_0)\sin\vartheta = \cos\vartheta$$

umformen läßt. Multiplizieren wir das mit r und rechnen auf kartesische Koordinaten um, so entsteht

$$-\sqrt{\lambda^2-1}\,\sin\varphi_0\cdot x + \sqrt{\lambda^2-1}\,\cos\varphi_0\cdot y - z = 0 \quad . \tag{8}$$

Das ist die Gleichung einer Ebene durch den Koordinatenursprung.

Um die geodätische Linie innerhalb dieser Ebene festzulegen, ist es bequem, diese zur x,y-Ebene zu machen. Dazu müssen wir $\vartheta = \frac{\pi}{2}$ in den Ausgangsgleichungen einsetzen. Dann entfällt (2b), während (2a), (2c) und (3) in

$$\ddot{r} - r\dot{\varphi}^2 = 0 \tag{9a}$$

$$\ddot{\varphi} + \frac{2}{r}\dot{r}\dot{\varphi} = 0 \tag{9b}$$

$$\dot{r}^2 + r^2\dot{\varphi}^2 = 1 \tag{9c}$$

übergehen. Diese drei Gleichungen sind nicht von einander unabhängig, vielmehr folgt (9a) aus den beiden anderen (nicht umgekehrt!), wie man leicht einsieht, wenn man (9c) differenziert und darin $\ddot{\varphi}$ aus (9b) einsetzt. Wir benutzen daher nur (9b) und (9c). Gl.(9b) können wir sofort zu

$$r^2\dot{\varphi} = A \tag{10a}$$

integrieren. Setzen wir hieraus $\dot{\varphi}$ in (9c) ein, so folgt

$$\dot{r}^2 = 1 - \frac{A^2}{r^2} \quad . \tag{10b}$$

Aus (10a,b) gewinnen wir dann direkt

$$\frac{\dot{r}}{\dot{\varphi}} = \frac{dr}{d\varphi} = \frac{r^2}{A}\sqrt{1 - \frac{A^2}{r^2}}$$

oder

$$A\int_A^r \frac{dr}{r\sqrt{r^2-A^2}} = \varphi \quad .$$

Hier haben wir die Integrationskonstante so gewählt, daß der kleinste Abstand $r = A$ vom Ursprung in der Meridianebene $\varphi = 0$ eintritt. Das Integral links läßt sich elementar auswerten; wir erhalten

$$\varphi = \frac{\pi}{2} - \arcsin\frac{A}{r}$$

oder nach einfacher Umformung

$$r\cos\varphi = A \quad , \tag{11}$$

d.h. die Gerade $x = A$. Man sieht übrigens leicht ein, daß s die Bogenlänge ist; denn aus (10a) findet man $s = \frac{1}{A}\int r^2 d\varphi$, was bei Einsetzen von r aus (11) zu $s = A\tan\varphi = y$ integriert werden kann.

Anmerkung. Wie bei der vorigen Aufgabe stellen die Differentialgleichungen (2a-c) die kräftefreie Bewegung eines Massenpunktes dar, wenn wir unter s die Zeit verstehen. Abgesehen von einem Massenfaktor bedeutet dann B den Drehimpuls und A dessen z-Komponente.

15. Aufgabe (zu §4). Warum hat der Riemannsche Krümmungstensor in zwei Dimensionen (Flächentheorie) nur *eine* von Null verschiedene Komponente?

Lösung. Da $R_{\mu\nu,\rho\sigma}$ sowohl im ersten als im zweiten Indexpaar antisymmetrisch ist, verschwindet es sowohl für $\mu = \nu$ als für $\rho = \sigma$. Da aber jeweils nur 1 und 2 als Werte für die Indices zur Verfügung stehen, bleibt nur $R_{12,12} \neq 0$ übrig. Natürlich kann man hieraus die Komponenten $R_{21,12} = R_{12,21} = -R_{12,12}$ und $R_{21,21} = R_{12,12}$ entnehmen, die in diesem Sinne nicht als "andere" Komponenten betrachtet werden.

16. Aufgabe (zu §§4 und 5). Man drücke $R_{12,12}$ in zwei Dimensionen mit Hilfe der $g_{\mu\nu}$ und ihrer Ableitungen aus unter der Voraussetzung, daß der metrische Tensor diagonal ist (vgl. hierzu Aufg.9). Sodann gebe man die Verjüngungen des Krümmungstensors an.

Lösung. In dem Ausdruck

$$R_{12,12} = \partial_1\Gamma_{1,22} - \partial_2\Gamma_{1,12} - \sum_{\lambda=1}^{2}\left(\Gamma^\lambda_{11}\Gamma_{\lambda,22} - \Gamma^\lambda_{12}\Gamma_{\lambda,12}\right)$$

führen wir die in Aufg.9 berechneten Ableitungen ein. Dann werden die einzelnen Summanden:

$$\Gamma_{1,22} = -\frac{1}{2}\partial_1 g_{22} \quad ; \quad \Gamma_{1,12} = \frac{1}{2}\partial_2 g_{11} \quad ;$$

$$\sum_\lambda \Gamma^\lambda_{11}\Gamma_{\lambda,22} = -\frac{1}{4}\left(g^{11}\partial_1 g_{11}\partial_1 g_{22} + g^{22}\partial_2 g_{11}\partial_2 g_{22}\right) \quad ;$$

$$\sum_\lambda \Gamma^\lambda_{12}\Gamma_{\lambda,12} = \frac{1}{4}\left(g^{11}(\partial_2 g_{11})^2 + g^{22}(\partial_1 g_{22})^2\right) \quad .$$

Die einzige Komponente des Krümmungstensors wird daher

$$R_{12,12} = -\frac{1}{2}\left(\partial_1^2 g_{22} + \partial_2^2 g_{11}\right) + \frac{1}{4}\left[\partial_1 g_{11}\partial_1 g_{22} + (\partial_2 g_{11})^2\right]g^{11} + \frac{1}{4}\left[\partial_2 g_{11}\partial_2 g_{22} + (\partial_1 g_{22})^2\right]g^{22} \quad .$$

Die Verjüngung wird

$$\bar{R}_{\mu\nu} = g^{11}R_{1\mu,\nu 1} + g^{22}R_{2\mu,\nu 2} \quad .$$

Dies verschwindet für das nicht-diagonale Element, $R_{12} = R_{21} = 0$. Es bleiben nur die beiden Diagonalelemente

$$\bar{R}_{11} = g^{22}R_{21,12} = -g^{22}R_{12,12}$$

$$\bar{R}_{22} = g^{11}R_{12,21} = -g^{11}R_{12,12} \quad .$$

Spurbildung hierin gibt schließlich den Skalar

$$R = \bar{R}^1_{\cdot 1} + \bar{R}^2_{\cdot 2} = -2g^{11}g^{22}R_{12,12} \quad .$$

17. Aufgabe (zu §§4 und 5). Für das Rotationsellipsoid mit den Brennpunkten $z = \pm c$ auf der z-Achse und den Halbachsen $c\xi = a$ und $c\sqrt{\xi^2 - 1} = b$ sollen aus Aufg.16 der Riemannsche Tensor und seine Verjüngungen berechnet werden.

Lösung. In jeder Fläche ξ = const der elliptischen Koordinaten aus Aufg.12 bilden η und φ ein orthogonales Koordinatensystem mit dem Linienelement in dieser Fläche

$$ds^2 = g_{\eta\eta}d\eta^2 + g_{\varphi\varphi}d\varphi^2 \quad ;$$

$$g_{\eta\eta} = c^2\,\frac{\xi^2-\eta^2}{1-\eta^2} = \frac{a^2-c^2\eta^2}{1-\eta^2} = \frac{b^2}{1-\eta^2} + c^2 \quad ;$$

$$g_{\varphi\varphi} = c^2(\xi^2 - 1)(1 - \eta^2) = b^2(1 - \eta^2) \quad . \tag{1}$$

Wir bilden nun das einzige von Null verschiedene Element des Riemannschen Tensors nach Aufg.16, wobei wir alle Ableitungen nach der Koordinate φ von Anfang an wegstreichen können. Dann bleibt

$$R_{\eta\varphi,\eta\varphi} = -\frac{1}{2}\partial_\eta^2 g_{\varphi\varphi} + \frac{1}{4}\partial_\eta g_{\varphi\varphi}\left[g^{\eta\eta}\partial_\eta g_{\eta\eta} + g^{\varphi\varphi}\partial_\eta g_{\varphi\varphi}\right] \quad . \tag{2}$$

Hier ist $g^{\eta\eta} = 1/g_{\eta\eta}$ und $g^{\varphi\varphi} = 1/g_{\varphi\varphi}$. Einsetzen aus Gl.(1) in (2) ergibt nach einfacher Rechnung

$$R_{\eta\varphi,\eta\varphi} = \frac{a^2b^2}{a^2-c^2\eta^2} \quad . \tag{3}$$

Der verjüngte Tensor ist nach Aufg.16 diagonal mit

$$\bar{R}_{\eta\eta} = -R_{\eta\varphi,\eta\varphi}/g_{\varphi\varphi} = -\frac{a^2}{(a^2-c^2\eta^2)(1-\eta^2)} \quad ;$$

$$\bar{R}_{\varphi\varphi} = -R_{\eta\varphi,\eta\varphi}/g_{\eta\eta} = -\frac{a^2b^2(1-\eta^2)}{(a^2-c^2\eta^2)^2} \quad . \tag{4}$$

Schließlich erhalten wir aus Aufg.16 für die Spur dieses Tensors

$$R = -2g^{\eta\eta}g^{\varphi\varphi}R_{\eta\varphi,\eta\varphi} = -\frac{2a^2}{(a^2-c^2\eta^2)^2} \quad . \tag{5}$$

Anmerkung. Für $c = 0$, $a = b$ (und $\xi \to \infty$) folgt für den Grenzübergang zu einer Kugel vom Radius a:

$$R_{\eta\varphi,\eta\varphi} = a^2 \;;\; \bar{R}_{\eta\eta} = -\frac{1}{\sin^2\vartheta} \;;\; \bar{R}_{\varphi\varphi} = -\sin^2\vartheta \;;\; R = -\frac{2}{a^2} \;.$$

Hier hat η die Bedeutung von $\cos\vartheta$. Im allgemeinen wählt man aber ϑ selbst als Koordinate. Dann entstehen die Ausdrücke

$$R_{\vartheta\varphi,\vartheta\varphi} = a^2 \sin^2\vartheta \;;\; \bar{R}_{\vartheta\vartheta} = -1 \;;\; \bar{R}_{\varphi\varphi} = -\sin^2\vartheta \;;\; R = -\frac{2}{a^2} \;.$$

Da der letzte Ausdruck geometrische Bedeutung hat (Gaußsches Krümmungsmaß), ist er unabhängig von der Koordinatenwahl.

18. Augabe (zu §§5a und 3). Man leite aus dem Variationsprinzip

$$\frac{1}{2}\int d\tau[(\text{grad } u)^2 + \lambda u^2] = \text{Extremum} \tag{1}$$

den Laplace-Operator in den elliptischen Koordinaten von Aufg.12 ab. Vgl. dazu die elementare Behandlung in Aufg.11 von Kap.I.

Lösung. Nach Gl.(3) von Aufg.12 haben wir

$$g_{\xi\xi} = \frac{\xi^2-\eta^2}{\xi^2-1} \;;\; g_{\eta\eta} = \frac{\xi^2-\eta^2}{1-\eta^2} \;;\; g_{\varphi\varphi} = (\xi^2 - 1)(1 - \eta^2) \;,$$

also die Determinante

$$g = g_{\xi\xi}g_{\eta\eta}g_{\varphi\varphi} = (\xi^2 - \eta^2)^2$$

und das Volumelement

$$d\tau = \sqrt{g}\,d\xi d\eta d\varphi = (\xi^2 - \eta^2)d\xi d\eta d\varphi \quad . \tag{2}$$

Aus Gl.(5) von Aufg.12 entnehmen wir ferner

$$(\text{grad } u)^2 = \frac{\xi^2-1}{\xi^2-\eta^2}\left(\frac{\partial u}{\partial\xi}\right)^2 + \left(\frac{1-\eta^2}{\xi^2-\eta^2}\right)\frac{\partial u}{\partial\eta}^{\,2} + \frac{1}{(\xi^2-1)(1-\eta^2)}\left(\frac{\partial u}{\partial\varphi}\right)^2 \quad . \tag{3}$$

Damit geht Gl.(1) über in

$$\int_1^\infty d\xi \int_{-1}^{+1} d\eta \int_0^{2\pi} d\varphi\, L = \text{Extremum} \tag{4a}$$

mit

$$L = \frac{1}{2}(\xi^2 - \eta^2)[(\text{grad } u)^2 + \lambda u^2]$$

$$= \frac{1}{2}\left\{(\xi^2 - 1)\left(\frac{\partial u}{\partial \xi}\right)^2 + (1 - \eta^2)\left(\frac{\partial u}{\partial \eta}\right)^2 + \frac{\xi^2-\eta^2}{(\xi^2-1)(1-\eta^2)}\left(\frac{\partial u}{\partial \varphi}\right)^2 + \lambda(\xi^2 - \eta^2)u^2\right\} . \tag{4b}$$

Wir wissen bereits (Aufg.11 von Kap.I), daß die Eulersche Gleichung zu (1)

$$\nabla^2 u + \lambda u = 0 \tag{5}$$

lautet. Die notwendigen Ableitungen von L, Gl.(4b), werden

$$\frac{\partial L}{\partial u} = \lambda(\xi^2 - \eta^2)u \quad ; \quad \frac{\partial L}{\partial \partial u/\partial \xi} = (\xi^2 - 1)\frac{\partial u}{\partial \xi} \quad ;$$

$$\frac{\partial L}{\partial \partial u/\partial \eta} = (1 - \eta^2)\frac{\partial u}{\partial \eta} \quad ; \quad \frac{\partial L}{\partial \partial u/\partial \varphi} = \frac{\xi^2-\eta^2}{(\xi^2-1)(1-\eta^2)}\frac{\partial u}{\partial \varphi}$$

und somit die Variationsableitung

$$\frac{\delta L}{\delta u} = \lambda(\xi^2 - \eta^2)u - \frac{\partial}{\partial \xi}\left[(\xi^2 - 1)\frac{\partial u}{\partial \xi}\right] - \frac{\partial}{\partial \eta}\left[(1 - \eta^2)\frac{\partial u}{\partial \eta}\right] - \frac{\xi^2-\eta^2}{(\xi^2-1)(1-\eta^2)}\frac{\partial^2 u}{\partial \varphi^2} = 0 .$$

Damit diese Gleichung mit (5) übereinstimmt, muß

$$\nabla^2 u = \frac{1}{\xi^2-\eta^2}\left\{\frac{\partial}{\partial \xi}\left[(\xi^2 - 1)\frac{\partial u}{\partial \xi}\right] + \frac{\partial}{\partial \eta}\left[(1 - \eta^2)\frac{\partial u}{\partial \eta}\right] + \frac{\xi^2-\eta^2}{(\xi^2-1)(1-\eta^2)}\frac{\partial^2 u}{\partial \varphi^2}\right\}$$

werden. Das ist der bereits in Gl.(8) von Aufg.12 auf dem viel umständlicheren Wege über div (grad u) abgeleitete Ausdruck.

<u>19. Aufgabe.</u> Für eine Fläche mit dem Linienelement

$$ds^2 = f(r)dr^2 + h(r)d\varphi^2$$

sollen Krümmungstensor und geodätische Linien untersucht werden. Sodann seien die Spezialfälle $f = 1$, $h = r^2$ (ebene Geometrie) und $f = 1$, $h = \sin^2 r$ (Geometrie auf der Einheitskugel) untersucht.

Lösung. Mit $g_{rr} = f(r)$ und $g_{\varphi\varphi} = h(r)$ erhalten wir nach einfacher Rechnung aus Aufg.16

$$R_{12,12} = \frac{1}{2}h'' - \frac{1}{4}h'\left(\frac{f'}{f} + \frac{h'}{h}\right) \quad ; \quad R = -\frac{2}{fh}R_{12,12} .$$

Für die ebene Geometrie verschwinden beide Ausdrücke; für die Kugelgeometrie wird

$$R_{12,12} = -\sin^2 r \quad ; \quad R = 2 .$$

Die Koordinate r spielt hier die Rolle der sonst für die Kugel mit ϑ bezeichneten Winkeldistanz vom Nordpol.

Mit

$$\Gamma^r_{rr} = \frac{f'}{2f} \quad ; \quad \Gamma^r_{\varphi\varphi} = -\frac{h'}{2f} \quad ; \quad \Gamma^\varphi_{r\varphi} = \Gamma^\varphi_{\varphi r} = \frac{h'}{2h} \tag{1}$$

als einzigen nicht verschwindenden Christoffel-Symbolen lauten die Differentialgleichungen der geodätischen Linien

$$\ddot{r} + \frac{f'}{2f}\dot{r}^2 - \frac{h'}{2f}\dot{\varphi}^2 = 0 \quad ; \quad \ddot{\varphi} + \frac{h'}{h}\dot{r}\dot{\varphi} = 0 \quad . \tag{2}$$

Die zweite dieser Gleichungen kann sofort zu

$$h\dot{\varphi} = a \tag{3}$$

integriert werden. Dann setzen wir $\dot{\varphi}$ in die erste ein und schreiben diese in der Form

$$\frac{1}{\sqrt{f}}\frac{d}{ds}\left(\sqrt{f}\frac{dr}{ds}\right) = a^2\,\frac{h'}{2fh^2} \quad .$$

Multiplikation mit $2f\dot{r}$ gestattet die Integration zu

$$f\dot{r}^2 = b^2 - \frac{a^2}{h} \quad \text{oder} \quad \dot{r} = \sqrt{\frac{b^2h-a^2}{f\,h}} \quad . \tag{4}$$

Wir dividieren nun (4) durch (3) um $\dot{r}/\dot{\varphi} = dr/d\varphi$ zu erhalten, woraus durch Quadratur

$$\varphi - \varphi_0 = a\int\frac{dr}{h}\sqrt{\frac{f\,h}{b^2h-a^2}} \tag{5}$$

als Gleichung einer geodätischen Linie folgt.

Wir betrachten nun die Spezialfälle.

a) *Ebene Geometrie*

Mit $f = 1$, $h = r^2$ geht (5) über in

$$\varphi - \varphi_0 = a\int\frac{dr}{r^2}\left(b^2 - \frac{a^2}{r^2}\right)^{-1/2} \quad ,$$

was mit der Substitution $a/(br) = t$ und der Abkürzung $a/b = \lambda$ in der Form

$$\varphi - \varphi_0 = -\int\frac{dt}{\sqrt{1-t^2}} = -\arcsin\frac{\lambda}{r}$$

integriert werden kann. Schreiben wir dafür

$$r\sin(\varphi - \varphi_0) = -\lambda \quad ,$$

so gibt das bei Deutung von r und φ als Polarkoordinaten in einer x,y-Ebene

$$x\cos\varphi_0 - y\sin\varphi_0 = -\lambda \quad ,$$

d.h. die Gleichung einer Geraden.

b) *Einheitskugel*

Für $f = 1$, $h = \sin^2 r$ erhalten wir aus Gl.(5)

$$\varphi - \varphi_0 = a \int \frac{dr}{\sin^2 r}\left(b^2 - \frac{a^2}{\sin^2 r}\right)^{-1/2} .$$

Mit der Substitution

$$1/\sin^2 r = t$$

wird

$$\varphi - \varphi_0 = -\frac{\lambda}{2}\int \frac{dt}{\sqrt{(t-1)(1-\lambda^2 t)}} .$$

Das läßt sich elementar integrieren:

$$\varphi - \varphi_0 = -\frac{1}{2}\arcsin\frac{2\lambda^2 t-(\lambda^2+1)}{\lambda^2-1} .$$

Lösen wir das nach $\sin^2 r$ auf, so entsteht als Gleichung der geodätischen Linie

$$(\lambda^2 + 1)\sin^2 r - (\lambda^2 - 1)\sin^2 r \sin 2(\varphi - \varphi_0) = 2\lambda^2 .$$

Mit der üblichen Bezeichnung ϑ statt r bei Kugelkoordinaten können wir, wenn wir $\varphi_0 = \frac{\pi}{4}$ festsetzen, diese Gleichung auch schreiben

$$\sin^2\vartheta\{(\lambda^2 + 1) + (\lambda^2 - 1)(\cos^2\varphi - \sin^2\varphi)\} = 2\lambda^2$$

oder mit $x = \sin\vartheta\cos\varphi$ und $y = \sin\vartheta\sin\varphi$ für die Einheitskugel

$$(\lambda^2 + 1)(x^2 + y^2) + (\lambda^2 - 1)(x^2 - y^2) = 2\lambda^2 ,$$

was mit einigen Umformungen

$$x^2 + \frac{y^2}{\lambda^2} = 1$$

gibt. Die Schnittlinie dieses elliptischen Zylinders mit der Kugel ist aus den zwei Größtkreisen $z = \pm\frac{1}{\lambda}\sqrt{1 - \lambda^2}y$ zusammengesetzt.

20. Aufgabe. Auf einer nicht abwickelbaren Fläche seien die Koordinaten u und v durch

$$ds^2 = g_{uu}\,du^2 + 2g_{uv}\,du\,dv + g_{vv}\,dv^2$$

eingeführt. Das Flächenelement dF soll mit Hilfe dieser Koordinaten ausgedrückt werden.

Lösung. Im Punkte $\underline{r}$ auf der Fläche sei ein Vektor $d\underline{r}$ in der u-Richtung vom Betrage du und ein Vektor $\delta\underline{r}$ in der v-Richtung vom Betrag δv angebracht. Dann ist

$$dr^2 = g_{uu}\,du^2 \quad ; \quad \delta r^2 = g_{vv}\delta v^2$$

und

$$(d\underline{r} \cdot \delta\underline{r}) = dr\delta r \cos\vartheta = g_{uv}\, du\delta v \quad ,$$

wobei ϑ der Winkel zwischen den Koordinatenlinien ist. Daher wird

$$\cos\vartheta = \frac{g_{uv}}{\sqrt{g_{uu}g_{vv}}} \quad .$$

Das gesuchte Flächenelement hat die Größe

$$dF = |d\underline{r} \times \delta\underline{r}| = dr\delta r \sin\vartheta = \sqrt{g_{uu}g_{vv}}\, du\delta v \sqrt{1 - \frac{g_{uv}^{2}}{g_{uu}g_{vv}}}$$

oder, bei Einführung der Determinante

$$g = g_{uu}g_{vv} - g_{uv}^{2}$$

einfach

$$dF = \sqrt{g}\, du\delta v \quad .$$

Anmerkung. Diese Formel ist der zweidimensionale Sonderfall des in §5a allgemein für das N-dimensionale Volumelement abgeleiteten Satzes.

21. Aufgabe. Man berechne die Oberfläche eines Rotationsellipsoids der Brennweite f unter Verwendung der Ergebnisse von Aufg.12.

Lösung. Bei Verwendung der Bezeichnungen von Aufg.12 wird ein Rotationsellipsoid durch ξ = const dargestellt. Die Koordinaten η und φ beschreiben die Punkte auf seiner Oberfläche. Wählen wir nicht wie in Aufg.12 die Brennweite gleich 1 sondern gleich f, so wird analog zu Aufg.17

$$g_{\eta\eta} = f^2 \frac{\xi^2-\eta^2}{1-\eta^2} \quad ; \quad g_{\varphi\varphi} = f^2(\xi^2 - 1)(1 - \eta^2) \quad .$$

Die Halbachsen des Ellipsoids sind

$$a = f\xi \quad ; \quad b = f\sqrt{\xi^2 - 1} \quad .$$

Die Determinante ist

$$g = f^4(\xi^2 - \eta^2)(\xi^2 - 1) = (a^2 - f^2\eta^2)b^2$$

und daher das Flächenelement

$$dF = \sqrt{g}\, d\eta d\varphi = ab\sqrt{1 - \varepsilon^2\eta^2}\, d\eta d\varphi \quad ,$$

wobei $\varepsilon = f/a$ die Exzentrizität ist.

Damit erhalten wir für die ganze Oberfläche

$$F = ab \int_0^{2\pi} d\varphi \int_{-1}^{+1} d\eta\sqrt{1 - \varepsilon^2\eta^2} = 4\pi ab \int_0^1 d\eta\sqrt{1 - \varepsilon^2\eta^2} \quad .$$

Das Integral läßt sich elementar auswerten; das Ergebnis ist

$$F = 2\pi ab(\sqrt{1 - \varepsilon^2} + \frac{1}{\varepsilon}\arcsin\varepsilon) \quad .$$

Im Grenzfall einer *Kugel* wird $\varepsilon = 0$ und $a = b$ der Radius. Jeder der beiden Terme in der Klammer wird dann = 1, so daß der korrekte Ausdruck $F = 4\pi a^2$ entsteht.

22. Aufgabe. In der allgemeinen Relativitätstheorie wird das Raum-Zeit-Feld um eine Punktmasse im Koordinatenursprung durch das Linienelement

$$ds^2 = -f(r)dr^2 - r^2(d\vartheta^2 + \sin^2\vartheta d\varphi^2) + h(r)dt^2 \qquad (1)$$

mit $c = 1$ beschrieben, wobei die Funktionen $f(r)$ und $h(r)$ aus den Feldgleichungen

$$\bar{R}_{\mu\nu} = 0 \qquad (2)$$

so zu bestimmen sind, daß sie für $r \to \infty$ gegen 1 gehen, d.h. das metrische Feld asymptotisch euklidisch wird. Die Funktionen $f(r)$ und $h(r)$ sollen bestimmt werden (Schwarzschildsches Linienelement).

Lösung. Aus

$$g_{rr} = -f(r); \quad g_{\vartheta\vartheta} = -r^2 \quad ; \quad g_{\varphi\varphi} = -r^2 \sin^2\vartheta \quad ; \quad g_{tt} = h(r)$$

und der Diagonalität des metrischen Tensors (vgl.Aufg.9) entnehmen wir, daß folgende Christoffel-Symbole von Null verschieden sind:

$$\begin{array}{ll} \Gamma_{r,rr} = -\frac{1}{2} f' & \Gamma_{\vartheta,r\vartheta} = \Gamma_{\vartheta,\vartheta r} = -r \\ \Gamma_{r,\vartheta\vartheta} = r & \Gamma_{\vartheta,\varphi\varphi} = r^2 \sin\vartheta\cos\vartheta \\ \Gamma_{r,\varphi\varphi} = r\sin^2\vartheta & \Gamma_{\varphi,r\varphi} = \Gamma_{\varphi,\varphi r} = -r\sin^2\vartheta \\ \Gamma_{r,tt} = -\frac{1}{2} h' & \Gamma_{\varphi,\vartheta\varphi} = \Gamma_{\varphi,\varphi\vartheta} = -r^2 \sin\vartheta\cos\vartheta \\ & \Gamma_{t,rt} = \Gamma_{t,tr} = \frac{1}{2} h' \quad . \end{array}$$

Da jedes $g^{\mu\mu} = 1/g_{\mu\mu}$ ist, wird jedes $\Gamma^{\lambda}_{\mu\nu} = \Gamma_{\lambda,\mu\nu}/g_{\lambda\lambda}$. Damit lassen sich die zehn Komponenten des Tensors $\underline{\underline{\bar{R}}}$ aufbauen. Man findet, daß die nichtdiagonalen $\bar{R}_{\mu\nu} = 0$ sind, während die diagonalen Elemente lauten wie folgt:

$$\bar{R}_{rr} = -\frac{1}{2}\left\{\frac{h''}{h} - \frac{h'}{2h}\left(\frac{h'}{h} + \frac{f'}{f}\right) - \frac{2}{r}\frac{f'}{f}\right\} \quad ; \qquad (3a)$$

$$\bar{R}_{\vartheta\vartheta} = -\frac{1}{f}\left\{1 - f + \frac{r}{2}\left(\frac{h'}{h} - \frac{f'}{f}\right)\right\} \quad ; \qquad (3b)$$

$$\bar{R}_{\varphi\varphi} = -\frac{\sin^2\vartheta}{f}\left\{1 - f + \frac{r}{2}\left(\frac{h'}{h} - \frac{f'}{f}\right)\right\} \quad ; \qquad (3c)$$

$$\bar{R}_{tt} = \frac{h}{2f}\left\{\frac{h''}{h} - \frac{h'}{2h}\left(\frac{h'}{h} + \frac{f'}{f}\right) + \frac{2}{r}\frac{h'}{h}\right\} \quad . \qquad (3d)$$

Diese vier Ausdrücke sollen wegen der Forderung (2) verschwinden. Aus (3b) und (3c) erhalten wir dieselbe Gleichung

$$1 - f + \frac{r}{2}\left(\frac{h'}{h} - \frac{f'}{f}\right) = 0 \quad . \qquad (4)$$

Die Ausdrücke (3a) und (3d) sind nur dann miteinander verträglich, wenn

$$\frac{f'}{f} = -\frac{h'}{h} \tag{5}$$

wird; sie geben dann übereinstimmend

$$h'' + \frac{2}{r}h' = 0 \quad . \tag{6}$$

Setzen wir (5) in (4) ein, so entsteht eine Gleichung für f allein,

$$1 - f - r\frac{f'}{f} = 0 \quad . \tag{7}$$

Die Gln.(5-7) können als Bestimmungsgleichungen für f(r) und h(r) dienen.

Zunächst gibt Gl.(5)

$$f = C/h$$

und Gl.(6)

$$h = C_1 + C_2/r \quad . \tag{8}$$

Führen wir f = C/h in (7) ein, so daß für h die Differentialgleichung

$$h - C + rh' = 0$$

entsteht, und setzen hier die schon bekannte Lösung (8) ein, so folgt nach kurzer Rechnung $C_1 = C$. Damit ist die Lösung der Feldgleichungen (2) vollständig bestimmt:

$$f(r) = \frac{Cr}{Cr+C_2} \quad ; \quad h(r) = \frac{Cr+C_2}{1} \quad .$$

Die asymptotische Euklidizität für $r \to \infty$ erfordert zusätzlich C = 1. Aus physikalischen Gründen ist es notwendig $C_2 = -\alpha$ negativ zu wählen, da sich sonst Abstoßung statt Anziehung durch die Zentralmasse ergäbe. Damit nimmt das Schwarzschildsche Linienelement (1) endgültig die Form an

$$ds^2 = -\frac{r}{r-\alpha}\,dr^2 - r^2(d\vartheta^2 + \sin^2\vartheta d\varphi^2) + \frac{r-\alpha}{r}\,dt^2 \quad .$$

Die Größe α wird als Gravitationsradius des Zentralkörpers bezeichnet.

<u>23. Aufgabe.</u> Man stelle die Differentialgleichungen der geodätischen Linien für die Metrik des Schwarzschildschen Linienelements auf und gebe alle ersten Integrale dieser Gleichungen an.

Lösung. Aus den Ergebnissen der vorigen Aufgabe erhalten wir

$$\Gamma^r_{rr} = -\frac{\alpha}{2r(r-\alpha)} \qquad \Gamma^\vartheta_{r\vartheta} = \Gamma^\vartheta_{\vartheta r} = \frac{1}{r}$$

$$\Gamma^r_{\vartheta\vartheta} = -(r-\alpha) \qquad \Gamma^\vartheta_{\varphi\varphi} = -\sin\vartheta\cos\vartheta$$

$$\Gamma^r_{\varphi\varphi} = -(r-\alpha)\sin^2\vartheta \qquad \Gamma^\varphi_{r\varphi} = \Gamma^\varphi_{\varphi r} = \frac{1}{r}$$

$$\Gamma^r_{tt} = \frac{\alpha(r-\alpha)}{2r^3} \qquad \Gamma^\varphi_{\vartheta\varphi} = \Gamma^\varphi_{\varphi\vartheta} = \cot\vartheta$$

$$\Gamma^t_{rt} = \Gamma^t_{tr} = \frac{\alpha}{2r(r-\alpha)} \quad .$$

Das führt auf folgende Differentialgleichungen für die geodätischen Linien:

$$\ddot{r} - \frac{\alpha}{2r(r-\alpha)}\dot{r}^2 - (r-\alpha)(\dot{\vartheta}^2 + \sin^2\vartheta\dot{\varphi}^2) + \frac{\alpha(r-\alpha)}{2r^3}\dot{t}^2 = 0 \quad ; \tag{1a}$$

$$\ddot{\vartheta} + \frac{2}{r}\dot{\vartheta}\dot{r} - \sin\vartheta\cos\vartheta\dot{\varphi}^2 = 0 \quad ; \tag{1b}$$

$$\ddot{\varphi} + \frac{2}{r}\dot{\varphi}\dot{r} + 2\cot\vartheta\dot{\varphi}\dot{\vartheta} = 0 \quad ; \tag{1c}$$

$$\ddot{t} + \frac{\alpha}{2r(r-\alpha)}\dot{t}\dot{r} = 0 \quad . \tag{1d}$$

Die Gln.(1b) und (1c) für die Polarwinkel sind identisch mit denjenigen aus Aufg.14, die wir dort bereits integriert haben. Das Ergebnis waren die Gln.(5) und (7) von Aufg.14, die wir daher ungeändert übernehmen können:

$$r^2\sin^2\vartheta\dot{\varphi} = A \tag{2}$$

und

$$r^4(\dot{\vartheta}^2 + \sin^2\vartheta\dot{\varphi}^2) = B^2 \tag{3}$$

mit den Integrationskonstanten A und $B > A$. Gl.(1d) gestattet ebenfalls sofort Quadratur,

$$\frac{r-\alpha}{r}\dot{t} = C \tag{4}$$

mit einer weiteren Konstanten C. Damit bleibt nur Gl.(1a) noch zu behandeln, in die wir die Ausdrücke (3) und (4) einführen können, so daß eine Differentialgleichung für r(s) allein entsteht:

$$\ddot{r} - \frac{\alpha}{2r(r-\alpha)}\dot{r}^2 - B^2\frac{r-\alpha}{r^4} + C^2\frac{\alpha}{2r(r-\alpha)} = 0 \quad .$$

Das läßt sich auch schreiben

$$\sqrt{\frac{r-\alpha}{r}}\frac{d}{ds}\left(\sqrt{\frac{r}{r-\alpha}}\frac{dr}{ds}\right) = B^2\frac{r-\alpha}{r^4} - C^2\frac{\alpha}{2r(r-\alpha)} \quad .$$

Multiplikation mit $2\frac{r}{r-\alpha}\dot{r}$ ergänzt die linke Seite zur Ableitung eines Quadrats:

$$\frac{d}{ds}\left(\frac{r}{r-\alpha}\dot{r}^2\right) = \left\{\frac{2B^2}{r^3} - \frac{C^2\alpha}{(r-\alpha)^2}\right\}\frac{dr}{ds} \quad .$$

Das läßt sich mit einer vierten Integrationskonstanten D integrieren zu

$$\dot{r}^2 = -B^2\frac{r-\alpha}{r^3} + C^2\frac{\alpha}{r} - D\frac{r-\alpha}{r} \quad . \tag{5}$$

Die Zahl der Integrationskonstanten läßt sich noch einschränken, wenn wir statt Gl.(1) zu lösen unmittelbar auf das Schwarzschildsche Linienelement zurückgreifen und ds^2/ds^2 bilden:

$$1 = -\frac{r}{r-\alpha}\dot{r}^2 - r^2(\dot{\vartheta}^2 + \sin^2\vartheta\dot{\varphi}^2) + \frac{r-\alpha}{r}\dot{t}^2 \quad .$$

Eliminieren wir hier wieder mit Hilfe von (3) und (4) die Winkel und $\dot{t}$, so entsteht bei Auflösung nach $\dot{r}^2$

$$\dot{r}^2 = -B^2\frac{r-\alpha}{r^3} + C^2 - \frac{r-\alpha}{r} \quad . \tag{6}$$

Die Ausdrücke (5) und (6) stimmen überein, wenn in (5)

$$D = 1 - C^2 \tag{7}$$

gesetzt wird. Damit sind alle ersten Integrale in den Gln.(2), (3), (4) und (6) angegeben.

Anmerkung. Physikalisch enthalten die Gln.(2) und (3) den Drehimpulssatz und (6) den Energiesatz. Letzteres sieht man bei Division von Gl.(6) durch $\dot{t}^2$ und Multiplikation mit der halben Masse (m/2):

$$\frac{m}{2}\left(\frac{dr}{dt}\right)^2 + \frac{mB^2}{2C^2r^2}\left(1 - \frac{\alpha}{r}\right)^3 - \frac{m\alpha}{2r}\left(\frac{3}{C^2} - 2\right) = \left(1 - \frac{1}{C^2}\right)\frac{m}{2} = E \quad .$$

Im unrelativistischen Grenzfall wird die rechts stehende Energie klein gegen m (besser: gegen mc^2 mit $c = 1$) und negativ; daher muß C^2 wenig kleiner als 1 sein. Auf diese Weise entsteht mit $r \gg \alpha$

$$\frac{m}{2}\left[\left(\frac{dr}{dt}\right)^2 + \frac{B^2}{r^2}\right] - \frac{m\alpha}{2r} = E \quad ,$$

was die Deutung von Bm als Drehimpuls und von $-m\alpha/(2r)$ als potentielle Energie erlaubt. Letztere sollte $= -GMm/r$ sein mit der Gravitationskonstanten G und der Zentralmasse M, woraus der Gravitationsradius $\alpha = 2GM$ folgt.

III. Algebraische Hilfsmittel der Physik

§1. Grundbegriffe

In diesem Kapitel stellen wir einige ausgewählte mathematische Hilfsmittel der modernen Physik zusammen, die über den Rahmen der klassischen Analysis und der elementaren Algebra hinausgehen. Dies bedeutet nicht, daß sie nicht auch bei der Lösung von Problemen aus dem Bereich der Analysis von Wert sein könnten, vor allem durch die Anwendung von der Gruppentheorie entstammenden Symmetriebetrachtungen bei der Lösung von partiellen Differentialgleichungen.

a) *Zahlenkörper und Ringe*

Im naiven Bereich der natürlichen Zahlen existieren zwei Verknüpfungsmöglichkeiten je zweier Elemente, ihre Addition und ihre Multiplikation. Die Umkehrung der ersten, die Subtraktion, führt zur Erweiterung dieses Zahlenbereichs durch Einführung der negativen Zahlen; die Umkehrung des zweiten, die Division, belegt die Intervalle zwischen den ganzen Zahlen überall dicht mit den rationalen Zahlen. Die Umkehrung des Quadrierens schließlich, also das Wurzelziehen, bringt nicht nur die irrationalen Zahlen hinzu, sondern macht auch die Erweiterung durch Hinzunahme der imaginären Einheit auf den Bereich der komplexen Zahlen notwendig.

Die hier genannten Zahlenbereiche lassen sich als Spezialfälle des allgemeineren Begriffes des *Zahlenkörpers* betrachten, den wir durch eine Reihe von (widerspruchsfreien) Forderungen definieren. Ein Körper ist eine Menge von Objekten A, B, C,..., genannt Zahlen, zwischen denen zwei Verknüpfungsmöglichkeiten bestehen, die wir in Anlehnung an die elementare Terminologie als Addition und Multiplikation bezeichnen. Für die *Addition* fordern wir das Kommutativgesetz und Assoziativgesetz, also

$$A + B = B + A \quad \text{und} \quad (A + B) + C = A + (B + C) \quad . \tag{1a}$$

Ferner fordern wir die Umkehrbarkeit der Addition, so daß zu zwei beliebig vorgegebenen Elementen A und C stets ein Element B derart existiert, daß $A + B = C$ ist, was wir dann auch $B = C - A$ schreiben können.

Die zweite, als *Multiplikation* bezeichnete Verknüpfung muß nicht notwendig kommutativ sein, soll aber ebenfalls dem Assoziativgesetz genügen,

$$A(BC) = (AB)C \quad , \tag{1b}$$

und auch für sie soll Umkehrbarkeit bestehen, so daß zu zwei beliebig vorgegebenen Elementen A und C des Körpers stets auch zwei Elemente B_1 und B_2 existieren, welche die Gleichungen $AB_1 = C$ und $B_2A = C$ erfüllen. Die Schreibweise C/A ist dann nicht mehr eindeutig.

Schließlich fordern wir noch Gültigkeit der beiden *Distributivgesetze*

$$A(B+C) = AB + AC \quad \text{und} \quad (B+C)A = BA + CA \quad . \tag{1c}$$

Aus diesen Forderungen folgen nun eine Reihe von wichtigen Sätzen. Da zu jedem Zahlenpaar A, C ein B existiert, so daß $A+B = C$ ist, folgt für $A = C$ die Existenz eines *Nullelements* ($A + 0 = A$ für alle A) und sodann mit $C = 0$ auch die Existenz des entgegengesetzten Elements -A zu jedem A. Man beweist leicht, daß es nur ein Nullelement geben kann. Analoges gilt für die Multiplikation: Wählen wir in $AB_1 = C$ und $B_2A = C$ insbesondere $A = C$, so muß auch ein *Einselement* existieren, so daß $A \cdot 1 = 1 \cdot A = A$ ist. Auch hier läßt sich wie bei 0 die Eindeutigkeit beweisen. Wählen wir sodann $C = 1$, so werden B_1 und B_2 inverse oder reziproke Elemente zu A. Die Identität beider ist gesondert zu beweisen; als einheitliches Symbol beider benutzen wir das Zeichen A^{-1}.

Der Begriff des Zahlenkörpers gestattet eine Erweiterung, die sich als fruchtbar erwiesen hat. Lassen wir nämlich von den obigen Forderungen diejenige der Existenz von B_1 und B_2 in $AB_1 = C$ und $B_2A = C$ für jedes Zahlenpaar A, C weg, so entfällt auch die Notwendigkeit der Existenz eines Einselements und der Reziproken. Ein solches allgemeineres Gebilde heißt ein *Ring*; der Körper ist also ein Spezialfall hierzu.

Ein wichtiger Unterschied zwischen Körpern und Ringen betrifft das Nullelement. Während in einem Körper aus $AB = 0$ *notwendig* folgt, daß entweder $A = 0$ oder $B = 0$ ist, trifft dies im allgemeinen für einen Ring nicht mehr zu. In diesem Falle heißen A und B linker und rechter *Nullteiler*. Umgekehrt bleibt aber auch in Ringen sowohl $A \cdot 0 = 0$ als auch $0 \cdot A = 0$ gültig.

Erfüllt eine Teilmenge der Zahlen eines Körpers (Ringes) alle an einen Körper (Ring) zu stellenden Forderungen, so bezeichnet man sie als einen *Unterkörper* (Unterring) hierzu.

b) *Beispiele für Körper und Ringe*

Als einfaches Beispiel haben wir schon eingangs den Körper der reellen Zahlen und danach den erweiterten Körper der komplexen Zahlen kennen gelernt. Dagegen bilden die imaginären Zahlen allein keinen Körper, da $i \cdot i = -1$ nicht der Menge der imaginären Zahlen angehört.

Ein besonders einfacher Ring ist z.B. die Menge aller positiven und negativen geraden Zahlen 0, ±2, ±4, ..., da sowohl Summe als auch Produkt zweier solcher Zahlen wieder gerade ist und, während ein Nullelement dazu gehört, offenbar das Einselement fehlt. Ein Unterring hierzu wird z.B. von allen durch 4 teilbare Zahlen 0, ±4, ±8, ... gebildet.

Kompliziertere Beispiele findet man im Bereich der *Matrizen*. So bildet die Menge aller zweidimensionalen quadratischen Matrizen mit nicht verschwindender Determinante einen Körper. Dabei sind Addition und Multiplikation in bekannter Weise definiert, nämlich

$$A + B = C \quad \text{durch} \quad A_{ik} + B_{ik} = C_{ik}$$

und

$$A \cdot B = C \quad \text{durch} \quad \sum_j A_{ij}B_{jk} = C_{ik} \quad .$$

Hier existieren Nullelement und Einselement,

$$\underline{\underline{0}} = \begin{pmatrix} 0 & 0 \\ 0 & 0 \end{pmatrix} \quad \text{und} \quad \underline{\underline{1}} = \begin{pmatrix} 1 & 0 \\ 0 & 1 \end{pmatrix} ,$$

wobei zu beachten ist, daß die Determinante des Nullelements verschwindet. (Dies drückt die allgemeine Regel aus, daß das Nullelement keine Reziproke besitzt). Daß zu jedem Paar von Matrizen A und B zwei Matrizen X und Y existieren, so daß AX = B und YA = B wird, rechnet man leicht nach und findet

$$X = \frac{1}{D} \begin{pmatrix} A_{22}B_{11}-A_{12}B_{21} & ; & A_{22}B_{12}-A_{12}B_{22} \\ A_{11}B_{21}-A_{21}B_{11} & ; & A_{11}B_{22}-A_{21}B_{12} \end{pmatrix} \tag{2a}$$

und

$$Y = \frac{1}{D} \begin{pmatrix} A_{22}B_{11}-A_{21}B_{12} & ; & A_{11}B_{12}-A_{12}B_{11} \\ A_{22}B_{21}-A_{21}B_{22} & ; & A_{11}B_{22}-A_{12}B_{21} \end{pmatrix} , \tag{2b}$$

wobei

$$D = A_{11}A_{22} - A_{12}A_{21} \tag{2c}$$

die Determinante von A ist. Wählen wir hier $B = \underline{\underline{1}}$, so erhalten wir übereinstimmend X = Y als die Reziproke von A:

$$A^{-1} = \frac{1}{D} \begin{pmatrix} A_{22} & ; & -A_{12} \\ -A_{21} & ; & A_{11} \end{pmatrix} . \tag{2d}$$

Ein interessanter Unterkörper hierzu wird von den Matrizen der Form

$$Z = \begin{pmatrix} x & -y \\ y & x \end{pmatrix} = x\,\underline{\underline{1}} + y\,\underline{\underline{I}} \tag{3a}$$

mit reellen x und y gebildet. Dieser Körper ist isomorph zu demjenigen der *komplexen Zahlen*, wobei die Matrix

$$\underline{\underline{I}} = \begin{pmatrix} 0 & -1 \\ 1 & 0 \end{pmatrix} \tag{3b}$$

die Rolle der imaginären Einheit übernimmt, $\underline{\underline{I}}^2 = -\underline{\underline{1}}$. Diese Matrizen haben (außer der Nullmatrix) auch sämtlich von Null verschiedene Determinanten, denn

$$\det Z = x^2 + y^2 \tag{3c}$$

ist gleich dem Betragsquadrat von $z = x + iy$. An Gl.(2d) lesen wir auch sofort ab

$$Z^{-1} = \frac{1}{\det Z}\,(x\underline{\underline{1}} - y\underline{\underline{I}}) \quad , \tag{3d}$$

womit auch der Begriff der konjugiert komplexen Zahl $x\underline{\underline{1}} - y\underline{\underline{I}}$ gemäß

$$Z^* = Z^{-1} \det Z \tag{3e}$$

eingeführt werden kann.

Lassen wir in unserem Beispiel auch Matrizen mit verschwindender Determinante zu, so verlieren die Gln.(2a-d) für diese ihren Sinn. Der Körper erweitert sich damit zu einem Ring. Dann tritt eine bisher noch nicht erwähnte Form von Zahlen auf, die durch

$$A^2 = A$$

definiert sind und als *idempotent* bezeichnet werden. Außer $\underline{\underline{1}}$ und $\underline{\underline{0}}$ haben diese Zahlen den Aufbau

$$A = \begin{pmatrix} a \; ; & b \\ \frac{a(1-a)}{b} \; ; & 1-a \end{pmatrix}; \quad \det A = 0 \quad . \tag{4}$$

Auch, wenn wir in dem Unterkörper (3a) für x und y komplexe Werte zulassen, so daß die Determinante (3c) gleich Null werden kann, erhalten wir einen Ring. Er enthält nach Gl.(4) und (3a) zwei idempotente Zahlen, die sich für $x = \frac{1}{2}$ und $y = \pm\frac{i}{2}$ ergeben.

c) *Gruppen*

Der Begriff der Gruppe ist insofern weiter gespannt, als er für eine Menge von Objekten benutzt wird, zwischen denen nur *eine* Verknüpfung besteht, die wir als Multiplikation bezeichnen. Die Verknüpfung zweier beliebiger Elemente der Gruppe soll dann wieder ein Gruppenelement ergeben, entweder $C_1 = AB$ oder $C_2 = BA$. Ist die Verknüpfung für alle Paare A, B kommutativ, also immer $C_1 = C_2$, so heißt die Gruppe eine *abelsche Gruppe.*

Für die Verknüpfung soll das *Assoziativgesetz*

$$(AB)C = A(BC) \tag{5a}$$

gelten. Es soll ein *Einselement* $\underline{\underline{1}}$ geben, so daß für jedes Gruppenelement A

$$A \cdot \underline{\underline{1}} = \underline{\underline{1}} \cdot A = A \tag{5b}$$

ist, und zu jedem Element A soll die Gruppe genau ein *inverses* oder *reziprokes* Element A^{-1} enthalten, so daß

$$AA^{-1} = A^{-1}A = \underline{\underline{1}} \qquad (5c)$$

ist. Die Beziehungen (5a-c) werden als die Gruppenaxiome bezeichnet.

Eine Teilmenge $\{A_i\}$ der Gruppenelemente kann selbst eine Gruppe sein; dann heißt sie eine *Untergruppe*. Multipliziert man alle A_i einer Untergruppe mit einem ihr nicht angehörenden Gruppenelement M, so bilden alle MA_i eine linksseitige und alle A_iM eine rechtsseitige *Restklasse* der Untergruppe. Eine Restklasse ist selbst keine Gruppe, da in ihr das Einheitselement fehlt. Bildet man dagegen die zu den A_i einer Untergruppe *konjugierten Elemente*

$$A_i' = M^{-1}A_iM \quad ,$$

so bilden diese eine zu der Untergruppe isomorphe, d.h. eindeutig umkehrbar zuzuordnende Gruppe; denn das zu $A_k = A_iA_j$ konjugierte Element ist

$$A_k' = M^{-1}A_iA_jM = M^{-1}A_iMM^{-1}A_jM = A_i'A_j' \quad .$$

Bildet man zu einem festen Element M mit allen Elementen G_i einer Gruppe die Elemente

$$B_i = G_i^{-1}MG_i \quad ,$$

so bilden die Elemente B_i die zu M gehörige *Klasse*.

Im folgenden werden wir zwischen *diskreten* und *kontinuierlichen* Gruppen zu unterscheiden haben, je nachdem, ob einzelne, deutlich unterschiedene Elemente vorliegen oder diese durch einen oder mehrere Parameter, die kontinuierlich veränderlich sind, auseinander hervorgehen. Außerdem können wir je nach der Anzahl der Gruppenelemente, der *Ordnung* der Gruppe, endliche und unendliche Gruppen unterscheiden. Die Gesamtheit aller positiven und negativen ganzen Zahlen mit der Addition als Verknüpfung z.B. ist eine diskrete unendliche Gruppe, bei der die Null das Einselement ist. Die Zahlen 1, i, -1, -i mit der Multiplikation als Verknüpfung bilden eine diskrete, aber endliche Gruppe der Ordnung 4. Beide sind abelsche Gruppen, also kommutativ, die letztere ist außerdem *zyklisch*, da sie nur aus Potenzen des einen Elements i besteht:

$$i^2 = -1 \quad ; \quad i^3 = -i \quad ; \quad i^4 = 1 \quad \text{usw.}$$

Sie besitzt eine Untergruppe aus den Elementen 1 und -1, zu der i und -i eine Restklasse bilden.

Kontinuierliche Gruppen haben natürlich keine endliche Ordnung, können aber sehr wohl diskrete endliche Untergruppen besitzen. So bilden alle ebenen Drehungen um ein festes Zentrum eine kontinuierliche abelsche Gruppe, deren Elemente durch den Drehwinkel φ als Parameter definiert sind und bei der die Verknüpfung durch Nacheinanderausführen (oder Addition der Winkel) erfolgt. Sie besitzt zyklische Untergruppen der Ordnung n aus den Elementen zu $\varphi_k = 2\pi k/n$ mit ganzzahligen k. Jede Restklasse zu einer solchen Untergruppe umfaßt die Drehungen um $\varphi_k' = 2\pi(k + \beta)/n$, mit festem β, das keine ganze Zahl ist.

Es gibt auch gemischte Typen von Gruppen, die aus der Vereinigung einer endlichen und einer unendlichen Gruppe hervorgehen. Ein Beispiel dafür sind die ebenen Drehspiegelungen, die zu der kontinuierlichen der Drehungen die endliche, aus nur zwei Elementen bestehende der Spiegelungen an einer festen Geraden durch das Zentrum hinzufügt. Eine solche Zusammensetzung zweier Gruppen wird auch als ihr *direktes Produkt* bezeichnet.

Zwei Gruppen G_1 und G_2 heißen *isomorph* zueinander, wenn jedem Element A_1 in G_1 *eindeutig umkehrbar* ein Element A_2 in G_2 entspricht und jedem Produkt A_1B_1 in G_1 das Produkt A_2B_2 in G_2 und umgekehrt. Wir können dann auch von einer eindeutig umkehrbaren *Abbildung* der beiden Gruppen aufeinander sprechen. Ist die Abbildung nur in einer Richtung eindeutig, also nicht eindeutig umkehrbar, so heißt sie *homomorph*.

Die wichtigste Abbildung ist die einer irgendwie gearteten Gruppe auf ein System gleichrangiger quadratischer *Matrizen*, wobei als Verknüpfung deren (i.a. nicht kommutative) Multiplikation dient. Eine solche Abbildung wird schlechthin als *Darstellung* der Gruppe bezeichnet. In Bd.I, S.299 sind uns solche Darstellungen der dreidimensionalen Drehgruppe in den Funktionen $D^{\ell}_{mm'}(\alpha, \beta, \gamma)$ der drei Eulerschen Winkel bereits begegnet; wir haben dort die Elemente der Matrizen D^{ℓ} für die dreidimensionale Darstellung zu $\ell = 1$ und die fünfdimensionale zu $\ell = 2$ berechnet.

Da zwischen Matrizen außer der Multiplikation auch noch eine zweite Verknüpfung, ihre Addition, definiert ist, liegt es nahe, die Darstellung einer Gruppe zu benutzen, um einen Zahlenkörper auf der Gruppe aufzubauen. Auf diese Weise entstehen *Algebren*, die uns in den folgenden Paragraphen noch mehrfach beschäftigen werden.

§2. Endliche Gruppen

a) *Allgemeine Sätze*

Die folgenden Sätze gelten, wo nichts anderes vermerkt ist, auch für kontinuierliche Gruppen.

Greift man aus einer diskreten Gruppe $\underline{G}$ irgendein Element A heraus und bildet die Folge $\underline{G}A$ (d.h. also die rechtsseitigen Produkte aller Elemente von $\underline{G}$ mit A) oder die Folge $A\underline{G}$, so enthält jede dieser Folgen jedes Element von $\underline{G}$ genau einmal, ist also eine isomorphe Abbildung der Gruppe auf sich selbst. Wir beweisen das folgendermaßen: Ist X irgendein Element von $\underline{G}$, dann ist auch $XA^{-1} = Y$ eines (in Zeichen: $X \in \underline{G}$, $Y \in \underline{G}$), also ist $X = YA$ ein Element aus $\underline{G}A$. Käme es in dieser Folge zweimal vor, wäre also sowohl $X = YA$ als auch $X = ZA$ mit $Z \neq Y$, so würde notwendig $XA^{-1} = Y = Z$ in Widerspruch zu der Annahme $Y \neq Z$. Analoges gilt für die Folge $A\underline{G}$.

Ist $\underline{H}$ eine Untergruppe von $\underline{G}$ mit den Elementen $H_1, \ldots, H_h$ (von denen eines das Einselement sein muß) und gehört $A \in \underline{G}$ nicht $\underline{H}$ an, so enthält die Restklasse $\underline{H}A$ (und ebenso $A\underline{H}$) *kein* Element von $\underline{H}$. Wäre nämlich ein Element der Restklasse

$H_iA = H_k$, so wäre ja $A = H_i^{-1}H_k$ ein Element von $\underline{H}$.

Wenn zwei Restklassen $\underline{H}A$ und $\underline{H}B$ zur Untergruppe $\underline{H}$ ein gemeinsames Element $H_iA = H_kB$ besitzen, so folgt daraus, daß $BA^{-1} = H_k^{-1}H_i$ der Untergruppe $\underline{H}$ angehört. Dann wäre die Folge $\underline{H}BA^{-1}$ mit $\underline{H}$ identisch, also jedes $H_iBA^{-1} = H_j$ und daher $H_iB = H_jA$, so daß die beiden Restklassen in *allen* Elementen übereinstimmen. Ist dagegen BA^{-1} kein Element von $\underline{H}$, so können sie *kein* Element gemeinsam haben.

Bilden wir also alle (rechten) Restklassen $\underline{H}A_k$ einer Untergruppe $\underline{H}$ der endlichen Ordnung h durch Multiplikation von $\underline{H}$ mit allen nicht zu $\underline{H}$ gehörenden Gruppenelementen A_k, so entsteht eine Folge von h verschiedenen, nicht zu $\underline{H}$ gehörenden Elementen, die für jede Restklasse vollständig voneinander verschieden sind oder vollständig für ein Paar von Restklassen übereinstimmen. In einer endlichen Gruppe der Ordnung g kann es ingesamt nur eine endliche Zahl von Restklassen zu $\underline{H}$ geben. Sind darunter n-1 verschiedene, sich also gegenseitig vollständig ausschließende Restklassen, so wird von ihnen und der Untergruppe selbst die Menge aller g Gruppenelemente vollständig ausgeschöpft. Also ist g = nh, oder aber der Quotient g/h der beiden Ordnungen muß eine ganze Zahl sein.

b) *Darstellungen endlicher Gruppen*

Wird jedes Element A_i einer Gruppe durch eine Matrix $D(A_i)$ dargestellt, so müssen alle diese Matrizen nichtverschwindende Determinanten haben, da zu jedem A in der Gruppe auch sein Inverses A^{-1} existiert und $D(A^{-1}) = [D(A)]^{-1}$ sein muß. Selbstverständlich entspricht dem Einselement der Gruppe die Einheitsmatrix.

Bildet man mit irgendeiner Matrix M der gleichen Dimension wie die $D(A_i)$ die Matrizen

$$D'(A_i) = M^{-1}D(A_i)M \quad , \tag{1}$$

so entsteht eine neue Darstellung, die wir als nicht wesentlich von der ursprünglichen verschieden ansehen und als *äquivalent* dazu bezeichnen. Insbesondere läßt sich jede Darstellung durch eine Transformation der Form (1) *unitär* machen, was hier ohne Beweis konstatiert sei (vgl.Aufg.4).

Sind D_1 und D_2 zwei Darstellungen der Dimensionen j_1 und j_2, so kann man aus ihnen auch die Darstellung

$$D_1 \times D_2 = \begin{pmatrix} D_1 & 0 \\ 0 & D_2 \end{pmatrix} \tag{2}$$

in Form einer *Stufenmatrix* der Dimension $j_1 + j_2$ zusammensetzen. Man nennt eine solche Darstellung *reduzibel*. Durch eine Transformation der Form (1) wird sie im allgemeinen ihre Stufengestalt verlieren, so daß man ihr nicht ohne weiteres ansehen kann, ob sie reduzibel ist. Läßt sich umgekehrt eine vorgegebene Darstellung durch eine Ähnlichkeitstransformation (1) nach Stufen zerlegen, so heißt sie reduzibel, wenn nicht, *irreduzibel*.

Für irreduzible Darstellungen gilt das *Schursche Lemma*, daß außer der Einheitsmatrix (oder einem Vielfachen der Einheitsmatrix) keine Matrix existiert, die mit allen $D(A_i)$ kommutiert. (Zum Beweis vgl. die σ_k und σ^2, S.128).

Haben zwei *irreduzible Darstellungen* D und D' gleiche Dimension, und es gibt eine Matrix M, so daß $D(A_i)M = MD'(A_i)$ für alle A_i gilt, so hat M nichtverschwindende Determinante, d.h. auch M^{-1} existiert, so daß Multiplizieren mit M^{-1} von links zu Gl.(1) führt; die beiden Darstellungen sind dann also äuqivalent. Haben D und D' verschiedene Dimensionen, so wird $D(A_i)M = MD'(A_i)$ für alle A_i nur durch $M = \underline{\underline{0}}$ erfüllt.

Sehr wichtig für alle Anwendungen ist der *Orthogonalitätssatz*: Sind $D_1(A_i)$ und $D_2(A_i)$ zwei irreduzible, unitäre, nicht äquivalente Darstellungen, so besteht für jeden Satz von Matrixelementen $(\mu\nu,\ \rho\sigma)$ die Beziehung

$$\sum_{i=1}^{g} D_1(A_i)^*_{\mu\nu} D_2(A_i)_{\rho\sigma} = 0 \quad , \tag{3}$$

unabhängig davon, ob die Darstellungen gleiche oder verschiedene Dimension haben. Dagegen ist für ein und dieselbe unitäre irreduzible Darstellung der Dimension j

$$\sum_{i=1}^{g} D(A_i)^*_{\mu\nu} D(A_i)_{\rho\sigma} = \frac{g}{j}\, \delta_{\mu\rho}\delta_{\nu\sigma} \quad . \tag{4}$$

Für manche Zwecke ist es vorteilhaft, die g Größen

$$\sqrt{\frac{j}{g}}\, D(A_i)_{\mu\nu} = v_i \qquad (i = 1,\ 2,\ \dots,\ g)$$

als Komponenten eines "Vektors auf dem Gruppenraum" zu bezeichnen. In einer Darstellung der Dimension j lassen sich dann j^2 solche, nach Gl.(4) orthogonale Einheitsvektoren bilden. Da in einem Raum von g Dimensionen aber nicht mehr als g solcher Vektoren existieren können, muß für die Gesamtheit *aller* irreduziblen Darstellungen

$$j_1^2 + j_2^2 + \dots \leq g$$

werden. Darüberhinaus läßt sich beweisen, daß das Gleichheitszeichen gilt: Eine endliche Gruppe besitzt eine endliche Zahl d von irreduziblen Darstellungen, derart daß

$$j_1^2 + j_2^2 + \dots + j_d^2 = g \tag{5}$$

ist. Diese Formel kann oft als Anhalt dafür benutzt werden, ob man alle irreduziblen Darstellungen aufgefunden hat und welche Dimension sie haben. Für eine Gruppe aus 6 Elementen $A_1 = \underline{\underline{1}}$, A_2, ... A_6 z.B. kann Gl.(5) nur die Form $1^2 + 1^2 + 2^2 = 6$ annehmen, so daß es genau drei irreduzible Darstellungen der Dimensionen 1, 1, 2 gibt. Findet man eine dreidimensionale Darstellung, so ist diese also auf jeden Fall reduzibel.

Gehen wir in den Gln.(3) und (4) von den Matrizen zu ihren Spuren

$$\sum_{\mu=1}^{j} D(A_i)_{\mu\mu} = \chi(A_i)$$

über, so erhalten wir bei zwei verschiedenen Darstellungen

$$\sum_{i=1}^{g} \chi_1(A_i)^* \chi_2(A_i) = 0 \tag{3'}$$

und bei der gleichen Darstellung in beiden Faktoren

$$\sum_{i=1}^{g} \chi(A_i)^* \chi(A_i) = g \quad . \tag{4'}$$

Die Spuren der Darstellungsmatrizen werden als ihre *Charaktere* bezeichnet. Auch sie bilden ein System orthogonaler Vektoren auf dem Gruppenraum. Gl.(4') kann als Kriterium dafür benutzt werden, ob eine gegebene Darstellung irreduzibel ist; bei Reduzibilität steht rechts $> g$.

Da der Charakter invariant gegen die Ähnlichkeitstransformationen (1) ist, gilt (4') auch für zwei äquivalente Darstellungen.

Als Korollar fügen wir hinzu, daß Elemente, die der gleichen *Klasse* angehören, auch den gleichen Charakter haben. Die zu einem Gruppenelement X gehörige Klasse wird aus allen Elementen $B_i = A_i^{-1} X A_i$ gebildet; die zugehörigen Charaktere findet man also aus

$$\chi(B_i) = \sum_{\mu} \sum_{\rho\sigma} [D(A_i)^{-1}]_{\mu\rho} D(X)_{\rho\sigma} D(A_i)_{\sigma\mu} \quad .$$

Wegen

$$\sum_{\mu} D(A_i)_{\sigma\mu} \, D(A_i)^{-1}{}_{\mu\rho} = \delta_{\rho\sigma}$$

wird dann aber $\chi(B_i) = \sum_{\rho} D(X)_{\rho\rho} = \chi(X)$ für alle B_i dasselbe.

§3. Permutation dreier Objekte als Beispiel

a) *Die abstrakte Gruppe*

Eines der einfachsten Beispiele für eine endliche Gruppe, an der wir die verschiedenen Realisierungen und Anwendungsmöglichkeiten gruppentheoretischer Methoden studieren können, ist die Permutationsgruppe von drei Objekten. Wir wollen diese Objekte mit den Zeichen 1, 2, 3 bezeichnen, ohne diesen Zeichen an dieser Stelle irgendwelche Zahlenwerte oder sonstige Bedeutungen zuzuordnen. Dann gibt es in dieser abstrakten Gruppe außer der Identität

$$\underline{\underline{1}}(1,2,3) = (1,2,3) \tag{1a}$$

zwei zyklische Permutationen

$$A(1,2,3) = (3,1,2) \quad \text{und} \quad B(1,2,3) = (2,3,1) \tag{1b}$$

sowie drei weitere, unter sich ebenfalls zyklische Permutationen

$$C(1,2,3) = (1,3,2) \quad ; \quad D(1,2,3) = (2,1,3) \quad ; \quad E(1,2,3) = (3,2,1) \quad . \qquad (1c)$$

Hierbei soll etwa C bedeuten, daß das auf dem zweiten Platz stehende Element mit demjenigen auf dem dritten Platz vertauscht wird, so daß z.B. $C(3,1,2) = (3,2,1)$ ist.

Wenn wir als Verknüpfung zweier Gruppenelemente das Nacheinanderausführen der entsprechenden Permutationen definieren, so können wir leicht die *Multiplikationstafel* aufstellen; z.B. wird

$$CA(1,2,3) = C(3,1,2) = (3,2,1) = E(1,2,3) \quad ,$$

also CA = E. In der nachfolgenden Multiplikationstafel enthält jede Zeile in der ersten Spalte die zuerst ausgeführte Operation. Man sieht sofort, daß die Gruppe nicht kommutativ ist, z.B. ist CA = E aber AC = D. Die Identität $\underline{\underline{1}}$ ist das Einselement; jedes Element besitzt eine Reziproke. Die Elemente A und B sind zueinander reziprok und zyklisch von der Ordnung 3, denn $A^3 = \underline{\underline{1}}$ und $B^3 = \underline{\underline{1}}$. Die Elemente C, D und E sind ebenfalls zyklisch, aber von der Ordnung 2 und daher jedes zu sich selbst reziprok.

$\underline{\underline{1}}$	A	B	C	D	E
A	B	$\underline{\underline{1}}$	E	C	D
B	$\underline{\underline{1}}$	A	D	E	C
C	D	E	$\underline{\underline{1}}$	A	B
D	E	C	B	$\underline{\underline{1}}$	A
E	C	D	A	B	$\underline{\underline{1}}$

Es gibt eine *Untergruppe* $H_A = (\underline{\underline{1}}, A, B)$ mit der einzigen Restklasse (C, D, E) dazu. Weiter gibt es drei Untergruppen $H_C = (\underline{\underline{1}}, C)$, $H_D = (\underline{\underline{1}}, D)$ und $H_E = (\underline{\underline{1}}, E)$. Zu H_C gehören zwei linksseitige Restklassen, nämlich (A, D) und (B, E), rechtsseitig aber (A, E) und (B, D). Analoge Restklassen bestehen zu H_D und H_E.

Die Gruppe zerfällt in zwei *Klassen* (außer dem Einselement), nämlich (A, B) und (C, D, E). Man sieht das sofort, wenn man zu jedem Element X der Gruppe sämtliche konjugierten Elemente $Y^{-1}XY$ für alle Y zusammenstellt, wie dies in der untenstehenden Tabelle geschehen ist.

X	$A^{-1}XA$	$B^{-1}XB$	$C^{-1}XC$	$D^{-1}XD$	$E^{-1}XE$
$\underline{\underline{1}}$	$\underline{\underline{1}}$	$\underline{\underline{1}}$	$\underline{\underline{1}}$	$\underline{\underline{1}}$	$\underline{\underline{1}}$
A	A	A	B	B	B
B	B	B	A	A	A
C	D	E	C	E	D
D	E	C	E	D	C
E	C	D	D	C	E

b) *Geometrische Realisierung der Gruppe*

Die abstrakte Permutationsgruppe erlaubt eine einfache geometrische Realisierung, wenn man unter den Objekten die drei Ecken eines gleichseitigen Dreiecks versteht. Alle sechs Gruppenelemente transformieren das Dreieck in sich selbst. Die in Fig.9 gestrichelt eingezeichnete Mittellinie durch die Ecke 1 macht deutlich, daß die Permutationen A und B *Drehungen* um den Schwerpunkt des Dreiecks um 120°, bzw. um 240° sind, daß C eine *Spiegelung* an der Mittellinie ist, und daß die Lagen für D und E durch eine Spiegelung mit anschließender Drehung um 120° (D = AC), bzw. um 240° (E = BC) erreicht werden. Die beiden Klassen der Gruppe (neben der Identität) entsprechen also genau den Drehungen (A, B) und den *Drehspiegelungen* (C, D, E).

Führen wir in der Dreiecksebene Koordinaten x, y oder r, φ ein, wie sie in Fig.10 skizziert sind, so wird durch die verschiedenen Permutationen nicht r, wohl aber φ verändert, so daß für eine Funktion $u(\varphi)$ gilt

$$\begin{aligned} &A\, u(\varphi) = u\left(\varphi + \frac{2\pi}{3}\right); \quad B\, u(\varphi) = u\left(\varphi + \frac{4\pi}{3}\right); \\ &C\, u(\varphi) = u(\pi - \varphi) \;; \\ &D\, u(\varphi) = u\left(\pi - \varphi + \frac{2\pi}{3}\right) = u\left(-\frac{\pi}{3} - \varphi\right); \\ &E\, u(\varphi) = u\left(\pi - \varphi + \frac{4\pi}{3}\right) = u\left(\frac{\pi}{3} - \varphi\right). \end{aligned} \tag{2}$$

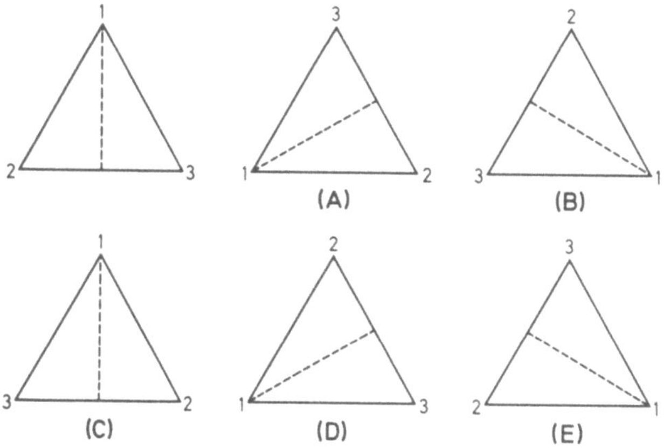

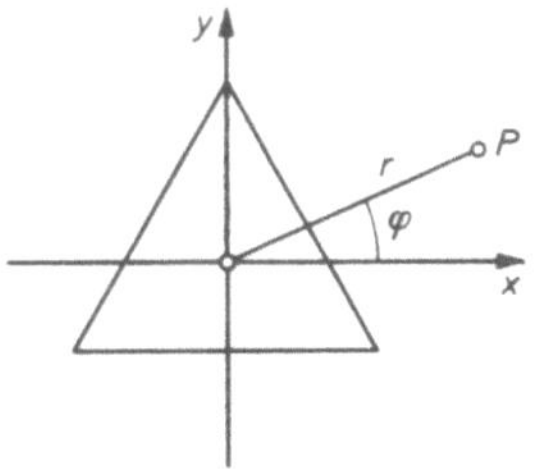

Fig.10 ▲

◄ Fig.9

Fig.9. Symmetrieoperationen an einem gleichseitigen Dreieck: A und B Drehungen, C Spiegelung, D = AC und E = BC Drehspiegelungen

Fig.10. Koordinaten für die analytische Beschreibung der Symmetrieoperationen am gleichseitigen Dreieck

Von hier aus gelangen wir sofort zu einer einfachen physikalischen Anwendung. Nehmen wir an, in den drei Ecken des Dreiecks seien drei gleiche Punktladungen lokalisiert, so muß das von ihnen erzeugte Potentialfeld $u(r, z, \varphi)$ unter den Transformationen der Gruppe invariant bleiben. Nun lassen diese die Koordinaten r und z ungeändert; es genügt daher, die Abhängigkeit des Potentials allein von φ zu betrachten. Nach (2) muß die Invarianzforderung

$$u(\varphi) = A\, u(\varphi) = B\, u(\varphi) = C\, u(\varphi) = D\, u(\varphi) = E\, u(\varphi) \tag{3}$$

ausgeführt werden. Setzen wir $u(\varphi)$ in Form einer Fourierreihe an,

$$u = \sum_{m=-\infty}^{+\infty} f_m(r,z)e^{im\varphi} = \sum_{m=-\infty}^{+\infty} f_{-m}(r,z)e^{-im\varphi} \quad , \tag{4}$$

so ergibt (3) für den Fourierkoeffizienten zu $e^{im\varphi}$

$$\begin{aligned} f_m &= f_m\, e^{(2\pi i/3)m} = f_m\, e^{(4\pi i/3)m} \\ &= f_{-m}\, e^{i\pi m} = f_{-m}\, e^{(i\pi m/3)} = f_{-m}\, e^{-(i\pi m/3)} \quad . \end{aligned}$$

Zunächst muß also $e^{(2\pi i/3)m} = 1$ oder $m = 3n$ werden; ferner folgt aus $f_{-m} = (-1)^m f_m$, daß sich die beiden zu gleichem $|m|$ gehörenden Glieder wie

$$f_m\left[e^{im\varphi} + (-1)^m\, e^{-im\varphi}\right] = 2f_m\, e^{(i\pi m/2)} \cos m(\varphi - \tfrac{\pi}{2})$$

zusammensetzen lassen. Die Fourierreihe enthält also nur Glieder mit $\cos 3n\varphi$ für gerade und mit $\sin 3n\varphi$ für ungerade n, kann also in der Form

$$\begin{aligned} u(r,z,\varphi) &= g_0 + g_1 \sin 3\varphi + g_2 \cos 6\varphi + g_3 \sin 9\varphi \\ &\quad + g_4 \cos 12\varphi + g_5 \sin 15\varphi \ldots \end{aligned} \tag{5}$$

geschrieben werden, wobei die g_n noch Funktionen von r und z sind. Dieses Ergebnis unserer gruppentheoretischen Analyse zeigt zugleich die Schwäche dieser Methode: Über die Funktionen g_n können wir dabei nichts erfahren; für jede Anordnung der Ladungen in der gleichen dreizähligen Symmetrie würde sich die gleiche Formel (5) ergeben, nur mit anderen Koeffizientenfunktionen g_n. Freilich haben wir auch nur einen sehr geringen Grad von Information in unsere Überlegung hineingesteckt; noch nicht einmal, daß das Potential der Poissonschen Differentialgleichung genügen soll, wurde gefordert.

c) *Der Austausch von drei Teilchen*

Ein anderes physikalisches Beispiel für die Anwendung unserer Permutationsgruppe entnehmen wir der Quantenmechanik. Bewegen sich drei gleichartige, also nicht unterscheidbare Teilchen (z.B. Elektronen) in einem festen Kraftfeld, so ist die Schrödingersche Differentialgleichung invariant gegen Vertauschungen der Teilchen untereinander. Die durch solche Vertauschungen aus einer Lösung u der Differentialgleichung hervorgehenden Funktionen sind also miteinander entartet (*Austauschentartung*). In diesem Fall ist es, insbesondere im Hinblick auf das Pauliprinzip, zweckmäßig die entarteten Lösungen nach ihren Symmetrien auszureduzieren und auf ihre Orthogonalität zu achten.

Schreiben wir für die als Argumente in u auftretenden drei Ortsvektoren der drei Teilchen kurz unsere Symbole 1, 2, 3, so sind gleichzeitig mit u(1, 2, 3) auch die durch Vertauschung je eines Teilchenpaares daraus entstehenden Funktionen

$$C\ u(1,2,3) = u(1,3,2) \quad ; \quad D\ u(1,2,3) = u(2,1,3) \quad ;$$

$$E\ u(1,2,3) = u(3,2,1) \tag{6a}$$

Lösungen zum gleichen Eigenwert der Schrödingergleichung. Wegen DC = A und EC = B sind auch

$$A\ u(1,2,3) = u(3,1,2) \quad \text{und} \quad B\ u(1,2,3) = u(2,3,1) \tag{6b}$$

durch zwei aufeinander folgende Vertauschungen erhaltene Lösungen.

Die allgemeinste, auf irgendeiner Ausgangslösung u(1,2,3) aufgebaute Lösung der Schrödingergleichung zu einem festen Eigenwert ist die sechsfach entartete Lösung, die unnormiert

$$U(1,2,3) = [c_0 + c_1A + c_2B + c_3C + c_4D + c_5E]u(1,2,3) \tag{7}$$

mit sechs willkürlichen Konstanten c_i geschrieben werden kann. Um (7) nach Symmetrien auszureduzieren, stellen wir an diese Lösung nun verschiedene Forderungen, die sich in Beziehungen zwischen den Koeffizienten c_i niederschlagen.

Soll die Funktion U invariant sein gegen die Vertauschung der Teilchen 2 und 3, soll also CU = U sein, so ergibt das nach der Multiplikationstafel der Permutationsgruppe

$$(c_0C + c_1E + c_2D + c_3 + c_4B + c_5A)u(1,2,3)$$
$$= (c_0 + c_1A + c_2B + c_3C + c_4D + c_5E)u(1,2,3)$$

oder

$$c_0 = c_3 \quad ; \quad c_1 = c_5 \quad ; \quad c_2 = c_4 \quad ,$$

so daß die Funktion

$$U(1,2,3) = [(c_0 + c_1A + c_2B) + (c_0C + c_2D + c_1E)]u(1,2,3)$$

mit nur mehr drei freien Koeffizienten entsteht. Für eine solche, in 2 und 3 *symmetrische* Funktion ist das Zeichen $U(1,\overline{23})$ üblich.

Soll die Funktion (7) in 2 und 3 *antisymmetrisch* sein, d.h. soll sie bei Vertauschung der beiden Teilchen einfach ihr Vorzeichen umkehren, so lauten die entsprechenden Koeffizientenbeziehungen

$$c_0 = -c_3 \quad ; \quad c_1 = -c_5 \quad ; \quad c_2 = -c_4 \quad ,$$

und wir erhalten

$$U(1,2,3) = [(c_0 + c_1A + c_2B) - (c_0C + c_2D + c_1E)]u(1,2,3) \quad .$$

Das übliche Symbol für diese Antisymmetrie ist $U(1,\widehat{23})$.

In etwas anderer Schreibweise können wir für die beiden Funktionen auch schreiben

$$U(1,\overline{23}) = (1 + C)(c_0 + c_1A + c_2B)u(1,2,3) \quad ; \tag{8a}$$

$$U(1,\overset{\frown}{23}) = (1 - C)(c_0 + c_1A + c_2B)u(1,2,3) \quad . \tag{8b}$$

Im Prinzip die gleiche Struktur haben die durch Vertauschung der jeweils anderen Teilchenpaare mit den Operatoren D und E statt C gebildeten Funktionen

$$U(2,\overline{31}) = (1 + E)(c_0 + c_1A + c_2B)u(1,2,3) \quad ; \tag{8c}$$

$$U(2,\overset{\frown}{31}) = (1 - E)(c_0 + c_1A + c_2B)u(1,2,3) \quad ; \tag{8d}$$

$$U(3,\overline{12}) = (1 + D)(c_0 + c_1A + c_2B)u(1,2,3) \quad ; \tag{8e}$$

$$U(3,\overset{\frown}{12}) = (1 - D)(c_0 + c_1A + c_2B)u(1,2,3) \quad . \tag{8f}$$

Ein höherer Symmetriegrad wird erreicht, wenn Symmetrie gegenüber zwei verschiedenen Vertauschungen gefordert wird. Soll etwa (8a) nicht nur in 2,3 symmetrisch sein, sondern außerdem auch in 1,2, so haben wir an diese Funktion noch die Forderung zu stellen, daß $DU(1,\overline{23}) = U(1,\overline{23})$ ist, oder ausführlich

$$[(c_0D + c_1C + c_2E) + (c_0A + c_1B + c_2)]u$$
$$= [(c_0 + c_1A + c_2B) + (c_0C + c_1E + c_2D)]u \quad ,$$

was nur erfüllt wird, wenn alle sechs Koeffizienten c_i übereinstimmen. Die Funktion ist dann vollsymmetrisch, auch gegen die dritte Vertauschung 1,3 und lautet

$$U(\overline{123}) = c_0(1 + A + B + C + D + E)u(1,2,3) \quad . \tag{9}$$

Durch einen Blick auf die Multiplikationstafel überzeugt man sich davon, daß diese Funktion bei Anwendung jeder der sechs Permutationen invariant bleibt.

Auch eine in allen drei Teilchen antisymmetrische Funktion läßt sich sofort angeben. Sie muß den drei Bedingungen $CU = -U$, $DU = -U$ und $EU = -U$ genügen. Die Multiplikationstafel zeigt, daß bei Anwendung dieser drei Operationen auf (7) die Untergruppe ($\underline{\underline{1}}$, A, B) und ihre Restklasse (C, D, E) gerade ihre Rollen vertauschen. Daher ist die Funktion

$$U(\overbrace{1,2,3}) = c_0(1 + A + B - C - D - E)u(1,2,3) \tag{10}$$

vollantisymmetrisch.

Wir haben in den Gln.(8a,b), (9) und (10) insgesamt vier verschiedene Typen von Symmetrie gefunden. Diese vier Funktionen wollen wir nun auf ihre *Orthogonalität* hin untersuchen. Man sieht leicht ein, daß zwei Funktionen der Form

$$U_1 = (1 + C)u \quad \text{und} \quad U_2 = (1 - C)v$$

zueinander orthogonal sein müssen. Ist nämlich P irgendein Permutationsoperator, so gilt für das Produktintegral (vgl.Bd.I, S.119 für die Bezeichnungen)

$$\langle Pu|v\rangle = \langle u|P^{-1}v\rangle \quad ,$$

so daß wir mit $C^{-1} = C$ finden, daß für jedes Funktionenpaar u, v

$$<U_1|U_2> = <(1 + C)u|(1 - C)v> = <u|v> - <u|Cv> + <Cu|v> - <Cu|Cv>$$

$$= <u|v> - <u|Cv> + <u|Cv> - <u|v> = 0$$

wird, also auch für zwei Funktionen der Form (8a) und (8b). Überprüfen wir als nächstens die Orthogonalität von (8a) und (8b) zu den Funktionen (9) und (10), so ergibt sich in beiden Fällen als notwendige Bedingung dafür

$$c_0 + c_1 + c_2 = 0 \quad . \tag{11}$$

Mit Hilfe der Identitäten

$$(1 + A + B)^2 = 3(1 + A + B)$$

und

$$(C + D + E)^2 = 3(C + D + E)$$

verifizieren wir schließlich auch die Orthogonalität der Funktionen (9) und (10) zueinander, so daß schließlich das Orthogonalsystem

$$U(\overline{123}) = [(1 + A + B) + (C + D + E)]u \quad ; \tag{12a}$$

$$U_1(1,\overline{23}) = (1 + C)\left[1 - \frac{1}{2}(A + B)\right]u \quad ; \quad U_2(1,\overline{23}) = (1 + C)(A - B)u \tag{12b}$$

$$U_1(1,\widehat{23}) = (1 - C)\left[1 - \frac{1}{2}(A + B)\right]u \quad ; \quad U_2(1,\widehat{23}) = (1 - C)(A - B)u \tag{12c}$$

$$U(\widehat{123}) = [(1 + A + B) - (C + D + E)]u \tag{12d}$$

entsteht. Natürlich lassen sich aus (8c-f) analoge Funktionen zu (12b) und (12c) aufbauen.

Die vorstehenden Überlegungen haben einen neuen Zug in die Theorie gebracht: Neben die Verknüpfung der Gruppenelemente durch Multiplikation ist ihre Addition getreten. Damit ist der Rahmen der abstrakten Gruppentheorie gesprengt und eine Algebra aufgebaut. Dies wurde ermöglicht durch die Anwendung der Gruppenoperationen auf eine Funktion u, d.h. durch die Zuordnung von Zahlen u, Au, ... Eu zu den Gruppenelementen, wobei natürlich dem Produkt BA die Zahl BAu und nicht etwa das Produkt (Bu)(Au) zuzuordnen ist.

d) *Darstellungen der Gruppe*

Um Darstellungen der abstrakten Gruppe durch Matrizen zu konstruieren, wählen wir die zu einem der Elemente, etwa zu A zugeordnete Matrix diagonal, $A_{ik} = a_i\delta_{ik}$. Dann sind auch die Matrizen $A^2 = B$ mit den Elementen $B_{ik} = a_i^2\delta_{ik}$ und $A^3 = \underline{\underline{1}}$ mit den Elementen $a_i^3\delta_{ik}$ diagonal. Also sind die Elemente $a_i^3 = 1$ oder aber die a_i die dritten Einheitswurzeln, für die es drei Möglichkeiten gibt,

$$a_1 = e^{(2\pi i/3)} \quad ; \quad a_2 = 1 \quad ; \quad a_3 = e^{-(2\pi i/3)} \quad .$$

Irreduzible Darstellungen von höherer Dimension als 3 kann es also nicht geben; ob die hier gewonnene Darstellung irreduzibel ist, bleibt zunächst noch zu untersuchen. Die drei so erhaltenen Matrizen

$$\underline{\underline{1}} = \begin{pmatrix} 1 & 0 & 0 \\ 0 & 1 & 0 \\ 0 & 0 & 1 \end{pmatrix} \; ; \quad A = \begin{pmatrix} e^{(2\pi i/3)} & 0 & 0 \\ 0 & 1 & 0 \\ 0 & 0 & e^{-(2\pi i/3)} \end{pmatrix} \; ; \quad B = \begin{pmatrix} e^{-(2\pi i/3)} & 0 & 0 \\ 0 & 1 & 0 \\ 0 & 0 & e^{(2\pi i/3)} \end{pmatrix},$$

bei denen wir von der Identität $e^{\pm 4\pi i/3} = e^{\mp 2\pi i/3}$ Gebrauch gemacht haben, müssen wir ergänzen durch die Spiegelung

$$C = \begin{pmatrix} 0 & 0 & 1 \\ 0 & 1 & 0 \\ 1 & 0 & 0 \end{pmatrix}$$

und die daraus hervorgehenden Matrizen D = AC und E = BC, welche lauten

$$D = \begin{pmatrix} 0 & 0 & e^{2\pi i/3} \\ 0 & 1 & 0 \\ e^{-2\pi i/3} & 0 & 0 \end{pmatrix} \; ; \quad E = \begin{pmatrix} 0 & 0 & e^{-2\pi i/3} \\ 0 & 1 & 0 \\ e^{2\pi i/3} & 0 & 0 \end{pmatrix} .$$

Man sieht sofort, daß auch diese Darstellung noch reduzibel ist, da die triviale eindimensionale abgespalten werden kann, die alle Gruppenelemente durch 1 wiedergibt. Danach verbleibt nur die zweidimensionale irreduzible Darstellung

$$\underline{\underline{1}} = \begin{pmatrix} 1 & 0 \\ 0 & 1 \end{pmatrix} \; ; \quad A = \begin{pmatrix} e^{2\pi i/3} & 0 \\ 0 & e^{-2\pi i/3} \end{pmatrix} \; ; \quad B = A^* \; ; \quad C = \begin{pmatrix} 0 & 1 \\ 1 & 0 \end{pmatrix} \; ;$$

$$D = \begin{pmatrix} 0 & e^{2\pi i/3} \\ e^{-2\pi i/3} & 0 \end{pmatrix} \; ; \quad E = D^* \; . \tag{13}$$

Nun haben wir bereits am Ende des vorigen Paragraphen in Gl.(5) gesehen, daß wir für eine Gruppe von sechs Elementen voraussagen können, daß es zwei eindimensionale und eine zweidimensionale irreduzible Darstellung gibt. Die zweidimensionale haben wir in Gl.(13) gefunden; eine eindimensionale ist die triviale aller Elemente durch 1. Also fehlt *noch* eine eindimensionale, die in der Tat durch

$$\underline{\underline{1}} = A = B = 1 \quad ; \quad C = D = E = -1 \tag{14}$$

gegeben ist.

Die Abbildung der abstrakten Gruppe auf ihre Darstellungen ist stets eindeutig, aber nur die Darstellung (13) ist eindeutig umkehrbar. Daher bilden die Matrizen (13) eine zur abstrakten Gruppe isomorphe, während die beiden eindimensionalen Darstellungen lediglich homomorph sind.

Einige Betrachtungen am Ende des vorigen Paragraphen können wir am Beispiel der irreduziblen Darstellung (13) überprüfen. Das Zerfallen der Gruppe in Klassen läßt sich durch Spurbildung an den Matrizen ablesen, da Elemente derselben Klasse auch dieselbe Spur (Charakter) haben müssen:

$$\text{spur}\,\underline{\underline{1}} = 2 \quad , \quad \text{spur}\,A = \text{spur}\,B = -1 \quad ;$$
$$\text{spur}\,C = \text{spur}\,D = \text{spur}\,E = 0 \quad .$$

Auch die Beziehung für irreduzible Darstellungen, daß

$$\sum_i |\mathrm{spur}\, A_i|^2 = g = 6$$

werden muß, ist für (13) erfüllt, ebenso für (14) und die triviale Darstellung. Für die reduziblen dreireihigen Matrizen dagegen sind die sechs Spuren 3, 0, 0, 1, 1, 1 und ihre Quadratsumme 12, also größer als g = 6.

§4. Quaternionen und Spinoren

a) *Quaternionen*

Wir erweitern die Algebra der komplexen Zahlen, indem wir statt zwei Basiselementen 1 und i vier Basiselemente einführen, so daß eine Zahl durch

$$z = a_0\underline{\underline{1}} + a_1G_1 + a_2G_2 + a_3G_3 \tag{1}$$

definiert ist, wobei die Koeffizienten a_i gewöhnliche reelle oder komplexe Zahlen sind und die G_ν den Relationen

$$G_\nu^2 = -\underline{\underline{1}} \tag{2a}$$

und

$$\begin{aligned} G_1G_2 &= -G_2G_1 = -G_3 \\ G_2G_3 &= -G_3G_2 = -G_1 \\ G_3G_1 &= -G_1G_3 = -G_2 \end{aligned} \tag{2b}$$

genügen. Zahlen der Form (1) heißen *Quaternionen*.

Das Produkt zweier Quaternionen z_a und z_b mit Koeffizienten a_i bzw. b_i wird daher

$$\begin{aligned} z_az_b = {} & (a_0b_0 - a_1b_1 - a_2b_2 - a_3b_3)\underline{\underline{1}} \\ & + (a_0b_1 + a_1b_0 - a_2b_3 + a_3b_2)G_1 \\ & + (a_0b_2 + a_1b_3 + a_2b_0 - a_3b_1)G_2 \\ & + (a_0b_3 - a_1b_2 + a_2b_1 + a_3b_0)G_3 \quad . \end{aligned} \tag{3}$$

Das ist nicht gleich z_bz_a. Zum Unterschied von den komplexen Zahlen ist das Produkt also nicht kommutativ, was natürlich bereits (2b) zeigt.

Ähnlich wie bei den komplexen Zahlen in §1b lassen sich auch die Quaternionen durch zweireihige quadratische Matrizen darstellen, indem man für die Basiselemente

$$\underline{\underline{1}} = \begin{pmatrix} 1 & 0 \\ 0 & 1 \end{pmatrix} \; ; \; G_1 = \begin{pmatrix} 0 & i \\ i & 0 \end{pmatrix} \; ; \; G_2 = \begin{pmatrix} 0 & 1 \\ -1 & 0 \end{pmatrix} \; ; \; G_3 = \begin{pmatrix} i & 0 \\ 0 & -i \end{pmatrix} \tag{4}$$

einführt. Damit können wir die Zahl z, Gl.(1), als Matrix

$$z = \begin{pmatrix} a_0+ia_3 & ; & a_2+ia_1 \\ -a_2+ia_1 & ; & a_0-ia_3 \end{pmatrix} \tag{5}$$

schreiben.

Bilden wir analog zum Betrage der komplexen Zahlen (§1b) die Determinante der Matrix (5), so erhalten wir

$$\det z = a_0^2 + a_1^2 + a_2^2 + a_3^2 \quad . \tag{6}$$

Nur bei Beschränkung auf *reelle* Koeffizienten a_i kann diese Determinante nicht verschwinden außer für $z = \underline{\underline{0}}$. Da nun die Reziproke z^{-1} zu z durch

$$z^{-1} \det z = a_0 - (a_1G_1+a_2G_2+a_3G_3) = \begin{pmatrix} a_0-ia_3 & ; & -a_2-ia_1 \\ a_2-ia_1 & ; & a_0+ia_3 \end{pmatrix} \tag{7}$$

gegeben ist, existiert keine Reziproke zu einer Zahl, deren Determinante verschwindet. Die Quaternionen mit komplexen Koeffizienten bilden daher einen *Ring*, die mit reellen dagegen einen *Körper* (vgl. die Definitionen in §1a).

In einem Ring können nach §1a *Nullteiler* existieren, d.h. das Produkt zweier Zahlen $z_a \neq 0$ und $z_b \neq 0$ kann verschwinden, $z_a z_b = 0$. Um Nullteiler unter den Quaternionen aufzufinden brauchen wir also nur in (3) jede der vier Klammern gleich Null zu setzen. Sie bilden dann ein lineares homogenes Gleichungssystem für die vier Unbekannten b_ν, dessen Determinante verschwinden muß:

$$D_a = \begin{vmatrix} a_0 & -a_1 & -a_2 & -a_3 \\ a_1 & a_0 & a_3 & -a_2 \\ a_2 & -a_3 & a_0 & a_1 \\ a_3 & a_2 & -a_1 & a_0 \end{vmatrix} = 0 \quad .$$

Entwickeln wir D_a, so erhalten wir

$$D_a = (\det z_a)^2 = 0 \quad ,$$

d.h. jedes z_a mit verschwindender Determinante ist ein linker Nullteiler. Fassen wir die vier aus (3) erhaltenen Gleichungen als Gleichungssystem für die a_ν auf, so folgt ebenso

$$D_b = (\det z_b)^2 = 0$$

für den rechten Nullteiler z_b.

Auch *idempotente Zahlen* (s.§1b) existieren im Quaternionenring. Setzen wir in Gl.(3) $z_b = z_a$, so ergibt die Forderung $z_a^2 = z_a$ die vier Beziehungen

$$a_0^2 - a_1^2 - a_2^2 - a_3^2 = a_0 \quad ;$$

$$2a_0a_1 = a_1 \quad ; \quad 2a_0a_2 = a_2 \quad ; \quad 2a_0a_3 = a_3 \quad . \tag{8}$$

Außer den trivialen Lösungen $z = \underline{\underline{1}}$ und $z = \underline{\underline{0}}$ gibt es dann noch Lösungen

$$a_0 = \frac{1}{2} \quad ; \quad \det z = 0 \quad , \tag{9}$$

welche (8) erfüllen. Das ist wieder nur möglich für komplexe Koeffizienten a_i.

b) *Spinortransformationen*

Die zweidimensionale Darstellung (5) einer Quaternion können wir als allgemeinste homogene lineare Transformation eines zweidimensionalen Gebildes

$$\Phi = \begin{pmatrix} u \\ v \end{pmatrix}$$

auffassen:

$$\Phi' = z\Phi \quad , \tag{10a}$$

in Komponenten

$$u' = (a_0 + ia_3)u + (a_2 + ia_1)v$$

$$v' = (-a_2 + ia_1)u + (a_0 - ia_3)v \quad . \tag{10b}$$

Da diese Transformationen alle Gruppeneigenschaften erfüllen, bilden sie eine kontinuierliche Gruppe mit vier komplexen Parametern a_ν (oder acht reellen Parametern). Aus dieser Gruppe wollen wir eine *Untergruppe* von sehr viel einfacherer Struktur herausschneiden durch die Forderungen, daß alle vier a_ν *reell* sein sollen und daß ihre Determinante $\det z = 1$ ist. Da sich bei einer Multiplikation $z_a z_b$ nichts an der Realität der Koeffizienten ändert und für die Determinanten

$$\det(z_a z_b) = \det z_a \cdot \det z_b \tag{11}$$

gilt, sind auch hier die Gruppeneigenschaften erfüllt. Damit reduziert sich die Zahl der Parameter auf drei reelle. Da nach Gl.(6) alle $|a_\nu| \leq 1$ sein müssen, können wir durch die Schreibweise

$$a_0 = \cos\alpha\cos\beta \quad ; \quad a_1 = \sin\alpha\sin\gamma \quad ;$$

$$a_2 = \sin\alpha\cos\gamma \quad ; \quad a_3 = \cos\alpha\sin\beta \tag{12}$$

drei Parameter α, β, γ einführen. Mit

$$a_0 \pm ia_3 = e^{\pm i\beta}\cos\alpha \quad ; \quad a_2 \pm ia_1 = e^{\pm i\gamma}\sin\alpha$$

folgt daher aus Gl.(5)

$$z = \begin{pmatrix} e^{i\beta}\cos\alpha & ; & e^{i\gamma}\sin\alpha \\ & & \\ -e^{-i\gamma}\sin\alpha & ; & e^{-i\beta}\cos\alpha \end{pmatrix} = \cos\alpha\cos\beta\underline{\underline{1}} + \sin\alpha\sin\gamma G_1 + \sin\alpha\cos\gamma G_2 + \cos\alpha\sin\beta G_3 \tag{13}$$

Das ist eine *unitäre Matrix* in zwei Dimensionen, d.h. sie genügt der Beziehung

$$zz^\dagger = z^\dagger z = \underline{\underline{1}} \quad . \tag{14}$$

Die so beschriebene Untergruppe bezeichnen wir als die SU2 (= speziell unitäre Transformation in 2 Dimensionen; "speziell" wegen $\det z = 1$). Mit $\beta = 0$, $\gamma = 0$ geht sie in die einparametrige SO2 (= spezielle orthogonale Transformation in 2 Dimensionen) über, d.h. in die zweidimensionale Drehung des Achsenkreuzes u, v. Diese bildet daher wiederum eine Untergruppe der SU2.

Daß Gl.(13) auch die *allgemeinste* unitäre Matrix der Determinante 1 in zwei Dimensionen ist, läßt sich folgendermaßen zeigen:

Für eine Matrix $U = \begin{pmatrix} a & b \\ c & d \end{pmatrix}$ erhält man

$$UU^\dagger = \begin{pmatrix} a & b \\ c & d \end{pmatrix} \begin{pmatrix} a^* & c^* \\ b^* & d^* \end{pmatrix} = \begin{pmatrix} |a|^2+|b|^2 & ; & ac^*+bd^* \\ a^*c+b^*d & ; & |c|^2+|d|^2 \end{pmatrix} .$$

Soll das = $\underline{\underline{1}}$ werden, so müssen die Koeffizienten notwendig die Form

$$a = e^{i\beta}\cos\alpha \quad ; \quad b = e^{i\gamma}\sin\alpha \quad ; \quad c = -e^{i\beta'}\sin\alpha \quad ; \quad d = e^{i\gamma'}\cos\alpha$$

haben mit der zusätzlichen Bedingung $\beta-\beta' = \gamma-\gamma'$. Dies ist eine Transformation mit vier reellen Parametern. Die zusätzliche Forderung det U = 1 oder ad-bc = 1 führt auf $e^{i(\beta+\gamma')} = 1$ oder $\gamma' = -\beta$. Dann wird auch $\beta' = -\gamma$ und U geht in die Matrix (13) mit drei reellen Parametern über.

Beschränken wir uns auf die Transformation (13), dann reduzieren sich die Transformationsformeln (12b) auf

$$u' = u\, e^{i\beta}\cos\alpha + v\, e^{i\gamma}\sin\alpha$$
$$v' = -u\, e^{-i\gamma}\sin\alpha + v\, e^{-i\beta}\cos\alpha \quad . \qquad (15)$$

Zum Studium einer kontinuierlichen Transformationsgruppe ist es zweckmäßig, sie in infinitesimale Schritte zu zerlegen. Eine *infinitesimale Transformation* geht aus (15) hervor, wenn $|\alpha| \ll 1$ und $|\beta| \ll 1$ ist bei willkürlichem γ. Dann wird

$$z = \begin{pmatrix} 1+i\beta & ; & \alpha e^{i\gamma} \\ -\alpha e^{-i\gamma} & ; & 1-i\beta \end{pmatrix} = \underline{\underline{1}} + \alpha\sin\gamma G_1 + \alpha\cos\gamma G_2 + \beta G_3 \qquad (16)$$

und die hermitisch konjugierte hierzu

$$z^\dagger = \begin{pmatrix} 1-i\beta & ; & -\alpha e^{i\gamma} \\ \alpha e^{-i\gamma} & ; & 1+i\beta \end{pmatrix} = \underline{\underline{1}} - \alpha\sin\gamma G_1 - \alpha\cos\gamma G_2 - \beta G_3 \quad .$$

Das ist in Einklang mit $G_\nu^\dagger = -G_\nu$, was man durch einen Blick auf die Matrizen (4) bestätigt findet.

Wir wollen nun die Transformationseigenschaften der drei Größen

$$x_\nu = -i\Phi^\dagger G_\nu \Phi \qquad (17a)$$

untersuchen, die mit (4) für die G_ν reell sind und die Form

$$x_1 = u^*v + v^*u \quad ; \quad x_2 = i(-u^*v + v^*u) \quad ; \quad x_3 = u^*u - v^*v \qquad (17b)$$

haben. Mit $\Phi' = z\Phi$ transformieren sie sich in

$$x'_\nu = -i\Phi^\dagger z^\dagger G_\nu z\Phi \quad . \tag{18}$$

Führen wir hier zunächst nur eine infinitesimale Transformation aus und schreiben für ihre drei Parameter

$$\alpha\sin\gamma = \varepsilon_1 \quad ; \quad \alpha\cos\gamma = \varepsilon_2 \quad ; \quad \beta = \varepsilon_3 \quad , \tag{19}$$

so wird

$$z = \underline{\underline{1}} + \sum_{\lambda=1}^{3} \varepsilon_\lambda G_\lambda \quad ; \quad z^\dagger = \underline{\underline{1}} - \sum_{\lambda=1}^{3} \varepsilon_\lambda G_\lambda$$

und

$$z^\dagger G_\nu z = G_\nu + \sum_\lambda \varepsilon_\lambda (G_\nu G_\lambda - G_\lambda G_\nu) \quad .$$

Berücksichtigen wir hier Gl.(2b), so können wir dafür in einer formal vektoriellen Zusammenfassung

$$z^\dagger \underline{G} z = \underline{G} - 2\underline{\varepsilon} \times \underline{G}$$

schreiben, so daß (18) mit (17a) in

$$\underline{x}' = \underline{x} - 2\underline{\varepsilon} \times \underline{x} \tag{20}$$

übergeht. Das ist die bekannte Transformationsformel für einen dreidimensionalen Vektor $\underline{x}$ unter einer infinitesimalen Drehung um den Winkel 2ε um eine Achse in der Richtung von $\underline{\varepsilon}$. Die infinitesimale SU2 erweist sich als isomorph zu der infinitesimalen SO3 der dreidimensionalen Raumdrehungen.

Diese Erkenntnis können wir auf die *endlichen* unitären Transformationen (18) mit z aus Gl.(13) übertragen. Nach einer etwas langwierigen, aber einfachen Rechnung ergeben sich dann die Formeln

$$\begin{aligned}
x'_1 = {} & [-\sin(\beta+\gamma)\sin(\beta-\gamma) + \cos(\beta+\gamma)\cos(\beta-\gamma)\cos 2\alpha]x_1 \\
& + [\sin(\beta+\gamma)\cos(\beta-\gamma) + \cos(\beta+\gamma)\sin(\beta-\gamma)\cos 2\alpha]x_2 \\
& - \cos(\beta+\gamma)\sin 2\alpha x_3 \\
x'_2 = {} & [-\cos(\beta+\gamma)\sin(\beta-\gamma) - \sin(\beta+\gamma)\cos(\beta-\gamma)\cos 2\alpha]x_1 \\
& + [\cos(\beta+\gamma)\cos(\beta-\gamma) - \sin(\beta+\gamma)\sin(\beta-\gamma)\cos 2\alpha]x_2 \\
& + \sin(\beta+\gamma)\sin 2\alpha x_3 \\
x'_3 = {} & x_1 \cos(\beta-\gamma)\sin 2\alpha + x_2 \sin(\beta-\gamma)\sin 2\alpha + x_3 \cos 2\alpha \quad .
\end{aligned} \tag{21}$$

Führen wir hier anstelle von α, β, γ die neuen Parameter

$$\vartheta = 2\alpha \quad ; \quad \psi = \beta + \gamma \; ; \quad \varphi = \beta - \gamma \tag{22a}$$

ein, setzen also

$$\alpha = \frac{1}{2}\vartheta \; ; \quad \beta = \frac{1}{2}(\psi + \varphi) \quad ; \quad \alpha = \frac{1}{2}(\psi - \varphi) \quad , \tag{22b}$$

und schreiben Gl.(21) kürzer in Matrixform

$$\underline{x}' = T\underline{x} \quad , \tag{23}$$

so lautet die Transformationsmatrix

$$T = \begin{pmatrix} -\sin\psi\sin\varphi + \cos\psi\cos\varphi\cos\vartheta ; & \sin\psi\cos\varphi + \cos\psi\sin\varphi\cos\vartheta ; & -\cos\psi\sin\vartheta \\ -\cos\psi\sin\varphi - \sin\psi\cos\varphi\cos\vartheta ; & \cos\psi\cos\varphi - \sin\psi\sin\varphi\cos\vartheta ; & \sin\psi\sin\vartheta \\ \cos\varphi\sin\vartheta ; & \sin\varphi\sin\vartheta ; & \cos\vartheta \end{pmatrix} . \tag{24}$$

Die Matrix T läßt sich in ein Produkt

$$T = \begin{pmatrix} \cos\psi & \sin\psi & 0 \\ -\sin\psi & \cos\psi & 0 \\ 0 & 0 & 1 \end{pmatrix} \begin{pmatrix} \cos\vartheta & 0 & -\sin\vartheta \\ 0 & 1 & 0 \\ \sin\vartheta & 0 & \cos\vartheta \end{pmatrix} \begin{pmatrix} \cos\varphi & \sin\varphi & 0 \\ -\sin\varphi & \cos\varphi & 0 \\ 0 & 0 & 1 \end{pmatrix}$$

$$= C(\psi)B(\vartheta)A(\varphi) \tag{25}$$

zerlegen. Nach Bd.I, S.291 ist das aber gerade die Transformationsformel für die Drehung des dreidimensionalen Achsenkreuzes $\underline{x}$ um drei Eulersche Winkel φ, ϑ, ψ. Diese Drehungen bilden die spezielle orthogonale Gruppe in drei Dimensionen (SO3, kurz die *Drehgruppe* genannt), wobei "speziell" wieder det T = 1 bedeutet.

Die Matrizen (24) bilden offenbar eine irreduzible dreidimensionale Darstellung der SO3, genau wie die Matrizen (13) eine irreduzible zweidimensionale Darstellung der SU2 bilden. Beide Darstellungen lassen sich Element für Element einander zuordnen, wobei auch dem Produkt z_1z_2 das Matrizenprodukt T_1T_2 entspricht. Dabei ist freilich zu beachten, daß als Folge der in z und $z^\dagger$ bilinearen Bildung von Gl.(18) jedes Paar von SU2-Elementen zu z und -z dem gleichen Element der SO3 entspricht. Die Abbildung der SU2 auf die SO3 ist daher nicht isomorph sondern nur homomorph, da ihre Umkehrung zweideutig ist.

Man sieht das sehr anschaulich an dem einfachen Beispiel der Untergruppe $\vartheta = 0$ (oder $\alpha = 0$). Dann tritt sowohl in z als in T nur noch die Kombination $\psi + \varphi = 2\beta$ auf, und wir erhalten

$$z = \begin{pmatrix} e^{i\beta} ; & 0 \\ 0 ; & e^{-i\beta} \end{pmatrix} \quad \text{und} \quad T = \begin{pmatrix} \cos 2\beta ; & \sin 2\beta ; & 0 \\ -\sin 2\beta ; & \cos 2\beta ; & 0 \\ 0 ; & 0 ; & 1 \end{pmatrix} .$$

Die Bedeutung von T ist hier anschaulich klar: Das Achsenkreuz wird um die x_3-Achse um den Winkel 2β gedreht. Eine Drehung um $2\beta + 2\pi$ würde offenbar die gleiche Lage hervorbringen und die gleiche Drehmatrix T besitzen. In z würde sich aber bei Ersetzung von β durch $\beta + \pi$ das Vorzeichen umkehren.

In der Physik treten neben den Vektoren, die sich bei einer Drehung des Achsenkreuzes wie $\underline{x}$ mit der Matrix (24) transformieren, auch zweikomponentige Größen auf, die sich bei dieser Drehung wie Φ mit der Matrix (13), also wie $\Phi' = z\Phi$ mit

$$z = \begin{pmatrix} e^{i(\psi+\varphi)/2} \cos\frac{\vartheta}{2} ; & e^{i(\psi-\varphi)/2} \sin\frac{\vartheta}{2} \\ -e^{-i(\psi-\varphi)/2} \sin\frac{\vartheta}{2} ; & e^{-i(\psi+\varphi)/2} \cos\frac{\vartheta}{2} \end{pmatrix} \tag{26}$$

transformieren. Solche Größen Φ werden als *Spinoren* bezeichnet; die Transformation $\Phi' = z\Phi$ nach Gl.(26) heißt daher eine Spinortransformation.

c) *Die Paulimatrizen*

Die G_ν der Quaternionenbasis sind antihermitische Größen, $G_\nu^\dagger = -G_\nu$, wie ein Blick auf die Matrizen (4) zeigt. An ihrer Stelle werden in der Physik die *hermitischen Matrizen*

$$\sigma_1 = \begin{pmatrix} 0 & 1 \\ 1 & 0 \end{pmatrix} \; ; \quad \sigma_2 = \begin{pmatrix} 0 & -i \\ i & 0 \end{pmatrix} \; ; \quad \sigma_3 = \begin{pmatrix} 1 & 0 \\ 0 & -1 \end{pmatrix} \tag{27}$$

eingeführt, für die $\sigma_\nu^\dagger = \sigma_\nu$ gilt. Sie heißen die *Paulimatrizen* und sind mit den G_ν durch

$$\sigma_\nu = -iG_\nu \tag{28}$$

verknüpft. Aus (2a,b) lesen wir sofort ab, daß

$$\begin{aligned} \sigma_\nu^2 = \underline{\underline{1}} \; ; \quad \sigma_1\sigma_2 &= -\sigma_2\sigma_1 = i\sigma_3 \\ \sigma_2\sigma_3 &= -\sigma_3\sigma_2 = i\sigma_1 \\ \sigma_3\sigma_1 &= -\sigma_1\sigma_3 = i\sigma_2 \end{aligned} \tag{29}$$

ist. Die mit ihnen analog zu (17a) gebildeten Größen

$$s_\nu = \Phi^\dagger\sigma_\nu\Phi \tag{30}$$

sind die reellen Komponenten eines Vektors $\underline{s}$, die mit $\Phi = \binom{u}{v}$ lauten

$$s_1 = u^*v + v^*u \quad ; \quad s_2 = -i(u^*v - v^*u) \quad ; \quad s_3 = u^*u - v^*v \quad . \tag{31}$$

In der *Quantenmechanik* werden die Paulimatrizen zur Behandlung des Spins benutzt. Dabei wird die Maßeinheit $\frac{1}{2}\hbar$ verwendet; in dieser Einheit dienen sie zur Beschreibung des Spins 1 (also $\frac{1}{2}\hbar$). Der Spinor Φ in (30) beschreibt dann den *Zustand* eines Teilchens vom Spin $\frac{1}{2}\hbar$, und die sogenannten *symmetrischen Mittelwerte* s_ν geben die Erwartungswerte der drei Spinkomponenten in diesem Zustand an. Daß sie als meßbare Größen notwendig reell sein müssen steht in Einklang mit der Hermitizität der σ_ν.

Gehen wir zu den Komponenten in einem gedrehten Koordinatensystem $\underline{x}'$ über,

$$s_\nu' = \Phi'^\dagger\sigma_\nu\Phi' = \Phi^\dagger z^\dagger\sigma_\nu z\Phi \quad ,$$

so können wir dies natürlich formal auch in

$$s_\nu' = \Phi^\dagger\sigma_\nu'\Phi \quad \text{mit} \quad \sigma_\nu' = z^\dagger\sigma_\nu z \tag{32}$$

auftrennen. Die σ_ν' gehen dann aus den σ_ν durch eine gemeinsame unitäre Transformation hervor. Zusammen mit $\underline{\underline{1}}' = z^\dagger\underline{\underline{1}}z = \underline{\underline{1}}$ können sie dann ebenfalls als Basis benutzt werden. Alle diese Basen sind einander äquivalent, also im Sinne der Gruppentheorie nicht voneinander verschieden, da die für Gruppeneigenschaften allein maßgeblichen Beziehungen (29) bei einer unitären Transformation erhalten bleiben.

Für die physikalischen Anwendungen ist es von Bedeutung, die *Eigenspinoren* und *Eigenwerte* der drei σ_ν aufzusuchen, d.h. die Gleichungen

$$\sigma_\nu \Phi_{\nu,n} = \lambda_{\nu,n} \cdot \Phi_{\nu,n} \tag{33}$$

zu lösen, wobei $\lambda_{\nu,n}$ eine gewöhnliche, wegen der Hermitizität reelle Zahl ist. Die Lösungen $\Phi_{\nu,n}$ zu jedem σ_ν bezeichnen wir als dessen Eigenspinoren, die zugehörigen $\lambda_{\nu,n}$ als dessen Eigenwerte. In der zweidimensionalen Darstellung (27) erhalten wir zu jedem σ_ν die zwei Eigenwerte $\lambda_{\nu+} = +1$ und $\lambda_{\nu-} = -1$. Physikalisch bedeutet das, daß jede Komponente des Spins nur die Meßwerte $\pm \frac{1}{2}\hbar$ annehmen kann. Für die Eigenspinoren erhalten wir durch Lösung von Gl.(33):

$$\text{zu } \sigma_1\text{:}\quad \Phi_{1+} = C\begin{pmatrix}1\\1\end{pmatrix} \quad \text{und} \quad \Phi_{1-} = C\begin{pmatrix}1\\-1\end{pmatrix} \quad ;$$

$$\text{zu } \sigma_2\text{:}\quad \Phi_{2+} = C\begin{pmatrix}1\\i\end{pmatrix} \quad \text{und} \quad \Phi_{2-} = C\begin{pmatrix}i\\1\end{pmatrix} \quad ;$$

$$\text{zu } \sigma_3\text{:}\quad \Phi_{3+} = \begin{pmatrix}1\\0\end{pmatrix} \quad \text{und} \quad \Phi_{3-} = \begin{pmatrix}0\\1\end{pmatrix} \quad , \tag{34}$$

wobei $C = 1/\sqrt{2}$ ist. In dieser willkürlichen Normierung gelten die Orthogonalitätsrelationen

$$\Phi^\dagger_{\nu,n}\Phi_{\nu,m} = \delta_{mn} \quad ; \quad \Phi^\dagger_{\nu,m}\sigma_\nu\Phi_{\nu,n} = \lambda_{\nu n}\delta_{mn} \quad ;$$

$$\Phi^\dagger_{\mu,n}\sigma_\nu\Phi_{\mu,n} = \lambda_{\nu n}\delta_{\mu\nu} \quad , \tag{35}$$

in denen wieder m und n für die oben mit + und - bezeichneten Lösungen stehen.

An den Paulimatrizen können wir noch einmal sehr anschaulich sehen, wo die Grenzen des Gruppenbegriffs liegen und wir zum Ring oder Körper übergehen müssen. Die Multiplikationstafel (2a,b) geht bereits infolge des Faktors -1 über das Schema der Gruppentheorie hinaus, in dem Zahlenfaktoren keinen Platz haben. Wir müssen dort vielmehr die vier Gruppenelemente $\underline{\underline{1}}$, G_1, G_2, G_3 durch vier weitere Elemente $E = -\underline{\underline{1}}$; $F_\nu = -G_\nu$ ergänzen, so daß eine Gruppe aus acht Elementen vorliegt, in der dann z.B.

$$G_1G_2 = F_3 \quad ; \quad G_2G_1 = G_3 \quad ; \quad G_1F_2 = G_3 \quad ; \quad F_2G_1 = F_3$$

und

$$G_\nu^2 = E \quad ; \quad F_\nu^2 = E \quad ; \quad F_\nu G_\nu = \underline{\underline{1}} \quad ; \quad F_\nu = G_\nu^{-1}$$

wird. Nach Gl.(5) von §2b besitzt diese Gruppe zwei irreduzible und nicht äquivalente Darstellungen der Dimension zwei ($j_1 = j_2 = 2$, $g = 8$, $j_1^2 + j_2^2 = g$). Eine dieser Darstellungen ist durch die Matrizen (4) und diejenigen mit umgekehrten Vorzeichen aller Matrixelemente für E und die F_ν gegeben; aus ihr sind die Paulimatrizen (27) abgeleitet.

In dem Augenblick, in dem wir die Multiplikationstafel (29) benutzen, gehen wir bereits durch Einführung der Zahlenfaktoren -1 und i von der Gruppe zum Ring über. Dieser Ring mit den Elementen

$$A = a_0 \underline{\underline{1}} + a_1\sigma_1 + a_2\sigma_2 + a_3\sigma_3$$

ist isomorph zum Ring der Quaternionen. Anstelle von (29) können wir dann auch die Gleichungen

$$\sigma_\mu\sigma_\nu + \sigma_\nu\sigma_\mu = 2\delta_{\mu\nu} \tag{29'a}$$

und

$$\sigma_\mu\sigma_\nu - \sigma_\nu\sigma_\mu = 2i\sigma_\lambda \tag{29'b}$$

setzen, wobei λ, μ, ν = 1, 2, 3 oder eine zyklische Permutation dieser Indices ist.

In der Physik nehmen wir oft eine weitere Generalisierung dieses Ringes vor, bei der wir die Forderung (29'a) fallen lassen. Dann bleiben nur die *Vertauschungsrelationen* (29'b) übrig, die wir mit dem kurzen Symbol $[A,B] = AB - BA$ in der Form

$$[\sigma_\mu,\sigma_\nu] = 2i\sigma_\lambda \tag{36}$$

schreiben. Sie stimmen bis auf den Faktor 2 auf der rechten Seite vollständig mit den in Bd.I, S.294 eingeführten Drehoperatoren überein. Die Theorie dieser Verallgemeinerung werden wir im nächsten Paragraphen weiter verfolgen.

Es ist oft zweckmäßig, in den Vertauschungsrelationen (36) σ_1 und σ_2 durch die nicht hermitischen Kombinationen

$$\sigma^+ = \sigma_1 + i\sigma_2 \quad ; \quad \sigma^- = \sigma_1 - i\sigma_2 \tag{37}$$

zu ersetzen. Anstelle von (36) treten dann die Vertauschungsrelationen

$$[\sigma^+,\sigma_3] = -2\sigma^+ \quad ; \quad [\sigma^-,\sigma_3] = +2\sigma^- \quad ; \quad [\sigma^+,\sigma^-] = 4\sigma_3 \quad . \tag{38}$$

Außerdem wird die Größe

$$\sigma^2 = \sigma_1^2 + \sigma_2^2 + \sigma_3^2 = \frac{1}{2}(\sigma^+\sigma^- + \sigma^-\sigma^+) + \sigma_3^2 \tag{39}$$

eine Rolle spielen; sie kommutiert mit allen drei σ_ν. Aus den drei Paulimatrizen (27) erhalten wir für die hier eingeführten Größen

$$\sigma^+ = \begin{pmatrix} 0 & 2 \\ 0 & 0 \end{pmatrix} \quad ; \quad \sigma^- = \begin{pmatrix} 0 & 0 \\ 2 & 0 \end{pmatrix} \quad ; \quad \sigma^2 = \begin{pmatrix} 3 & 0 \\ 0 & 3 \end{pmatrix} \quad . \tag{40}$$

In der Algebra wird ein Begriff eingeführt, den wir auch hier verwenden wollen. Wir sprechen von einem *Lieschen Ring*, wenn die Elemente eines Ringes außer durch Addition durch ihre Vertauschungsklammern (anstelle der Multiplikation) verknüpft werden. Ein solcher Ring kann kein Einselement enthalten, da dies mit jedem Element vertauschbar wäre. Zu den Paulimatrizen gehört daher der Liesche Ring mit den Elementen

$$A = a_1\sigma_1 + a_2\sigma_2 + a_3\sigma_3 \quad ,$$

wobei die a_ν komplexe Zahlen sind. Zu seiner vollständigen Definition genügen die drei *Strukturrelationen* (36); bei Umkehrung der Faktoren ändert sich automatisch das Vorzeichen, da ja immer $[B,A] = -[A,B]$ ist. Die Definitionen (37) und die daraus folgenden Relationen (38) bedeuten den Übergang zu einer anderen Basis innerhalb des Ringes. Dagegen hat Gl.(39) in diesem Rahmen keinen Sinn, da anstelle von $\sigma_\nu^2 = \underline{\underline{1}}$ im Lieschen Ring $[\sigma_\nu,\sigma_\nu] = 0$ tritt.

§5. Spintheorie

a) *Spinmatrizen höherer Dimension*

Im folgenden sollen die Paulimatrizen dahin verallgemeinert werden, daß wir ein System aus drei Matrizen σ_k betrachten, für das lediglich die drei Vertauschungsrelationen

$$[\sigma_k,\sigma_\ell] = 2i\sigma_j \tag{1}$$

(mit $j,k,\ell = 1,2,3$ oder einer zyklischen Permutation hiervon) gelten. Daneben benutzen wir die Basis

$$\sigma^+ = \sigma_1 + i\sigma_2 \;\; ; \;\; \sigma^- = \sigma_1 - i\sigma_2 \;\; ; \;\; \sigma_3 \;\; , \tag{2}$$

in der die Vertauschungsrelationen (1) die Form

$$[\sigma^+,\sigma_3] = -2\sigma^+ \;\; ; \;\; [\sigma^-,\sigma_3] = +2\sigma^- \;\; ; \;\; [\sigma^+,\sigma^-] = 4\sigma_3 \tag{3}$$

annehmen. Ferner benutzen wir die aus den Basiselementen aufgebaute Größe

$$\sigma^2 = \sigma_1^2 + \sigma_2^2 + \sigma_3^2 = \frac{1}{2}(\sigma^+\sigma^- + \sigma^-\sigma^+) + \sigma_3^2 \;\; , \tag{4}$$

die mit allen Basiselementen kommutiert. Wir stellen ausdrücklich fest, daß wir *nicht* mehr $\sigma_k\sigma_\ell + \sigma_\ell\sigma_k = 2\delta_{k\ell}$ voraussetzen.

Wir dürfen unterstellen, daß die $\sigma_k^\dagger = \sigma_k$ hermitisch sind, weil aus (1) die gleiche Relation

$$\left[\sigma_k^\dagger,\sigma_\ell^\dagger\right] = 2i\sigma_j^\dagger$$

für die hermitisch konjugierten Matrizen folgt. Ferner können wir voraussetzen, daß σ^2 diagonal sei. Ist es das nicht, so können wir es durch eine gemeinsame unitäre Transformation aller σ_k dazu machen. Die Vertauschbarkeit von σ^2 mit jedem σ_k gibt dann in ausführlicher Schreibung für die Matrixelemente

$$(\sigma^2)_{\mu\mu}(\sigma_k)_{\mu\nu} - (\sigma_k)_{\mu\nu}(\sigma^2)_{\nu\nu} = (\sigma_k)_{\mu\nu}\left\{(\sigma^2)_{\mu\mu} - (\sigma^2)_{\nu\nu}\right\} = 0 \quad .$$

Für ein Indexpaar μ,ν sind also entweder alle drei $(\sigma_k)_{\mu\nu} = 0$, oder es wird $(\sigma^2)_{\mu\mu} = (\sigma^2)_{\nu\nu}$. Damit zerfällt das System der σ_k in endliche Stufenmatrizen gleicher Stufeneinteilung. Das System ist reduzibel, weil jede Stufe für sich allein behandelt werden kann. Betrachten wir nur *irreduzible Darstellungen*, beschränken uns also auf jeweils eine Stufe, so muß gelten

$$(\sigma^2)_{\mu\nu} = s^2\delta_{\mu\nu} \quad , \tag{5}$$

d.h. σ^2 muß ein Vielfaches der Einheitsmatrix sein. Da diese bei jeder unitären Transformation erhalten bleibt, können wir unter Bewahrung von Gl.(5) noch eines der drei σ_k durch unitäre Transformation diagonal machen. Wir wählen dazu σ_3,

$$(\sigma_3)_{\mu\nu} = t_\mu\delta_{\mu\nu} \quad . \tag{6}$$

Unsere Aufgabe wird nun darin bestehen, die Eigenwerte s^2 und t_μ der Matrizen σ^2 und σ_3 zu bestimmen.

Wir gehen dafür auf die Vertauschungsrelationen in der Form (3) zurück, deren zwei erste in ausführlicher Schreibung lauten

$$\sigma^+_{\mu\nu}(t_\nu - t_\mu) = -2\sigma^+_{\mu\nu} \quad ; \quad \sigma^-_{\mu\nu}(t_\nu - t_\mu) = +2\sigma^-_{\mu\nu} \quad .$$

Ist für ein Indexpaar μ,ν das Element $\sigma^+_{\mu\nu} \neq 0$, so muß $t_\nu - t_\mu = -2$ und $\sigma^-_{\mu\nu} = 0$ werden. Ist umgekehrt für ein Paar μ,ν das Element $\sigma^-_{\mu\nu} \neq 0$, so muß $t_\nu - t_\mu = +2$ und $\sigma^+_{\mu\nu} = 0$ werden. Ordnen wir die t_μ auf der Diagonale nach ihrer Größe (da die Matrix σ_3 hermitisch ist, sind sie reell), so unterscheiden sich Nachbarelemente um 2:

$$t_\mu = 2\mu + \alpha \quad (\mu = 0, \pm 1, \pm 2, \ldots) \quad ,$$

und nur die Elemente $\sigma^+_{\mu,\mu-1}$ und $\sigma^-_{\mu,\mu+1}$ sind von Null verschieden. Dies entspricht auch der Tatsache, daß σ^+ und σ^- hermitisch konjugiert zueinander sind,

$$\sigma^{+*}_{\mu,\mu-1} = \sigma^-_{\mu-1,\mu} \quad . \tag{7}$$

Aus Gl.(4),

$$\sigma^2 = \frac{1}{2}(\sigma^+\sigma^- + \sigma^-\sigma^+) + \sigma_3^2$$

und der dritten Vertauschungsrelation von Gl.(3),

$$\frac{1}{2}(\sigma^+\sigma^- - \sigma^-\sigma^+) = 2\sigma_3$$

finden wir durch Addieren und Subtrahieren

$$\sigma^+\sigma^- = \sigma^2 - \sigma_3^2 + 2\sigma_3 \quad ; \quad \sigma^-\sigma^+ = \sigma^2 - \sigma_3^2 - 2\sigma_3 \quad . \tag{8}$$

Beide Produkte sind demnach ebenfalls diagonal mit den Elementen

$$(\sigma^+\sigma^-)_{\mu\mu} = s^2 - t_\mu(t_\mu - 2) \quad ; \quad (\sigma^-\sigma^+)_{\mu\mu} = s^2 - t_\mu(t_\mu + 2) \quad .$$

Unter Ausnutzung von (7) folgt aber auch

$$(\sigma^+\sigma^-)_{\mu\mu} = \sigma^+_{\mu,\mu-1}\sigma^-_{\mu-1,\mu} = |\sigma^+_{\mu,\mu-1}|^2 \tag{9a}$$

und

$$(\sigma^-\sigma^+)_{\mu\mu} = \sigma^-_{\mu,\mu+1}\sigma^+_{\mu+1,\mu} = |\sigma^-_{\mu,\mu+1}|^2 \quad . \tag{9b}$$

Alle Diagonalelemente von $\sigma^+\sigma^-$ und $\sigma^-\sigma^+$ sind daher positiv oder gleich Null.

Nun verschwindet bei endlichen Matrizen stets die Spur ihrer Vertauschungsklammer,

$$\mathrm{spur}[A,B] = \sum_{\mu\lambda} (A_{\mu\lambda}B_{\lambda\mu} - B_{\mu\lambda}A_{\lambda\mu}) = 0 \quad .$$

Dies hat nach Gl.(1) zur Folge, daß die Spuren aller drei σ_k verschwinden,

$$\mathrm{spur}\sigma_k = 0 \quad . \tag{10}$$

Insbesondere für σ_3 muß also

$$\sum_\mu t_\mu = 0 \tag{11}$$

werden. Dies läßt sich aber nur so erfüllen, daß die jeweils um 2 unterschiedenen Werte t_μ symmetrisch um Null herum angeordnet sind, daß also entweder für $\alpha = 0$ in Gl.(6) die geraden Zahlen

$$t_\mu = -2T,\ -2T+2,\ \ldots,\ -2,\ 0,\ +2,\ \ldots,\ 2T-2,\ 2T$$

oder für $\alpha = 1$ die ungeraden Zahlen

$$t_\mu = -2T-1,\ -2T+1,\ \ldots,\ -3,\ -1,\ +1,\ +3,\ \ldots,\ 2T-1,\ 2T+1$$

auftreten. Im ersten Fall ist die Dimension der Matrix $N = 2T+1$, im zweiten Fall ist sie $N = 2T+2$.

Wir können diese Fallunterscheidung vermeiden, wenn wir einheitlich das größte in der Matrix auftretende $|\mu|$ mit

$$\mu_{max} = j - \frac{1}{2}\alpha \quad , \tag{12}$$

das größte $|t_\mu|$ also mit $2j$ bezeichnen und die übrigen Indices

$$\mu = m - \frac{1}{2}\alpha \quad , \quad t_\mu = 2m \quad . \tag{13}$$

Dann sind j und m entweder (in der ersten Reihe) ganzzahlig oder (in der zweiten Reihe) halbzahlig und springen von Zeile zu Zeile der Matrix um 1.

Die Matrixelemente $\sigma^-_{j,j+1}$ und $\sigma^+_{-j,-j-1}$ würden aus der Matrix hinausführen und müssen deshalb verschwinden. Nach (9a,b) und (8) wird dann

$$(\sigma^+\sigma^-)_{-j,-j} = \sigma^+_{-j,-j-1}\sigma^-_{-j-1,-j} = s^2 - (2j)^2 - 2\,(2j) = 0$$

und

$$(\sigma^-\sigma^+)_{j,j} = \sigma^-_{j,j+1}\sigma^+_{j+1,j} = s^2 - (2j)^2 - 2\,(2j) = 0 \quad .$$

Aus diesen übereinstimmenden Bedingungen folgt

$$s^2 = 4j(j+1) \quad . \tag{14}$$

Für ein beliebiges μ, bzw. m gemäß Gl.(13) erhalten wir dann aus (9a,b) und (8)

$$(\sigma^+\sigma^-)_{m,m} = |\sigma^+_{m,m-1}|^2 = 4j(j+1) - 2m(2m-2) \quad ,$$

$$(\sigma^-\sigma^+)_{m,m} = |\sigma^-_{m,m+1}|^2 = 4j(j+1) - 2m(2m+2)$$

oder

$$\sigma^+_{m,m-1} = 2\sqrt{j(j+1) - m(m-1)} \quad ; \quad \sigma^-_{m,m+1} = 2\sqrt{j(j+1) - m(m+1)} \tag{15}$$

bis auf einen unwesentlichen Phasenfaktor. Das sind die einzigen nicht verschwindenden Matrixelemente von σ^+ und σ^-.

Damit haben wir alle gesuchten Matrizen der Dimension $N = 2j + 1$ vollständig in der Hand. Aus (13) und (16) entnehmen wir mit $|m| \leq j$

$$(\sigma_3)_{m,m'} = 2m\delta_{m,m'} \quad . \tag{16}$$

Hierzu treten aus (15)

$$(\sigma^+)_{mm'} = 2\sqrt{j(j+1) - m(m-1)}\,\delta_{m,m'+1}$$
$$(\sigma^-)_{mm'} = 2\sqrt{j(j+1) - m(m+1)}\,\delta_{m,m'-1} \tag{17}$$

oder die daraus gebildeten Kombinationen

$$\sigma_1 = \frac{1}{2}(\sigma^+ + \sigma^-) \quad ; \quad \sigma_2 = -\frac{i}{2}(\sigma^+ - \sigma^-) \quad .$$

b) *Spinräume*

In §4c hatten wir für die *Paulimatrizen* die Eigenspinoren angegeben. Benutzen wir im folgenden diejenigen von σ_3 als Basis,

$$\alpha = \begin{pmatrix}1\\0\end{pmatrix} \quad , \quad \beta = \begin{pmatrix}0\\1\end{pmatrix} \quad , \tag{18}$$

so können wir aus ihnen jeden Spinor eines zweidimensionalen Raumes,

$$\varphi = u\alpha + v\beta = \begin{pmatrix}u\\v\end{pmatrix} \tag{19}$$

mit zwei komplexen Zahlen u und v, den Komponenten von φ, aufbauen. Statt für die drei σ_k Matrizen zu benutzen, können wir sie auch durch ihre Transformationseigenschaften in diesem *Spinraum* beschreiben, z.B. ergibt

$$\sigma_2\alpha = \begin{pmatrix}0 & -i\\ i & 0\end{pmatrix}\begin{pmatrix}1\\0\end{pmatrix} = \begin{pmatrix}0\\i\end{pmatrix} = i\beta \quad .$$

Daher ersetzt die Tabelle der sechs Beziehungen

$$\begin{array}{lll} \sigma_1\alpha = \beta & \sigma_2\alpha = i\beta & \sigma_3\alpha = \alpha \\ \sigma_1\beta = \alpha & \sigma_2\beta = -i\alpha & \sigma_3\beta = -\beta \end{array} \tag{20}$$

vollständig die drei Matrizen. Aus diesen Beziehungen folgt z.B. auch sofort, daß alle drei σ_k bei zweimaliger Anwendung den Eigenspinor reproduzieren, also die σ_k^2 die 2×2-Einheitsmatrizen sind, so daß $\sigma^2 = 3$ wird. Auch ein skalares Produkt zweier solcher Spinoren läßt sich nach den Regeln der Matrixmultiplikation einführen. Wir definieren

$$\langle\varphi_1|\varphi_2\rangle = \varphi_1^\dagger\varphi_2 = (u_1^*, v_1^*)\begin{pmatrix}u_2\\v_2\end{pmatrix} = u_1^*u_2 + v_1^*v_2 \quad . \tag{21a}$$

Daher gelten die Orthonormierungsrelationen

$$\langle\alpha|\alpha\rangle = 1 \quad ; \quad \langle\beta|\beta\rangle = 1 \quad ; \quad \langle\alpha|\beta\rangle = \langle\beta|\alpha\rangle = 0 \quad . \tag{21b}$$

Um über die Paulimatrizen hinauszugehen wollen wir nun einen *vierdimensionalen Spinraum* durch Zusammensetzen zweier zweidimensionaler aufbauen. (Physikalisch gesprochen behandeln wir die Zustände von *zwei Teilchen* vom Spin $\frac{1}{2}\hbar$). Dazu führen wir als Basisspinoren zunächst die formalen Produkte

$$\chi_1 = \alpha_I\alpha_{II} \quad ; \quad \chi_2 = \alpha_I\beta_{II} \quad ; \quad \chi_3 = \beta_I\alpha_{II} \quad ; \quad \chi_4 = \beta_I\beta_{II} \tag{22}$$

und als Operatoren

$$S_k = \sigma_k^I + \sigma_k^{II} \tag{23}$$

ein, wobei die drei Größen σ_k^I nur auf α_I und β_I, die σ_k^{II} nur auf α_{II} und β_{II} nach Maßgabe der Gln.(20) wirken sollen. Also wird z.B.

$$S_1\chi_1 = (\sigma_1^I\alpha_I)\alpha_{II} + \alpha_I(\sigma_1^{II}\alpha_{II}) = \beta_I\alpha_{II} + \alpha_I\beta_{II} = \chi_3 + \chi_2 \quad .$$

Auf diese Weise entsteht in Analogie zu den für die Paulimatrizen geltenden Gleichungen folgende Übersicht:

$$\begin{array}{l|l|l}
S_1\chi_1 = \chi_3 + \chi_2 & S_2\chi_1 = i(\chi_3 + \chi_2) & S_3\chi_1 = 2\chi_1 \\
S_1\chi_2 = \chi_4 + \chi_1 & S_2\chi_2 = i(\chi_4 - \chi_1) & S_3\chi_2 = 0 \\
S_1\chi_3 = \chi_1 + \chi_4 & S_2\chi_3 = i(\chi_4 - \chi_1) & S_3\chi_3 = 0 \\
S_1\chi_4 = \chi_2 + \chi_3 & S_2\chi_4 = -i(\chi_2 + \chi_3) & S_3\chi_4 = -2\chi_4 \quad .
\end{array} \tag{24}$$

Die letzte Spalte zeigt, daß die vier Basisspinoren Eigenspinoren von S_3 (wie früher von der Paulimatrix σ_3) sind, jetzt aber zu den vier Eigenwerten 2, 0, 0, -2. Die Spinoren χ_2 und χ_3 sind miteinander entartet, so daß wir beliebige Linearkombinationen aus ihnen verwenden können. Wir haben daher eine zusätzliche Forderung frei, um die Basis eindeutig festzulegen. Dazu wählen wir die Forderung, daß die Basisspinoren zugleich Eigenspinoren des Operators

$$S^2 = S_1^2 + S_2^2 + S_3^2 \tag{25}$$

sein sollen. Wir erhalten durch zweimalige Anwendung von (24)

$$\begin{array}{l|l|l}
S_1^2\chi_1 = 2(\chi_1 + \chi_4) & S_2^2\chi_1 = 2(\chi_1 - \chi_4) & S_3^2\chi_1 = 4\chi_1 \\
S_1^2\chi_2 = 2(\chi_2 + \chi_3) & S_2^2\chi_2 = 2(\chi_2 + \chi_3) & S_3^2\chi_2 = 0 \\
S_1^2\chi_3 = 2(\chi_2 + \chi_3) & S_2^2\chi_3 = 2(\chi_2 + \chi_3) & S_3^2\chi_3 = 0 \\
S_1^2\chi_4 = 2(\chi_1 + \chi_4) & S_2^2\chi_4 = 2(\chi_4 - \chi_1) & S_3^2\chi_4 = 4\chi_4 \quad .
\end{array} \tag{26}$$

Die S_k^2 sind also zum Unterschied von den σ_k^2 keine Vielfachen der Einheitsmatrix. Zählen wir in Gl.(26) zeilenweise zusammen, so sehen wir, daß χ_1 und χ_4 Eigenspinoren von S^2 sind,

$$S^2\chi_1 = 8\chi_1 \quad ; \quad S^2\chi_4 = 8\chi_4 \quad .$$

Dagegen sind χ_2 und χ_3 noch miteinander gekoppelt,

$$S^2\chi_2 = S^2\chi_3 = 4(\chi_2 + \chi_3) \quad .$$

Fordern wir nun, daß

$$\chi' = a\chi_2 + b\chi_3$$

ein Eigenspinor von S^2 zum Eigenwert λ werden soll, so erhalten wir aus (26)

$$\lambda(a\chi_2 + b\chi_3) = 4(a + b)(\chi_2 + \chi_3)$$

oder das Gleichungssystem

$$(4 - \lambda)a + 4b = 0$$

$$4a + (4 - \lambda)b = 0 \quad ,$$

dessen Determinante verschwindet, wenn entweder $\lambda = 0$ (und $b = -a$) oder wenn $\lambda = 8$ (und $b = a$) wird. Auf diese Weise erhalten wir die mit Hilfe von (21b) normierten Linearkombinationen

$$\chi' = \frac{1}{\sqrt{2}}(\chi_2 + \chi_3) \quad ; \quad \chi'' = \frac{1}{\sqrt{2}}(\chi_2 - \chi_3) \quad .$$

Die Spinoren χ_1, χ' und χ_4 gehören zum Eigenwert 8 von S^2, χ'' zu dem Eigenwert 0.

Wir ändern nun die Bezeichnungen und indizieren die vier Basisspinoren mit dem Eigenwert von S_3:

$$\chi_1 = \varphi_2 \quad ; \quad \chi' = \varphi_0 \quad ; \quad \chi_4 = \varphi_{-2} \quad ; \quad \chi'' = \psi_0 \quad .$$

Statt (22) und (24) können wir dann unsere Ergebnisse folgendermaßen zusammenfassen: Das *Triplett*

$$\varphi_2 = \alpha_I\alpha_{II} \quad ; \quad \varphi_0 = \frac{1}{\sqrt{2}}(\alpha_I\beta_{II} + \beta_I\alpha_{II}) \quad ; \quad \varphi_{-2} = \beta_I\beta_{II} \tag{27a}$$

ist symmetrisch in I und II. Es gehört zum Eigenwert $S^2 = 8$ und ergibt

$S_1\varphi_2 = \sqrt{2}\varphi_0$	$S_2\varphi_2 = i\sqrt{2}\varphi_0$	$S_3\varphi_2 = 2\varphi_2$
$S_1\varphi_0 = \sqrt{2}(\varphi_2 + \varphi_{-2})$	$S_2\varphi_0 = i\sqrt{2}(\varphi_{-2} - \varphi_2)$	$S_3\varphi_0 = 0$
$S_1\varphi_{-2} = \sqrt{2}\varphi_0$	$S_2\varphi_{-2} = -i\sqrt{2}\varphi_0$	$S_3\varphi_{-2} = -2\varphi_{-2}$. (27b)

Die in I und II antisymmetrische Kombination ist ein *Singulett*

$$\psi_0 = \frac{1}{\sqrt{2}}(\alpha_I\beta_{II} - \beta_I\alpha_{II}) \tag{28}$$

und gehört zum Eigenwert $S^2 = 0$. Für alle drei S_k gilt

$$S_k\psi_0 = 0 \quad .$$

Die drei φ_k kombinieren also nur untereinander, aber nicht mit ψ_0. Der vierdimensionale Spinraum zerfällt daher in einen dreidimensionalen und einen eindimensionalen Unterraum. Wir können jeden für sich behandeln. Wählen wir für das Triplett eine Darstellung, in der S_3 diagonal ist, stellen wir also die drei Basisspinoren analog zu (18) durch

$$\varphi_2 = \begin{pmatrix}1\\0\\0\end{pmatrix} \quad ; \quad \varphi_0 = \begin{pmatrix}0\\1\\0\end{pmatrix} \quad ; \quad \varphi_{-2} = \begin{pmatrix}0\\0\\1\end{pmatrix} \tag{29a}$$

dar, so erhalten wir die Matrizen

$$S_1 = \sqrt{2}\begin{pmatrix}0 & 1 & 0\\1 & 0 & 1\\0 & 1 & 0\end{pmatrix} \quad ; \quad S_2 = i\sqrt{2}\begin{pmatrix}0 & 1 & 0\\-1 & 0 & 1\\0 & -1 & 0\end{pmatrix} \quad ; \quad S_3 = 2\begin{pmatrix}1 & 0 & 0\\0 & 0 & 0\\0 & 0 & -1\end{pmatrix} .$$

Es ist interessant, einen Blick auf die algebraischen Eigenschaften dieser drei Matrizen zu werfen. Natürlich genügen sie den gleichen Vertauschungsrelationen wie die Paulimatrizen,

$$[S_k, S_\ell] = 2iS_j \quad . \tag{30}$$

Von ihren Quadraten ist jedoch nur S_3^2 diagonal; dagegen wird

$$S_1^2 = 2\begin{pmatrix}1 & 0 & 1\\0 & 2 & 0\\1 & 0 & 1\end{pmatrix} \quad ; \quad S_2^2 = 2\begin{pmatrix}1 & 0 & -1\\0 & 2 & 0\\-1 & 0 & 1\end{pmatrix} . \tag{29b}$$

Weder diese Quadrate noch die drei Produkte

$$S_1S_2 = 2i\begin{pmatrix}1 & 0 & -1\\0 & 0 & 0\\1 & 0 & -1\end{pmatrix} \quad ; \quad S_2S_3 = 2i\sqrt{2}\begin{pmatrix}0 & 0 & 0\\1 & 0 & 1\\0 & 0 & 0\end{pmatrix} \quad ; \quad S_3S_1 = 2\sqrt{2}\begin{pmatrix}0 & 1 & 0\\0 & 0 & 0\\0 & -1 & 0\end{pmatrix} \tag{29c}$$

lassen sich linear aus $\underline{\underline{1}}$ und den drei S_k aufbauen. Erst mit den fünf Produkten (29b) und (29c) zusammen bilden sie eine vollständige Basis von neun Matrizen, aus denen nun in der Tat jede 3×3-Matrix mit ihren neun Matrixelementen linear aufgebaut werden kann. Dies gilt z.B. für die übrigen Produkte

$$S_3^2 = 8 \cdot \underline{\underline{1}} - (S_1^2 + S_2^2) \quad ; \quad S_2S_1 = S_1S_2 - 2iS_3 \quad ;$$
$$S_3S_2 = S_2S_3 - 2iS_1 \quad ; \quad S_1S_3 = S_3S_1 - 2iS_2 \quad .$$

Verknüpfen wir dagegen die Matrizen S_k nicht durch Produktbildung sondern durch Vertauschungsklammern, so bilden die drei S_k bereits die vollständige Basis eines Lieschen Ringes, da die Verknüpfung von

$$A = \sum_{k=1}^{3} a_k S_k \quad \text{und} \quad B = \sum_{k=1}^{3} b_k S_k$$

auf

$$C = [A,B] = 2i \sum_{k=1}^{3} c_k S_k$$

mit

$$c_1 = a_2b_3 - a_3b_2 \quad ; \quad c_2 = a_3b_1 - a_1b_3 \quad ; \quad c_3 = a_1b_2 - a_2b_1$$

führt. Hierzu sei noch bemerkt, daß die Verknüpfung durch Vertauschungsklammer *nicht assoziativ* ist. Zwischen drei Elementen A, B, C eines Lieschen Ringes besteht nämlich die Jacobische Identität

$$\left[[A,B],C\right] + \left[[B,C],A\right] + \left[[C,A],B\right] = 0 \quad ,$$

die wegen $[A,B] = -[B,A]$ auch

$$\left[[A,B],C\right] - \left[A,[B,C]\right] = \left[B,[C,A]\right]$$

geschrieben werden kann. Bei Assoziativität müßten sich die beiden Ausdrücke links gegeneinander wegheben, auf der rechten Seite müßte also Null stehen.

Wir können nun überlegen, was sich bei der Zusammensetzung einer beliebigen Anzahl N zweidimensionaler Spinräume ergibt. Dann treten offenbar in der Basis alle Produkte der Form $\alpha^{N-k}\beta^k$ auf, wobei die Reihenfolge der Faktoren noch beliebig permutiert werden kann. Nach den Regeln der Kombinatorik lassen sich k Faktoren β auf die N Plätze des Produkts auf $\binom{N}{k}$ verschiedene Weisen verteilen. Der zu diesem Produkt gehörige Eigenwert von S_3 ist $N - 2k$. Ordnen wir daher die möglichen 2^N Eigenspinoren von S_3 und S^2, so erhalten wir zunächst ein Multiplett von $N + 1$ Spinoren, zu dem alle Werte von S_3 von $-N$ bis $+N$ beitragen (also die Eigenwerte $N, N-2, N-4, \ldots, -N$), das zu dem Eigenwert $N(N+2)$ von S^2 gehört. Diesem Multiplett gehört sowohl das Produkt α^N (zu $S_3 = +N$) als β^N (zu $S_3 = -N$) an, die damit für die weitere Konstruktion der Basis nicht mehr zur Verfügung stehen. Für den nächsten Schritt bleiben daher nur noch die Werte $-N+2 \leq S_3 \leq N-2$ verfügbar. Da von den $\binom{N}{1} = N$ Kombinationen zu $S_3 = N-2$ aber bereits eine verbraucht ist, erhalten wir nur noch

$\binom{N}{1} - 1$ Multipletts der Multiplizität N-1

zu $S^2 = (N-2)N$. Dies Reduktionsverfahren können wir fortsetzen, so daß wir folgende Reihe erhalten:

1 Multiplett der Multiplizität N+1 zu $S^2 = N(N+2)$,

$\binom{N}{1} - 1$ Multipletts der Multiplizität N-1 zu $S^2 = (N-2)N$,

$\binom{N}{2} - \binom{N}{1}$ Multipletts der Multiplizität N-3 zu $S^2 = (N-4)(N-2)$

usw., allgemein

$\binom{N}{k} - \binom{N}{k-1}$ Multipletts der Multiplizität N-2k+1 zu $S^2 = (N-2k)(N-2k+2)$

bis zu $k = \left[\frac{N}{2}\right]$, d.h. bis zu $k = n$ für gerade $N = 2n$ oder ungerade $N = 2n + 1$. Im ersten Fall endet die Reihe mit

$$\frac{(2n)!}{n!(n+1)!} \quad \text{Singuletts zu } S^2 = 0 \quad ,$$

im zweiten mit

$$\frac{(2n+1)!}{n!(n+1)!} \quad \text{Dubletts zu } S^2 = 2 \quad .$$

Die Gesamtzahl aller Basisspinoren muß natürlich gleich der Dimension 2^N des Spinraumes sein. Nach unserem Schema erhalten wir dafür zunächst

$$Z = \sum_{k=0}^{[N/2]} (N - 2k + 1)\binom{N}{k} - \sum_{k=1}^{[N/2]} (N - 2k + 1)\binom{N}{k-1} \quad .$$

Eine einfache Umformung macht hieraus

$$Z = \sum_{k=0}^{n} (N - 2k + 1)\binom{N}{k} - \sum_{k=0}^{n-1} (N - 2k - 1)\binom{N}{k}$$

$$= 2\sum_{k=0}^{n-1} \binom{N}{k} + (N + 1 - 2n)\binom{N}{n} \quad .$$

Für N = 2n ist das

$$Z = 2\sum_{k=0}^{n-1} \binom{2n}{k} + \binom{2n}{n} = \sum_{k=0}^{2n} \binom{2n}{k} = 2^{2n} = 2^N$$

und für N = 2n + 1

$$Z = 2\sum_{k=0}^{n-1} \binom{2n+1}{k} + 2\binom{2n+1}{n} = \sum_{k=0}^{2n+1} \binom{2n+1}{k} = 2^{2n+1} = 2^N \quad ,$$

wobei wir eine bekannte Formel für die Zusammenfassung einer Summe aller Binomialkoeffizienten zu einer Potenz ausgenutzt haben.

§6. Verallgemeinerungen der Gruppe SU2

a) *Grundsätzliche Betrachtungen*

Es seien n linear unabhängige hermitische Matrizen H_k (k = 1,2, ..., n) der gleichen Dimension N gegeben, zwischen denen Vertauschungsrelationen der Form

$$[H_k,H_\ell] = i \sum_{j=1}^{n} f_{k\ell,j}H_j \tag{1}$$

bestehen. Aus Gl.(1) folgt für die *Strukturkonstanten* sofort

$$f_{k\ell,j} = -f_{\ell k,j} \quad . \tag{2}$$

Aus der Hermitizität der H_k folgt, daß die Strukturkonstanten reell sein müssen. Schließlich erhält man durch Spurbildung aus (1)

$$\text{spur } H_j = 0 \tag{3}$$

für alle j.

Wir definieren

$$e^{i\alpha_k H_k} = \lim_{\lambda \to \infty} (1 + \frac{i}{\lambda} \alpha_k H_k)^\lambda \quad ;$$

dann ist dies für reelle α_k eine *unitäre Matrix* der gleichen Dimension N wie H_k. Dasselbe gilt für

$$U = e^{i\alpha_1 H_1} \; e^{i\alpha_2 H_2} \dots e^{i\alpha_n H_n} \quad . \tag{4a}$$

Sind die α_k sämtlich infinitesimal, $\alpha_k = \varepsilon_k$, so geht (4a) über in

$$U = \underline{\underline{1}} + i \sum_{k=1}^{n} \varepsilon_k H_k \quad . \tag{4b}$$

Für diese Matrix beweist man leicht, daß

$$\det U = 1 \tag{5}$$

ist. Schreiben wir nämlich für die Matrixelemente kurz

$$U_{\mu\nu} = \delta_{\mu\nu} + u_{\mu\nu} \quad ,$$

und sind alle $u_{\mu\nu}$ von erster Ordnung klein, so wird die Determinante bis auf Glieder zweiter Ordnung

$$\det U = 1 + \sum_{\mu} u_{\mu\mu} = 1 + i \sum_{k=1}^{n} \varepsilon_k \; \mathrm{spur}\, H_k \quad ,$$

wo wegen (3) in der Tat die Summe verschwindet.

Die unitären Matrizen (4a) bilden eine n-parametrige kontinuierliche *Gruppe*, in der jedes Element U als Produkt aus unendlich vielen infinitesimalen Matrizen (4b) aufgebaut werden kann. Die Bedingung (5) ist daher auch für jede mit endlichen Werten der α_k gebildete Matrix (4a) erfüllt. Wegen dieser Aufbaumöglichkeit heißen die hermitischen Matrizen die *Erzeugenden* oder *Generatoren* der Gruppe; sie sind aber selbst keine Gruppenelemente.

Man überprüft leicht die Gruppeneigenschaften. Sind alle $\alpha_k = 0$, so entsteht das Einselement $U = \underline{\underline{1}}$ der Gruppe. Jedes Element U, Gl.(4a), besitzt ein Inverses

$$U^{-1} = e^{-i\alpha_n H_n} \dots e^{-i\alpha_2 H_2} \cdot e^{-i\alpha_1 H_1} = U^{\dagger} \quad .$$

Die Assoziativität ist für Matrixprodukte stets erfüllt. Das Produkt $U_3 = U_2 U_1$ mit $U_3^{\dagger} = U_1^{\dagger} U_2^{\dagger}$ ist ebenfalls unitär, und wegen

$$\det(U_2 U_1) = \det U_2 \cdot \det U_1$$

besitzt auch das Produkt wieder die Determinante 1, ist also Gruppenelement.

Die unitären Matrizen lassen sich auf zwei verschiedene Weisen zur Beschreibung von Transformationen benutzen. Die eine besteht darin, die Zahlen

$$z = \sum_{k=1}^{n} A_k H_k \tag{6}$$

mit komplexen Koeffizienten A_k nach dem Schema

$$z' = U^{\dagger} z U \tag{7}$$

zu transformieren. Man prüft leicht nach, daß für die infinitesimale Transformation (4b)

$$z' = \sum_k A_k \left(H_k + i \sum_\ell \varepsilon_\ell [H_k, H_\ell] \right)$$

oder wegen (1)

$$z' = \sum_{k=1}^{n} A_k' H_k \quad \text{mit} \quad A_k' = A_k + \sum_{\ell,j} \varepsilon_\ell f_{\ell j,k} A_j \tag{8}$$

wird. (Sind die Koeffizienten A_k reell, so sind es auch die A_k'.) Die Zahlen (6) bilden einen *Lieschen Ring* (vgl.§4c), und die Transformation (7) bildet diesen Ring auf sich selbst ab (Automorphismus).

Von größerer Bedeutung für die Anwendungen in der Physik ist die Transformation eines N-dimensionalen Vektors $\underline{x}$ mit den Komponenten x_μ durch $\underline{x}' = U\underline{x}$ oder, ausführlich geschrieben,

$$x_\mu' = \sum_{\nu=1}^{N} U_{\mu\nu} x_\nu \quad . \tag{9}$$

Die Matrix U hat N^2 Elemente, ist also gemäß

$$U_{\mu\nu} = a_{\mu\nu} + ib_{\mu\nu}$$

aus $2N^2$ reellen Zahlen $a_{\mu\nu}$ und $b_{\mu\nu}$ aufgebaut. Damit sie unitär ist, damit also

$$(U^+U)_{\mu\nu} = \sum_\lambda U^*_{\lambda\mu} U_{\lambda\nu} = \delta_{\mu\nu}$$

für alle μ und ν gilt, müssen die Gleichungen

$$\sum_\lambda (a_{\lambda\mu} a_{\lambda\nu} + b_{\lambda\mu} b_{\lambda\nu}) = \delta_{\mu\nu}$$

und

$$\sum_\lambda (a_{\lambda\mu} b_{\lambda\nu} - b_{\lambda\mu} a_{\lambda\nu}) = 0$$

erfüllt sein. Für $\mu = \nu$ ist der zweite Gleichungssatz automatisch erfüllt; aus dem ersten erhalten wir insgesamt N Bedingungen. Für $\mu \neq \nu$ besteht Invarianz gegen Vertauschung von μ und ν; jeder Satz liefert daher $\frac{1}{2}$ N(N-1) Gleichungen. Insgesamt bestehen daher für Unitarität $N(N-1) + N = N^2$ Bedingungen zwischen den $2N^2$ reellen Größen $a_{\mu\nu}$ und $b_{\mu\nu}$. Hierzu tritt noch die Forderung det U = 1; es bleiben also insgesamt $n = N^2-1$ reelle Parameter frei wählbar. Umgekehrt ist die auf den n Erzeugenden H_k aufgebaute Gruppe für die unitären Transformationen (9) eines N-dimensionalen Vektorraumes geeignet, wenn die Bedingung

$$n = N^2 - 1 \tag{10}$$

erfüllt ist. Wir bezeichnen diese Transformationsgruppe mit dem Symbol SUN; Gl.(10) ergibt die Zuordnung

	SU2	SU3	SU4	SU5	SU6	usw.
N =	2	3	4	5	6	
n =	3	8	15	24	35	.

Die SU2 haben wir bereits in §4 kennengelernt. Die beiden nächst höheren Transformationsgruppen werden wir im folgenden noch etwa genauer untersuchen.

In §4 hatten wir Homomorphie zwischen der SU2 und der reellen dreidimensionalen Drehgruppe SO3 gefunden. Wir wollen deshalb noch kurz auf die Frage eingehen, wie weit Analoges für die höheren SUN möglich ist. Eine SON wird durch eine N-dimensionale Matrix von N^2 reellen Elementen beschrieben. Ist die Drehung infinitesimal, so gilt

$$x'_\mu = \sum_{\nu=1}^{N} \alpha_{\mu\nu} x_\nu$$

mit

$$\alpha_{\mu\nu} = \delta_{\mu\nu} + \varepsilon_{\mu\nu} \quad \text{und} \quad \varepsilon_{\nu\mu} = -\varepsilon_{\mu\nu} \quad .$$

Daher gibt es $\frac{1}{2}N(N-1)$ reelle Zahlen $\varepsilon_{\mu\nu}$, d.h. die Zahl der frei wählbaren Parameter ist in diesem Fall

$$n = \frac{1}{2} N(N-1) \quad , \tag{11}$$

so daß wir die Zuordnung erhalten

	SO2	SO3	SO4	SO5	SO6	usw.
N =	2	3	4	5	6	
n =	1	3	6	10	15	

Wie man sieht, treten für die SU und SO keineswegs die gleichen Parameterzahlen n auf. Homomorphismen können daher nicht in allen Fällen bestehen; diejenigen mit den niedrigsten Parameterzahlen n sind

n = 3 Parameter für SU2 und SO3 ,
n = 15 Parameter für SU4 und SO6 ,
n = 120 Parameter für SU11 und SO16 .

Für SU3 insbesondere gibt es keine homomorphe SO-Gruppe.

b) *Die dreidimensionale Darstellung der SU3*

Wir haben oben gesehen, daß die SU3 eine achtparametrige Gruppe ist; ihre infinitesimalen Gruppenelemente (4b) werden durch die Einheitsmatrix und acht hermitische Erzeugende H_k beschrieben, insgesamt also durch eine Linearkombination aus neun Matrizen.

Da dreidimensionale Matrizen aus neun Matrixelementen bestehen, läßt sich jede solche Matrix aus einer Linearkombination von neun Matrizen aufbauen. Die einfachste Art, solche Matrizen zu bilden, besteht darin, jeweils ein Element (etwa an der Stelle $\mu = i$, $\nu = k$ der Matrix M_{ik}) gleich 1, alle anderen gleich Null zu wählen, also die Matrizen M_{ik} mit den Elementen

$$(M_{ik})_{\mu\nu} = \delta_{i\mu}\delta_{k\nu} \tag{12a}$$

zu benutzen. Sie befolgen sehr einfache Multiplikationsregeln,

$$M_{ik}M_{\ell m} = M_{im}\delta_{k\ell} \quad , \tag{12b}$$

nach denen sich auch leicht Vertauschungsrelationen angeben lassen. Um eine *hermitische Basis* zu erhalten, bilden wir die sechs Kombinationen

$$H_1 = \frac{1}{2}(M_{12} + M_{21}) \quad ; \quad H_2 = \frac{1}{2i}(M_{12} - M_{21}) \quad ;$$

$$H_3 = \frac{1}{2}(M_{23} + M_{32}) \quad ; \quad H_4 = \frac{1}{2i}(M_{23} - M_{32}) \quad ;$$

$$H_5 = \frac{1}{2}(M_{31} + M_{13}) \quad ; \quad H_6 = \frac{1}{2i}(M_{31} - M_{13}) \quad , \tag{13a}$$

die sämtlich verschwindende Spur haben, da sie kein von Null verschiedenes Diagonalelement enthalten. Wir fügen zwei weitere, diagonale Matrizen hinzu, deren Diagonalelemente sich bei Spurbildung herausheben,

$$H_7 = \frac{1}{2}(M_{11} - M_{22}) \tag{13b}$$

und

$$H_8 = \frac{1}{3}(M_{11} + M_{22} - 2M_{33}) \quad . \tag{13c}$$

Der für die Physik der Elementarteilchen entscheidende Unterschied dieser Basis zu den Paulimatrizen der SU2 besteht darin, daß unter den 8 Erzeugenden H_k *zwei Diagonalmatrizen* H_7 und H_8 auftreten. Daher gibt es auch *gemeinsame Eigenspinoren* zu beiden. Bezeichnen wir diese in der dreidimensionalen Darstellung analog zur Spintheorie mit

$$\alpha = \begin{pmatrix}1\\0\\0\end{pmatrix} \quad ; \quad \beta = \begin{pmatrix}0\\1\\0\end{pmatrix} \quad ; \quad \gamma = \begin{pmatrix}0\\0\\1\end{pmatrix} \quad , \tag{14}$$

so wird

$$H_7\alpha = \frac{1}{2}\alpha \quad ; \quad H_7\beta = -\frac{1}{2}\beta \quad ; \quad H_7\gamma = 0$$

und

$$H_8\alpha = \frac{1}{3}\alpha \quad ; \quad H_8\beta = \frac{1}{3}\beta \quad ; \quad H_8\gamma = -\frac{2}{3}\gamma \quad .$$

Die drei Matrizen H_1, H_2, H_7 stehen zueinander in der gleichen Beziehung wie die drei Paulimatrizen (abgesehen von dem Normierungsfaktor $\frac{1}{2}$). Sie werden in der Physik als die *Isospinmatrizen* T_k bezeichnet,

$$H_1 = T_1 \quad ; \quad H_2 = T_2 \quad ; \quad H_7 = T_3 \quad ; \quad T^+ = T_1 + iT_2 \quad ; \quad T^- = T_1 - iT_2 \quad .$$

Außerdem ist es üblich Y für H_8 zu schreiben. Dann lauten die Eigenwertgleichungen für T_3 und Y

$$T_3\varphi = t_3 \cdot \varphi \quad ; \quad Y = y \cdot \varphi \quad , \tag{15}$$

wobei die Eigenwerte mit t_3 und y bezeichnet sind, und die drei Spinoren (14) die Eigenspinoren sind. In der Physik heißt y die *Hyperladung*. Es gehört

$$\varphi = \alpha \quad \text{zu} \quad t_3 = \frac{1}{2} \quad \text{und} \quad y = \frac{1}{3} \;,$$

$$\varphi = \beta \quad \text{zu} \quad t_3 = -\frac{1}{2} \quad \text{und} \quad y = \frac{1}{3} \;,$$

$$\varphi = \gamma \quad \text{zu} \quad t_3 = 0 \quad \text{und} \quad y = -\frac{2}{3} \;. \tag{16}$$

Analog zu H_1 und H_2 fassen wir auch H_3 und H_4, bzw. H_5 und H_6 zusammen und ändern die Bezeichnung um in

$$H_3 + iH_4 = U_1 + iU_2 = U^+ \;;\; H_3 - iH_4 = U_1 - iU_2 = U^- \;;$$

$$H_5 + iH_6 = V_1 + iV_2 = V^+ \;;\; H_5 - iH_6 = V_1 - iV_2 = V^- \;. \tag{17}$$

Hier werden auch die Ausdrücke U-Spin und V-Spin benutzt.

Bei Anwendung auf die Spinoren (14) gilt dann analog zu $\frac{1}{2}\sigma^+\beta = \alpha$ und $\frac{1}{2}\sigma^-\alpha = \beta$ auch

$$T^+\beta = \alpha \;;\quad T^-\alpha = \beta \;;$$

$$U^+\gamma = \beta \;;\quad U^-\beta = \gamma \;;$$

$$V^+\alpha = \gamma \;;\quad V^-\gamma = \alpha \;, \tag{18}$$

während die Anwendung dieser Operatoren auf die jeweils zwei anderen Spinoren Null ergibt. Dies erlaubt die Darstellung der Fig.11, in der jedem der drei Spinoren ein Punkt in der t_3-y-Ebene gemäß Gl.(16) zugeordnet ist, und in der sich alle sechs Matrizen der Gl.(18) als *Schiebeoperatoren* erweisen. Ein Hinausschieben über die Ecken des Dreiecks hinaus ergibt jedesmal Null.

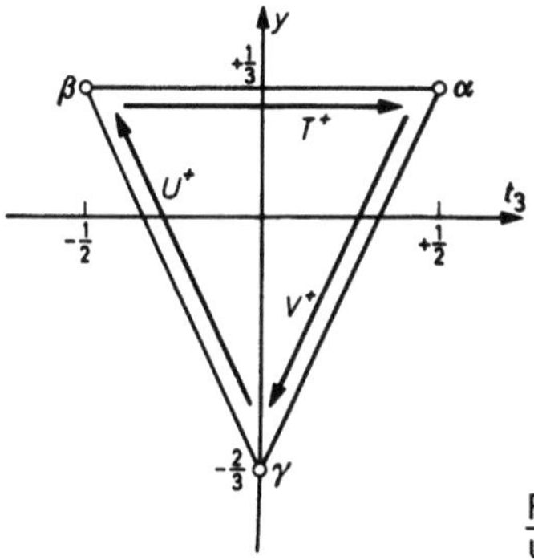

Fig.11. Die dreidimensionale Darstellung der SU3 und die Schiebeoperatoren

Für das folgende ist es nützlich, die Vertauschungsrelationen statt zwischen den H_k für die T, U und V zur Hand zu haben. Sie sind deshalb in der folgenden Übersicht zusammengestellt.

X	$[T^+,X]$	$[T^-,X]$	$[T_3,X]$	$[Y,X]$	$[U^+,X]$	$[U^-,X]$	$[V^+,X]$	$[V^-,X]$
T^+	0	$-2T_3$	T^+	0	$-V^-$	0	U^-	0
T^-	$2T_3$	0	$-T^-$	0	0	V^+	0	$-U^+$
T_3	$-T^+$	T^-	0	0	$\frac{1}{2}U^+$	$-\frac{1}{2}U^-$	$\frac{1}{2}V^+$	$-\frac{1}{2}V^-$
Y	0	0	0	0	$-U^+$	U^-	V^+	$-V^-$
U^+	V^-	0	$-\frac{1}{2}U^+$	U^+	0	$T_3-\frac{3}{2}Y$	$-T^-$	0
U^-	0	$-V^+$	$\frac{1}{2}U^-$	$-U^-$	$-T_3+\frac{3}{2}Y$	0	0	T^+
V^+	$-U^-$	0	$-\frac{1}{2}V^+$	$-V^+$	T^-	0	0	$T_3+\frac{3}{2}Y$
V^-	0	U^+	$\frac{1}{2}V^-$	V^-	0	$-T^+$	$-T_3-\frac{3}{2}Y$	0

(19)

Am Rande sei noch angemerkt, daß mit den Abkürzungen

$$2U_3 = -T_3 + \frac{3}{2}Y \quad \text{und} \quad 2V_3 = -T_3 - \frac{3}{2}Y$$

innerhalb der Tripel $U_1U_2U_3$ und $V_1V_2V_3$ jeweils die gleichen Vertauschungsrelationen wie für $T_1T_2T_3$ entstehen. Analog zu dem Operator

$$T^2 = T_1^2 + T_2^2 + T_3^2 = \frac{3}{4}(M_{11} + M_{22})$$

können wir dann auch

$$U^2 = U_1^2 + U_2^2 + U_3^2 = \frac{3}{4}(M_{22} + M_{33})$$

und

$$V^2 = V_1^2 + V_2^2 + V_3^2 = \frac{3}{4}(M_{33} + M_{11})$$

bilden. Diese drei Operatoren sind gleichzeitig mit T_3 und Y diagonal und besitzen die Eigenwerte $\frac{3}{4}$, $\frac{3}{4}$, 0 in verschiedener Reihenfolge, also z.B.

$$T^2\alpha = \frac{3}{4}\alpha \;; \quad T^2\beta = \frac{3}{4}\beta \;; \quad T^2\gamma = 0 \quad .$$

Bezeichnen wir die Eigenwerte von T^2 mit $t(t+1)$, so bilden α und β ein Dublett zum Isospin $t = \frac{1}{2}$ mit den Komponenten $t_3 = +\frac{1}{2}$ und $t_3 = -\frac{1}{2}$, während γ zu $t = 0$ gehört.

c) *Die vierdimensionale Darstellung der SU4*

Wir haben bereits gesehen, daß die Zahl frei wählbarer reeller Parameter α_k für die SU4

$$n = 15$$

wird. Die infinitesimale unitäre Transformation

$$U = \underline{\underline{1}} + i \sum_{k=1}^{15} \alpha_k H_k$$

enthält also als Erzeugende 15 hermitische 4×4-Matrizen H_k mit verschwindender Spur. Eine solche Basis ist nun wohlbekannt von den *Cliffordschen Zahlen*, die eine Verallgemeinerung der Quaternionen sind. Sie sind in der Physik seit Dirac's relativistischer Quantenmechanik des Elektrons wohlbekannt und standardisiert. Ihre 15 Basiselemente sind im folgenden zusammengestellt.

Sie lassen sich zweistufig mit Hilfe der drei Paulimatrizen σ_k aufbauen. Zunächst werden die Matrizen

$$\gamma_k = \begin{pmatrix} \underline{\underline{0}} & -i\sigma_k \\ i\sigma_k & \underline{\underline{0}} \end{pmatrix} \quad \text{mit} \quad k = 1,2,3 \quad \text{und} \quad \gamma_4 = \begin{pmatrix} \underline{\underline{1}} & \underline{\underline{0}} \\ \underline{\underline{0}} & -\underline{\underline{1}} \end{pmatrix} \tag{20}$$

gebildet, die ein irreduzibles System bilden. Sie befolgen (ähnlich wie die Paulimatrizen) die Regeln

$$\gamma_\mu\gamma_\nu + \gamma_\nu\gamma_\mu = 2\delta_{\mu\nu} \quad (\mu,\nu = 1,2,3,4) \quad . \tag{21}$$

Während aber das Produkt zweier Paulimatrizen gemäß $\sigma_1\sigma_2 = i\sigma_3$ usw. wieder eine Paulimatrix gibt, trifft das für die γ_μ nicht mehr zu. Vielmehr werden die Produkte

$$\gamma_k\gamma_\ell = \begin{pmatrix} \sigma_k\sigma_\ell & \underline{\underline{0}} \\ \underline{\underline{0}} & \sigma_k\sigma_\ell \end{pmatrix} \quad ; \quad \gamma_k\gamma_4 = \begin{pmatrix} \underline{\underline{0}} & i\sigma_k \\ i\sigma_k & \underline{\underline{0}} \end{pmatrix} \tag{22}$$

weitere sechs linear unabhängige, aus den vier γ_μ aufzubauende Basiselemente. Auch die Produkte von drei verschiedenen Matrizen,

$$\gamma_k\gamma_\ell\gamma_4 = \begin{pmatrix} \sigma_k\sigma_\ell & \underline{\underline{0}} \\ \underline{\underline{0}} & -\sigma_k\sigma_\ell \end{pmatrix} \quad ; \quad \gamma_1\gamma_2\gamma_3 = \begin{pmatrix} \underline{\underline{0}} & \underline{\underline{1}} \\ -\underline{\underline{1}} & \underline{\underline{0}} \end{pmatrix} \tag{23}$$

und das Produkt aller vier Matrizen

$$\gamma_1\gamma_2\gamma_3\gamma_4 = \begin{pmatrix} \underline{\underline{0}} & -\underline{\underline{1}} \\ -\underline{\underline{1}} & \underline{\underline{0}} \end{pmatrix} \tag{24}$$

sind von den voraufgegangenen linear unabhängig. Damit sind aber alle 15 Basiselemente gewonnen. Änderungen in der Reihenfolge der Faktoren geben wegen (21) nur Vorzeichenänderungen; Wiederholungen gleicher Matrizen im Produkt, die von fünf Faktoren an notwendig auftreten, gestatten Reduktion auf eine Matrix aus zwei Faktoren weniger, z.B.

$$\gamma_1\gamma_2\gamma_4\gamma_2 = -\gamma_1\gamma_2^2\gamma_4 = -\gamma_1\gamma_4 \quad .$$

Den Ausdrücken (20) und (22) bis (24) sieht man sofort an, daß ihre Spuren verschwinden, da auch $\mathrm{spur}\,\sigma_k = 0$ ist. Die Matrizen

$$\gamma_k \ , \ -i\gamma_k\gamma_\ell \ , \ -i\gamma_k\gamma_4 \ , \ -i\gamma_k\gamma_\ell\gamma_4 \ , \ -i\gamma_1\gamma_2\gamma_3 \ , \ \gamma_1\gamma_2\gamma_3\gamma_4$$

sind hermitisch.

Unsere Darstellung, kombiniert mit der Standarddarstellung der Paulimatrizen aus §4c zeigt auch sofort, daß *drei* Basiselemente gleichzeitig diagonal sind, nämlich

$$\gamma_4 = \begin{pmatrix} 1 & 0 & 0 & 0 \\ 0 & 1 & 0 & 0 \\ 0 & 0 & -1 & 0 \\ 0 & 0 & 0 & -1 \end{pmatrix} ; \quad -i\gamma_1\gamma_2 = \begin{pmatrix} 1 & 0 & 0 & 0 \\ 0 & -1 & 0 & 0 \\ 0 & 0 & 1 & 0 \\ 0 & 0 & 0 & -1 \end{pmatrix} ; \quad -i\gamma_1\gamma_2\gamma_4 = \begin{pmatrix} 1 & 0 & 0 & 0 \\ 0 & -1 & 0 & 0 \\ 0 & 0 & -1 & 0 \\ 0 & 0 & 0 & 1 \end{pmatrix} . \qquad (25)$$

Eine anschauliche Behandlung wie die der SU3 in der t_3,y-Ebene muß bei der SU4 also in drei Dimensionen erfolgen.

Zur Erleichterung der physikalischen Anwendungen wollen wir im folgenden in der hermitischen Basis wieder einen Faktor $\frac{1}{2}$ einfügen und die fünfzehn Größen

$$H_1 = \frac{1}{2}\gamma_1 \; ; \; H_2 = \frac{1}{2}\gamma_2 \; ; \; H_3 = \frac{1}{2}\gamma_3 \; ; \; H_4 = \frac{1}{2}\gamma_4 \; ;$$

$$H_5 = -\frac{i}{2}\gamma_1\gamma_2 \; ; \; H_6 = -\frac{i}{2}\gamma_2\gamma_3 \; ; \; H_7 = -\frac{i}{2}\gamma_3\gamma_1 \; ;$$

$$H_8 = -\frac{i}{2}\gamma_1\gamma_4 \; ; \; H_9 = -\frac{i}{2}\gamma_2\gamma_4 \; ; \; H_{10} = -\frac{i}{2}\gamma_3\gamma_4 \; ;$$

$$H_{11} = -\frac{i}{2}\gamma_2\gamma_3\gamma_4 \; ; \; H_{12} = -\frac{i}{2}\gamma_3\gamma_4\gamma_1 \; ; \; H_{13} = -\frac{i}{2}\gamma_4\gamma_1\gamma_2 \; ;$$

$$H_{14} = -\frac{i}{2}\gamma_1\gamma_2\gamma_3 \quad \text{und} \quad H_{15} = \frac{1}{2}\gamma_1\gamma_2\gamma_3\gamma_4 \qquad (26)$$

benutzen. Die zwischen ihnen bestehenden Vertauschungsrelationen lassen sich leicht aus der Standarddarstellung der Gln.(20) bis (24) berechnen. In der folgenden Übersicht (27) sind die Größen

$$-i[H_k, H_\ell]$$

eingetragen.

Wie bei der SU2 und SU3 können wir auch hier *Schiebeoperatoren* einführen. Wir benutzen wieder die Standarddarstellung, in der die drei Matrizen

$$X = H_4 \; ; \; Y = H_5 \; ; \; Z = H_{13} \qquad (28a)$$

diagonal sind. Es sei $\varphi(\xi,\eta,\zeta)$ ein gemeinsamer Eigenspinor zu den Eigenwerten ξ von X, η von Y und ζ von Z, also

$$X\varphi = \xi\cdot\varphi \; ; \; Y\varphi = \eta\cdot\varphi \; ; \; Z\varphi = \zeta\cdot\varphi . \qquad (28b)$$

Dann suchen wir solche Linearkombinationen P aus den H_k auf, für die gleichzeitig

$$[X,P] = aP \; ; \; [Y,P] = bP \; ; \; [Z,P] = cP \qquad (29)$$

jeweils proportional zu P selbst wird. Dann lautet z.B. die erste dieser Relationen ausführlich geschrieben in Anwendung auf den Spinor $\varphi(\xi)$:

k \ ℓ	H_1	H_2	H_3	H_4	H_5	H_6	H_7	H_8	H_9	H_{10}	H_{11}	H_{12}	H_{13}	H_{14}	H_{15}
H_1	0	H_5	$-H_7$	H_8	$-H_2$	0	H_3	$-H_4$	0	0	$-H_{15}$	0	0	0	H_{11}
H_2	$-H_5$	0	H_6	H_9	H_1	$-H_3$	0	0	$-H_4$	0	0	H_{15}	0	0	$-H_{12}$
H_3	H_7	$-H_6$	0	H_{10}	0	H_2	$-H_1$	0	0	$-H_4$	0	0	$-H_{15}$	0	H_{13}
H_4	$-H_8$	$-H_9$	$-H_{10}$	0	0	0	0	H_1	H_2	H_3	0	0	0	H_{15}	$-H_{14}$
H_5	H_2	$-H_1$	0	0	0	H_7	$-H_6$	H_9	$-H_8$	0	$-H_{12}$	H_{11}	0	0	0
H_6	0	H_3	$-H_2$	0	$-H_7$	0	H_5	0	H_{10}	$-H_9$	0	$-H_{13}$	H_{12}	0	0
H_7	$-H_3$	0	H_1	0	H_6	$-H_5$	0	$-H_{10}$	0	H_8	$-H_{13}$	0	H_{11}	0	0
H_8	H_4	0	0	$-H_1$	$-H_9$	0	H_{10}	0	H_5	$-H_7$	$-H_{14}$	0	0	H_{11}	0
H_9	0	H_4	0	$-H_2$	H_8	$-H_{10}$	0	$-H_5$	0	H_6	0	H_{14}	0	$-H_{12}$	0
H_{10}	0	0	H_4	$-H_3$	0	H_9	$-H_8$	H_7	$-H_6$	0	0	0	$-H_{14}$	H_{13}	0
H_{11}	H_{15}	0	0	0	H_{12}	0	H_{13}	H_{14}	0	0	0	$-H_5$	$-H_7$	$-H_8$	$-H_1$
H_{12}	0	$-H_{15}$	0	0	$-H_{11}$	H_{13}	0	0	$-H_{14}$	0	H_5	0	$-H_6$	H_9	H_2
H_{13}	0	0	H_{15}	0	0	$-H_{12}$	$-H_{11}$	0	0	H_{14}	H_7	H_6	0	$-H_{10}$	$-H_3$
H_{14}	0	0	0	$-H_{15}$	0	0	0	$-H_{11}$	H_{12}	$-H_{13}$	H_8	$-H_9$	H_{10}	0	H_4
H_{15}	$-H_{11}$	H_{12}	$-H_{13}$	H_{14}	0	0	0	0	0	0	H_1	$-H_2$	H_3	$-H_4$	0

(27)

$$XP\varphi(\xi) - PX\varphi(\xi) = aP\varphi(\xi)$$

oder

$$X[P\varphi(\xi)] = (\xi + a)[P\varphi(\xi)] \quad ,$$

d.h. der Spinor $P\varphi(\xi)$ gehört zum Eigenwert $\xi + a$ von X. Verfahren wir analog auch mit Y und Z, so folgt aus (29)

$$P\varphi(\xi,\eta,\zeta) = \varphi(\xi + a, \eta + b, \zeta + c) \quad . \tag{30}$$

Im ganzen lassen sich 12 Schiebeoperatoren nach diesem Schema konstruieren, nämlich

$$A = \frac{i}{2}\,[(H_1 + iH_2) + (H_9 - iH_8)] \quad ;$$
$$B = -\frac{i}{2}\,[(H_1 + iH_2) - (H_9 - iH_8)] \quad ;$$
$$C = \frac{1}{2}\,[(H_6 + iH_7) + (H_{11} - iH_{12})] \quad ;$$
$$D = \frac{1}{2}\,[(H_6 + iH_7) - (H_{11} - iH_{12})] \quad ;$$
$$E = \frac{i}{2}\,[(H_3 + iH_{15}) + (H_{14} - iH_{10})] \quad ;$$

$$F = \frac{i}{2} [(H_3 + iH_{15}) - (H_{14} - iH_{10})] \tag{31}$$

und ihre hermitisch Konjugierten $A^\dagger, \ldots, F^\dagger$. Sie genügen den folgenden Vertauschungsrelationen

$$\begin{aligned}
&[X,A] = A \;; \quad [Y,A] = A \;; \quad [Z,A] = 0 \;; \\
&[X,B] = -B \;; \quad [Y,B] = B \;; \quad [Z,B] = 0 \;; \\
&[X,C] = 0 \;; \quad [Y,C] = C \;; \quad [Z,C] = C \;; \\
&[X,D] = 0 \;; \quad [Y,D] = D \;; \quad [Z,D] = -D \;; \\
&[X,E] = E \;; \quad [Y,E] = 0 \;; \quad [Z,E] = E \;; \\
&[X,F] = -F \;; \quad [Y,F] = 0 \;; \quad [Z,F] = F \;,
\end{aligned} \tag{32}$$

entsprechen also nach Gl.(30) den folgenden Verschiebungen

$$\begin{aligned}
&A:\ \xi,\ \eta,\ \zeta \to \xi+1,\ \eta+1,\ \zeta \\
&B:\ \xi,\ \eta,\ \zeta \to \xi-1,\ \eta+1,\ \zeta \\
&C:\ \xi,\ \eta,\ \zeta \to \xi,\ \eta+1,\ \zeta+1 \\
&D:\ \xi,\ \eta,\ \zeta \to \xi,\ \eta+1,\ \zeta-1 \\
&E:\ \xi,\ \eta,\ \zeta \to \xi+1,\ \eta,\ \zeta+1 \\
&F:\ \xi,\ \eta,\ \zeta \to \xi-1,\ \eta,\ \zeta+1
\end{aligned} \tag{33}$$

In unserer vierdimensionalen Darstellung der SU4 lassen sich die Matrizen (31) in einfacher Weise aus Paulimatrizen zusammensetzen:

$$A = -\frac{i}{2}\begin{pmatrix} \underline{\underline{0}} & \sigma^+ \\ \underline{\underline{0}} & \underline{\underline{0}} \end{pmatrix} ; \quad B = \frac{i}{2}\begin{pmatrix} \underline{\underline{0}} & \underline{\underline{0}} \\ \sigma^+ & \underline{\underline{0}} \end{pmatrix} ; \quad C = \frac{1}{2}\begin{pmatrix} \sigma^+ & \underline{\underline{0}} \\ \underline{\underline{0}} & \underline{\underline{0}} \end{pmatrix} ;$$

$$D = \frac{1}{2}\begin{pmatrix} \underline{\underline{0}} & \underline{\underline{0}} \\ \underline{\underline{0}} & \sigma^+ \end{pmatrix} ; \quad E = -\frac{i}{2}\begin{pmatrix} \underline{\underline{0}} & \underline{\underline{1}} + \sigma_3 \\ \underline{\underline{0}} & \underline{\underline{0}} \end{pmatrix} ; \quad F = -\frac{i}{2}\begin{pmatrix} \underline{\underline{0}} & \underline{\underline{0}} \\ \underline{\underline{1}} - \sigma_3 & \underline{\underline{0}} \end{pmatrix} . \tag{34a}$$

Aus Gl.(25) und den Definitionen (28a,b) lesen wir ab, daß es zu den vierdimensionalen Matrizen

$$X = \frac{1}{2}\begin{pmatrix} 1 & 0 \\ 0 & -1 \end{pmatrix} ; \quad Y = \frac{1}{2}\begin{pmatrix} \sigma_3 & 0 \\ 0 & \sigma_3 \end{pmatrix} ; \quad Z = \frac{1}{2}\begin{pmatrix} \sigma_3 & 0 \\ 0 & -\sigma_3 \end{pmatrix} \tag{34b}$$

vier gemeinsame Eigenspinoren gibt, nämlich, wenn wir auch hier die zweikomponentigen Spinoren α und β aus §5b zu Hilfe nehmen,

$$\varphi_1 = \begin{pmatrix} \alpha \\ 0 \end{pmatrix} \text{ zu } \xi = \frac{1}{2} \;, \quad \eta = \frac{1}{2} \;, \quad \zeta = \frac{1}{2}$$

$$\varphi_2 = \begin{pmatrix} \beta \\ 0 \end{pmatrix} \text{ zu } \xi = \frac{1}{2} \;, \quad \eta = -\frac{1}{2} \;, \quad \zeta = -\frac{1}{2}$$

$$\varphi_3 = \begin{pmatrix} 0 \\ \alpha \end{pmatrix} \text{ zu } \xi = -\frac{1}{2} \ , \quad \eta = \frac{1}{2} \ , \quad \zeta = -\frac{1}{2}$$

$$\varphi_4 = \begin{pmatrix} 0 \\ \beta \end{pmatrix} \text{ zu } \xi = -\frac{1}{2} \ , \quad \eta = -\frac{1}{2} \ , \quad \zeta = \frac{1}{2} \ . \tag{35}$$

Wenden wir die Operatoren (31) auf diese vierkomponentigen Spinoren an, so erhalten wir Null außer für die folgenden Fälle:

$$A\varphi_4 = \varphi_1 \ ; \ B\varphi_2 = \varphi_3 \ ; \ C\varphi_2 = \varphi_1 \ ; \ D\varphi_4 = \varphi_3 \ ; \ E\varphi_3 = \varphi_1 \ ; \ F\varphi_2 = \varphi_4 \tag{36a}$$

und die Umkehrungen hierzu

$$A^\dagger\varphi_1 = \varphi_4 \ ; \ B^\dagger\varphi_3 = \varphi_2 \ ; \ C^\dagger\varphi_1 = \varphi_2 \ ; \ D^\dagger\varphi_3 = \varphi_4 \ ; \ E^\dagger\varphi_1 = \varphi_3 \ ; \ F^\dagger\varphi_4 = \varphi_2 \ . \tag{36b}$$

Wenn wir hierauf die Begriffe der Multiplettstrukturen, wie wir sie bei der SU2 entwickelt haben, übertragen, so können wir die Spinoren (35) als *Dirac-Quartett* bezeichnen und sie in einem ξ, η, ζ-Raum veranschaulichen (Fig.12). Die vier hierin den Spinoren zugeordneten Punkte bilden, analog zu den Ecken des SU3-Dreiecks in Fig.11, die Ecken eines *Tetraeders*, dessen Kanten jeweils einem der Operatoren aus (36a) oder, bei Umkehrung der Richtung, aus (36b) zugeordnet sind.

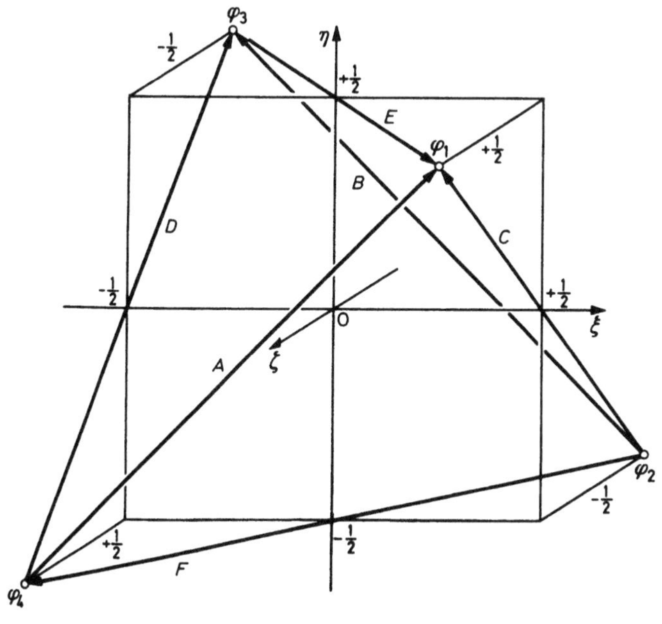

Fig.12. Das Dirac-Quartett als Darstellung der SU4 durch ein Tetraeder

§7. Höherdimensionale Darstellungen der SU3

a) *Aufbau von Multipletts*

In §6b haben wir eine dreidimensionale Darstellung der achtparametrigen SU3 behandelt, die folgendermaßen definiert werden konnte: Ihre Elemente sind die unitären

$$U = e^{i\alpha_1 H_1} \cdot e^{i\alpha_2 H_2} \cdot \ldots e^{i\alpha_8 H_8} \tag{1}$$

mit der Determinante

$$U = 1 \quad . \tag{2}$$

Die H_k sind hermitische Matrizen, deren Spur verschwindet, damit Gl.(2) erfüllt ist. Sie genügen Vertauschungsrelationen

$$[H_k, H_\ell] = i \sum_{j=1}^{8} f_{k\ell,j} H_j \quad . \tag{3}$$

Sonst wird über die Erzeugenden der Gruppe nichts vorausgesetzt. Das steht in voller Analogie zu dem Übergang von den Paulimatrizen σ_k zu den dreidimensionalen S_k in §5 und bedeutet insbesondere, daß Produkte $H_k H_\ell$ von der Dimension abhängig sind und sich nicht sämtlich linear durch die H_j ausdrücken lassen.

In §6b hat es sich sodann als zweckmäßig erwiesen, neben den H_k gewisse (mit T, U, V bezeichnete) Linearkombinationen zu benutzen, deren Vertauschungsrelationen wir dort in der Übersicht (19) zusammengestellt haben. Wir haben dort die Darstellung gewählt, in der die mit einander kommutierenden Matrizen $H_7 = T_3$ und $H_8 = Y$ beide diagonal sind.

Im folgenden sei nun D = 3 die Dimension der Darstellung. Auch jetzt wollen wir an den vorstehenden Beziehungen (1) bis (3) festhalten und die gleichen Linearkombinationen wie in §6b benutzen. Wieder wählen wir T_3 und Y gleichzeitig diagonal. Dann besitzen sie D gemeinsame Eigenspinoren zu den Eigenwerten t_3 und y, die wir mit dem Zeichen $\varphi_{t_3,y}$ bezeichnen wollen und die wir grundsätzlich überall gemäß

$$\varphi^\dagger_{t_3,y} \varphi_{t_3,y} = 1 \tag{4}$$

normiert voraussetzen. Jedem dieser D Eigenspinoren entspricht ein Punkt in der t_3,y-Ebene.

Die sechs in §6b eingeführten Schiebeoperatoren führen solche Punkte in einander über, wie wir jetzt ausführlich am Beispiel des Isospins zeigen wollen. Aus den Vertauschungsrelationen $[T^+,T_3] = -T^+$ und $[T^-,T_3] = T^-$ oder

$$T^\pm T_3 = T_3 T^\pm \mp T^\pm$$

folgt bei Anwendung auf den Spinor φ_{t_3} (den unverändert bleibenden Index y lassen wir vorübergehend weg)

$$t_3\left(T^{\pm}\varphi_{t_3}\right) = T_3\left(T^{\pm}\varphi_{t_3}\right) \mp \left(T^{\pm}\varphi_{t_3}\right) \quad ,$$

so daß $T^{\pm}\varphi_{t_3}$ offenbar Eigenspinor zum Eigenwert $t_3 \pm 1$ von T_3 ist. Ebenso folgt aus $[T^{\pm},Y] = 0$

$$Y\left(T^{\pm}\varphi_{t_3}\right) = y\left(T^{\pm}\varphi_{t_3}\right) ,$$

d.h. dieser Spinor ist gleichzeitig Eigenspinor von Y zum Eigenwert y. Da über die Normierung nichts ausgesagt ist, bleibt hier ein Zahlenfaktor frei, und wir erhalten

$$T^{+}\varphi_{t_3,y} = A_{t_3,y}\varphi_{t_3+1,y} \qquad (5a)$$
$$T^{-}\varphi_{t_3,y} = A'_{t_3,y}\varphi_{t_3-1,y} \quad .$$

Analog findet man

$$\begin{aligned} U^{+}\varphi_{t_3,y} &= B_{t_3,y}\varphi_{t_3-\frac{1}{2},y+1} \\ U^{-}\varphi_{t_3,y} &= B'_{t_3,y}\varphi_{t_3+\frac{1}{2},y-1} \end{aligned} \qquad (5b)$$

und

$$\begin{aligned} V^{+}\varphi_{t_3,y} &= C_{t_3,y}\varphi_{t_3-\frac{1}{2},y-1} \\ V^{-}\varphi_{t_3,y} &= C'_{t_3,y}\varphi_{t_3+\frac{1}{2},y+1} \quad . \end{aligned} \qquad (5c)$$

Von einem Punkt t_3,y ausgehend erreicht man durch die Operationen (5a-c) die Nachbarpunkte des in Figur 13 gezeichneten Dreiecksnetzes, das die ganze t_3,y-Ebene überdeckt, und in dem jeder Punkt durch wiederholte Anwendung dieser Operationen erreicht werden kann.

Da in einer D-dimensionalen Darstellung aber nur D Netzpunkte auftreten dürfen, darf bei diesem Verfahren nur ein endliches Gebiet der Ebene überdeckt werden, das wir als ein D-faches *Multiplett* von Spinoren bezeichnen. Wie dies zustandekommt, zeigt ein Blick auf die dreidimensionale Darstellung in §6b, bei der $T^{+}\alpha = 0$ und $T^{-}\beta = 0$ nicht auf normierbare Spinoren rechts von α und links von β führten. Gibt es also (bei fest gegebenem y) einen maximalen Wert $m \geq 0$ von t_3 in einem Multiplett, so muß

$$T^{+}\varphi_{m,y} = 0 \qquad (6)$$

werden, mithin nach (5a) $A_{m,y} = 0$.

Nun ist für jedes t_3 bei festem y

$$\left(T^{+}\varphi_{t_3}\right)^{\dagger} = \varphi^{\dagger}_{t_3}T^{-}$$

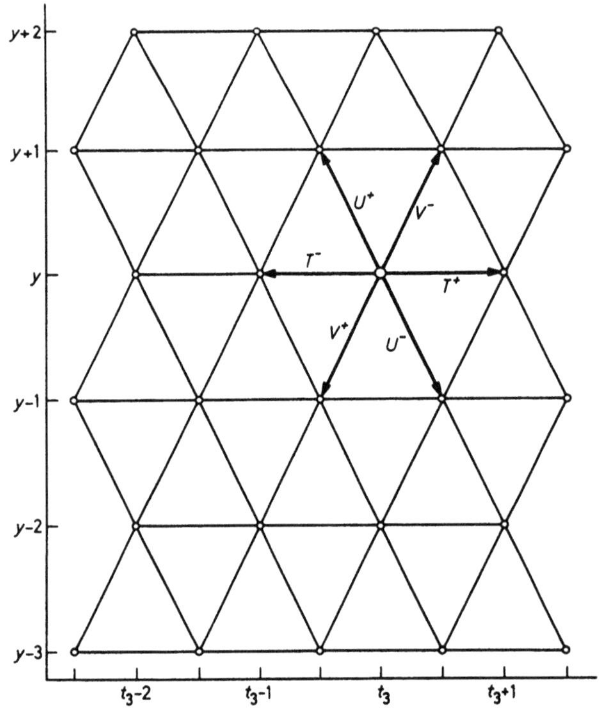

Fig.13. Aufbau eines Punktnetzes für die SU3 durch Schiebeoperationen

und daher

$$\varphi^{\dagger}_{t_3-1}T^-T^+\varphi_{t_3-1} = \left(T^+\varphi_{t_3-1}\right)^{\dagger}\left(T^+\varphi_{t_3-1}\right) = |A_{t_3-1}|^2 \quad ,$$

wenn φ_{t_3} nach (4) normiert ist. Andererseits ist dies aber auch nach (5a)

$$= \varphi^{\dagger}_{t_3-1}T^-\left(A_{t_3-1}\varphi_{t_3}\right) = A_{t_3-1}A'_{t_3} \quad ,$$

so daß

$$A'_{t_3,y} = A^{*}_{t_3-1,y} \tag{7}$$

folgt, wenn auch φ_{t_3-1} normiert ist. Weiter wenden wir nun die Vertauschungsrelation $[T^+,T^-] = 2T_3$ an:

$$\left(T^+\varphi_{t_3}\right)^{\dagger}\left(T^+\varphi_{t_3}\right) = |A_{t_3}|^2 = \varphi^{\dagger}_{t_3}T^-T^+\varphi_{t_3}$$

$$= \varphi^{\dagger}_{t_3}(T^+T^- - 2T_3)\varphi_{t_3} = A_{t_3-1}A'_{t_3} - 2t_3 \quad ,$$

also nach (7)

$$|A_{t_3-1,y}|^2 = |A_{t_3,y}|^2 + 2t_3 \quad . \tag{8}$$

Beginnen wir mit $t_3 = m$, wählen also nach Gl.(6) $A_{m,y} = 0$, so wird nach (8) $|A_{m-1,y}|^2 = 2m$. Mit dieser Rekursionsformel erhalten wir nach n Schritten

$$|A_{m-n,y}|^2 = n(2m - n + 1) \quad , \tag{9}$$

so daß nach $n = 2m + 1$ Schritten $A_{-m-1,y} = 0$, gemäß (7) also auch $A'_{-m,y} = 0$ entsteht und daher nach (5a)

$$T^- \varphi_{-m,y} = 0 \tag{10}$$

wird. Ist also $t_3 = +m$ das größte innerhalb des betrachteten Multipletts zu diesem y gehörige t_3, so ist auch $t_3 = -m$ das kleinste in dieser Reihe.

Auf die gleiche Weise lassen sich auch die Relationen (5b) und (5c) behandeln und die endlichen Begrenzungen für die durch Anwendung von U^- und V^+ entstehenden Linien bestimmen. In Aufg.10 ist dies durchgeführt; die Ergebnisse sind in Fig.14 zusammengestellt, wobei der mit t_3, y bezeichnete Punkt ein rechter oberer Eckpunkt der ein Multiplett begrenzenden Kontur sein soll. Für einen rechten Grenzpunkt $T^+\varphi = 0$ muß $t_3 \geq 0$ sein; ist dann die Bedingung $\frac{3}{2}y > t_3$ nicht erfüllt, so wird auch $U^-\varphi = 0$, und die Kontur läuft in Richtung von V^+ weiter.

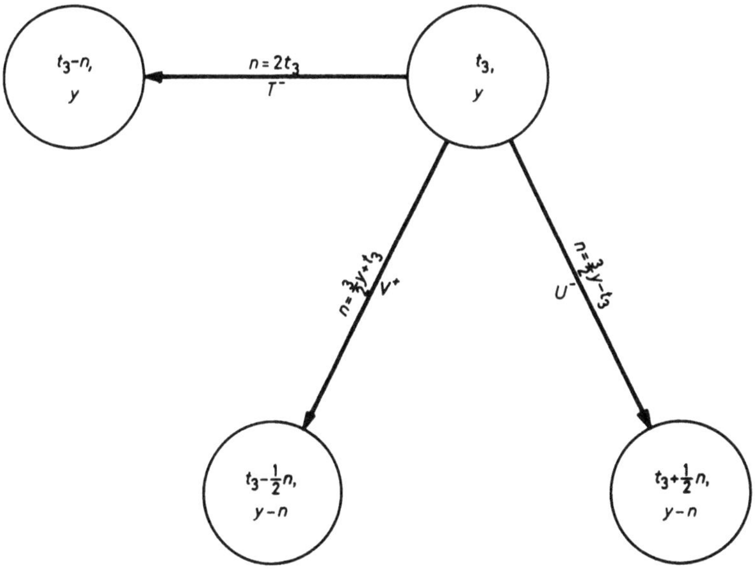

Fig.14. Konstruktion eines SU3-Multipletts, von der rechten oberen Ecke in der t_3,y-Ebene aus beginnend

Um die Kontur eines Multipletts vollständig festzulegen, müssen wir den Hilfssatz verwenden, daß die *Kontur überall konvex* ist. Wir beweisen das an Hand der Fig.15, in der ABCD eine bei C konkave Kontur sein möge. Dann muß $\varphi_{C'} = 0$ sein. Nun

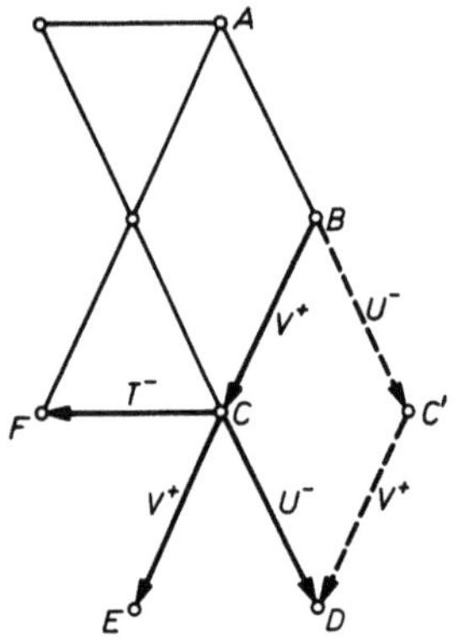

Fig.15. Die Kontur eines SU3-Multipletts ist überall konvex

ist (mit nicht normierten, aber auch nicht verschwindenden Spinoren) $\varphi_D = U^-V^+\varphi_B$, also auch, da V^+ und U^- kommutieren, $\varphi_D = V^+U^-\varphi_B$. Ist daher $U^-\varphi_B = \varphi_{C'} = 0$, so folgt hieraus, daß auch $\varphi_D = 0$ wird, d.h. die Kontur muß entweder von C nach E oder F weiterlaufen, oder sie muß C' einschließen. In beiden Fällen bleibt sie konvex.

Was hier am Beispiel von U^- und V^+ vorgeführt ist, läßt sich natürlich auch auf andere Schiebeoperatoren übertragen, womit der Hilfssatz vollständig bewiesen werden kann, ohne daß wir das hier ausführen müßten.

Wir sind nun vorbereitet, an die konkrete Konstruktion eines Multipletts heranzugehen. Wir beginnen mit einem rechten Grenzpunkt φ_1 bei $y = y_1$, $t_3 = m_1$. Soll φ_1 ein rechter oberer Eckpunkt sein, so müssen $T^+\varphi_1$, $U^+\varphi_1$ und $V^-\varphi_1$ alle drei verschwinden. Aus $U^+\varphi_1 = 0$ folgt dann sofort, falls auch noch $\frac{3}{2} y_1 > m_1 > 0$ erfüllt ist, daß eine Seite der Kontur durch n_1-malige Anwendung von U^- zur nächsten Ecke bei $\varphi_2 = U^{-n_1} \varphi_1$ (unnormiert) führt, wobei

$$n_1 = \frac{3}{2} y_1 - m_1 > 0 \quad .$$

ist. Wäre es negativ, so würde die Kontur statt dessen $V^+\varphi_1$ folgen. Die Lage von φ_2 bei y_2, m_2 lesen wir an Fig.14 ab:

$$m_2 = m_1 + \frac{1}{2} n_1 = \frac{1}{2} m_1 + \frac{3}{4} y_1 \quad ; \quad y_2 = y_1 - n_1 = m_1 - \frac{1}{2} y_1 \quad .$$

Da $U^-\varphi_2 = 0$ ist, folgen wir von hier ab der durch Anwendung von V^+ gegebenen Kontur bis zum Punkt $\varphi_3 = V^{+n_2}\varphi_2$ mit

$$n_2 = \frac{3}{2} y_2 + m_2 = 2m_1 \quad .$$

Dies führt zu

$$m_3 = m_2 - \frac{1}{2} n_2 = - \frac{1}{2} m_1 + \frac{3}{4} y_1 \quad ; \quad y_3 = y_2 - n_2 = - m_1 - \frac{1}{2} y_1 \quad .$$

Man sieht, daß $m_3 = \frac{1}{2} n_1$ positiv wird; wir befinden uns also noch immer rechts von der y-Achse. Schreiten wir nun, da $V^+\varphi_3 = 0$ ist, durch Anwendung von T^- fort, so gelangen wir nach $\varphi_4 = T^{-n_3}\varphi_3$ mit

$$n_3 = 2m_3 = n_1$$

und finden

$$m_4 = m_3 - n_3 = \frac{1}{2} m_1 - \frac{3}{4} y_1 = - \frac{1}{2} n_1 < 0 \quad ; \quad y_4 = y_3 = - m_1 - \frac{1}{2} y_1 \quad .$$

Den gleichen Punkt φ_4 können wir nun auch erreichen, wenn wir vom Ausgangspunkt φ_1 in der umgekehrten Richtung der Kontur folgen, indem wir zunächst T^- anwenden. Die nächste Ecke liegt dann bei $\varphi_5 = T^{-n'} \varphi_1$ mit $n' = 2m_1$:

$$m_5 = m_1 - n' = - m_1 \quad ; \quad y_5 = y_1 \quad .$$

Von dort folgt die Kontur der Anwendung von V^+ bis $\varphi_6 = V^{+n''} \varphi_5$ mit $n'' = \frac{3}{2} y_5 + m_5 = n_1$. Dann erreichen wir die Koordinatenwerte

$$m_6 = m_5 - \frac{1}{2} n'' = - m_2 \quad ; \quad y_6 = y_5 - n'' = y_2 \quad ,$$

d.h. φ_6 liegt spiegelbildlich zu φ_2 bezüglich der y-Achse. Im letzten Schritt folgen wir nun mit der Kontur von φ_6 aus, indem wir U^- insgesamt $\frac{3}{2} y_6 - m_6 = n_2 = 2m_1$ mal auf φ_6 anwenden und erreichen den Punkt φ_7 mit

$$m_7 = m_6 + \frac{1}{2} (2m_1) = \frac{1}{2} m_1 - \frac{3}{4} y_1 = m_4 \quad ;$$

$$y_7 = y_6 - 2m_1 = - m_1 - \frac{1}{2} y_1 = y_4 \quad .$$

Wir sind damit also zum Punkt φ_4 zurückgekehrt, d.h. die Kontur ist geschlossen.

b) *Bestimmung der Multiplizität*

Um in einem auf diese Weise begrenzten Diagramm in der t_3,y-Ebene die Multiplizität zu bestimmen, müssen wir noch wissen, ob die zugehörigen Netzpunkte entartet sind, d.h. ob sie zum Teil mit verschiedenen Spinoren mehrfach besetzt sind. Hierfür gilt die folgende Regel:

Alle Konturpunkte sind nur einfach besetzt. Punkte auf der nächsten Parallelen zur Kontur sind doppelt besetzt, auf der nächsten dazu dreifach usw. Dies gilt solange, bis eine Parallele entsteht, die ein Dreieck bildet; von da ab steigt der Entartungsgrad der Punkte nicht mehr an.

Als Beispiel sei die folgende, nach dem vorstehend beschriebenen Verfahren von der rechten oberen Ecke her beginnend konstruierte Figur 16 betrachtet. Sie enthält insgesamt 21 Konturpunkte, die nächste Parallele zur Kontur noch 15 Punkte. Die dritte Parallele ist bereits ein Dreieck mit nur noch 9 Punkten; im Innern davon bleibt als letzte "Parallele" nur noch ein Punkt übrig. Insgesamt wird dann die Multiplizität diese Multipletts

$$1 \times 21 + 2 \times 15 + 3 \times 9 + 3 \times 1 = 81 \quad .$$

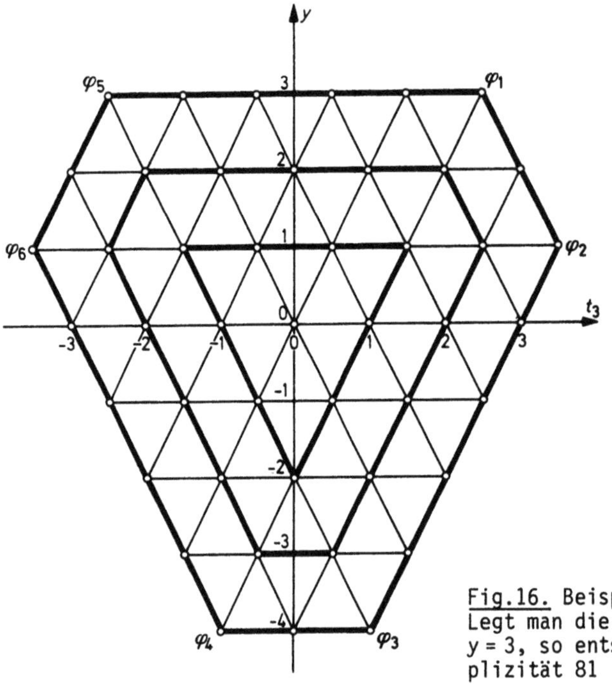

Fig.16. Beispiel eines SU3-Multipletts. Legt man die rechte obere Ecke nach $t_3 = 5/2$, $y = 3$, so entsteht eine Figur der Multiplizität 81

Die Basis enthält daher außer der Einheitsmatrix insgesamt 80 verschiedene Matrizen. Sie müssen mindestens neundimensional sein.

Die genannten Regeln sind noch zu beweisen. Wir begnügen uns damit die Beweise für die einzelnen Schritte zu skizzieren.

1. Konturpunkte sind nicht entartet (einfach). Wir betrachten in Fig.17 das Stück ABC einer Kontur und setzen voraus, daß A nicht entartet ist. Dann beweisen wir das gleiche für B, indem wir B auf verschiedenen Wegen von A aus erreichen. Wir wählen drei Wege,

AB: $\varphi_{B1} = U^-\varphi_A$,

AB'B: $\varphi_{B2} = T^+V^+\varphi_A$,

AA'B'B: $\varphi_{B3} = T^+U^-T^-\varphi_A$.

Wegen $[T^+,V^+] = -U^-$ wird $\varphi_{B2} = (V^+T^+ - U^-)\varphi_A$. Da A ein Randpunkt ist, wird aber $T^+\varphi_A = 0$, also bleibt einfach

$$\varphi_{B2} = -\varphi_{B1} \quad .$$

Ferner erhalten wir mit Hilfe der Vertauschungsrelationen $[T^+,U^-] = 0$ und $[T^+,T^-] = 2T_3$

$$\varphi_{B3} = U^-T^+T^-\varphi_A = U^-(T^-T^+ + 2T_3)\varphi_A = 2t_{3,A}\varphi_{B1} \quad .$$

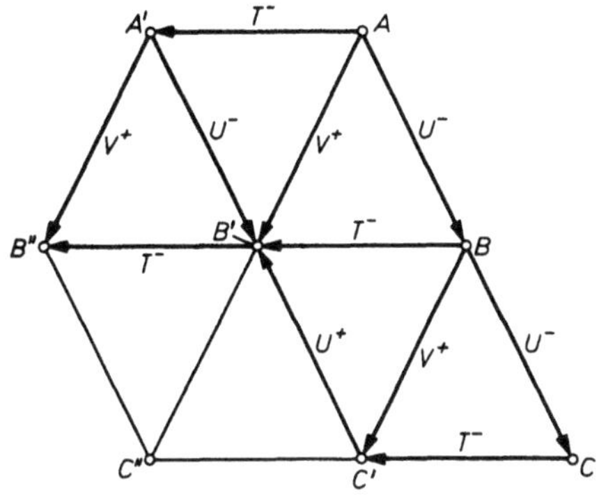

Fig.17. Konturpunkte und innere Parallelen: Von einem Konturpunkt A ausgehend erhält man auf verschiedenen Wegen über das Punktnetz stets den gleichen Spinor im Konturpunkt B, dagegen zwei verschiedene Spinoren für den Punkt B' auf der ersten Parallelen zur Kontur

Auch hier entfällt das erste Glied wegen $T^+\varphi_A = 0$. Alle drei zum Punkte B gehörigen Spinoren sind also bis auf den Normierungsfaktor identisch.

2. Erste Nachbarpunkte der Kontur sind doppelt, zweite Nachbarpunkte dreifach besetzt. Wir setzen jetzt voraus, daß alle Konturpunkte A, B, C usw. in Fig.17 nicht entartet sind und untersuchen das Verhalten von B' auf fünf verschiedenen, von B ausgehenden Wegen:

$$\begin{aligned} &\text{BAA'B'}: \quad \varphi_{B'1} = U^-T^-U^+\varphi_B \;, \\ &\text{BAB'}: \quad \varphi_{B'2} = V^+U^+\varphi_B \;, \\ &\text{BB'}: \quad \varphi_{B'3} = T^-\varphi_B \;, \\ &\text{BC'B'}: \quad \varphi_{B'4} = U^+V^+\varphi_B \;, \\ &\text{BCC'B'}: \quad \varphi_{B'5} = U^+T^-U^-\varphi_B \;. \end{aligned}$$

Hier wenden wir zunächst die Vertauschungsrelationen an, die U^+ und U^- in den Produkten zusammenbringen, welche nach Gl.(5b)

$$U^-U^+\varphi_{t_3,y} = |B_{t_3,y}|^2\varphi_{t_3,y}$$

jeden Spinor bis auf einen Normierungsfaktor ungeändert lassen. Mit Hilfe von $[T^-,U^+] = 0$ und $[U^+,V^+] = T^-$ erhalten wir

$$\varphi_{B'1} = U^-U^+T^-\varphi_B = (U^-U^+)\varphi_{B'3} \;,$$

$$\varphi_{B'4} = (V^+U^+ + T^-)\varphi_B = \varphi_{B'2} + \varphi_{B'3} \;,$$

$$\varphi_{B'5} = T^-(U^+U^-)\varphi_B \;.$$

In der letzten Zeile wenden wir noch $[U^+,U^-] = -T_3 + \frac{3}{2}Y$ an:

$$(U^+U^-)\varphi_B = (U^-U^+)\varphi_B - \left(t_3 - \frac{3}{2}y\right)_B\varphi_B = \left\{|B_{t_3,y}|^2 - t_3 + \frac{3}{2}y\right\}_B\varphi_B \;.$$

Das unterscheidet sich nur um einen Zahlenfaktor c von φ_B. Also wird

$$\varphi_{B'5} = cT^-\varphi_B = c\varphi_{B'3} \;.$$

Damit sind alle fünf Spinoren auf $\varphi_{B'2}$ und $\varphi_{B'3}$ zurückgeführt. Diese beiden allein bleiben übrig, lassen sich auch nicht weiter reduzieren, womit die Regel bewiesen ist, soweit die erste Parallele zur Kontur betroffen ist. Auch zeigt diese Betrachtung, daß es genügt, Wege mit höchstens je einem der Operatorpaare aus $T_\pm$, $U_\pm$, $V_\pm$ zu betrachten, da die sechs Produkte T^+T^-, T^-T^+, ..., V^-V^+ alle nur Vielfache von $\underline{\underline{1}}$ sind.

Wir wenden die Methode sofort auf die Untersuchung der zweiten Parallelen zur Kontur an. Für B' brauchten wir nur zwei Wege zu berücksichtigen, BAB' und BB' mit den Operatoren V^+U^+ und T^-. Daß B ein Konturpunkt war, wurde dabei nur insofern berücksichtigt, als wir es als nicht entartet voraussetzten. Wir können uns nun zur Untersuchung von B" in der zweiten Parallelen wieder auf die entsprechenden zwei Wege B'A'B" und B'B" mit den gleichen Operatoren V^+U^+ und T^- beschränken. Da wir aber schon wissen, daß B' doppelt besetzt ist, gibt das zunächst vier Spinoren für B", nämlich

$$\varphi_{B''1} = V^+U^+V^+U^+\varphi_B \quad ; \quad \varphi_{B''2} = V^+U^+T^-\varphi_B \quad ; \quad \varphi_{B''3} = T^-V^+U^+\varphi_B \quad ;$$

$$\varphi_{B''4} = T^-T^-\varphi_B \quad .$$

Wegen der Vertauschbarkeit von T^- sowohl mit V^+ als mit U^+ sind aber $\varphi_{B''2}$ und $\varphi_{B''3}$ identisch, so daß im ganzen nur dreifache Entartung übrig bleibt.

Für die n-te Parallele zur Kontur treten analog die n + 1 Operatoren

$$(V^+U^+)^n \quad ; \quad (V^+U^+)^{n-1}T^- \quad ; \quad (V^+U^+)^{n-2}T^{-2} \quad ; \quad \dots \quad ; \quad T^{-n}$$

auf, so daß wir (n + 1)-fache Entartung erhalten.

<u>3. Innerhalb einer dreieckigen Parallelen zur Kontur steigt die Entartung nicht mehr an.</u> Wir betrachten dies am einfachsten Beispiel des Dekupletts, d.h. einer Multiplizität 10, wie es in Fig.18 dargestellt ist. Wir wissen bereits, daß alle Randpunkte nicht entartet sind, und beweisen, daß dann auch der Innenpunkt O einfach ist. Dazu gehen wir auf vier verschiedenen Wegen von dem Eckpunkt A nach O:

$$\text{ABO:} \quad V^+T^-\varphi_A = \varphi_1 \quad ; \quad \text{AEO:} \quad T^-V^+\varphi_A = \varphi_2 \quad ;$$

$$\text{ABCO:} \quad U^-T^-T^-\varphi_A = \varphi_3 \quad ; \quad \text{AEFO:} \quad U^+V^+V^+\varphi_A = \varphi_4 \quad .$$

Da $[V^+,T^-] = 0$ ist, wird sofort $\varphi_2 = \varphi_1$. Da $[U^-,T^-] = V^+$ ist, wird $\varphi_3 = (T^-U^- + V^+)T^-\varphi_A = (T^-T^-U^- + 2V^+T^-)\varphi_A = 2\varphi_1$, denn $U^-\varphi_A = 0$. Schließlich folgt aus $[U^+,V^+] = T^-$

$$\varphi_4 = (V^+U^+ + T^-)V^+\varphi_A = (V^+V^+U^+ + 2T^-V^+)\varphi_A = 2\varphi_2 \quad ,$$

da das erste Glied wegen $U^+\varphi_A = 0$ verschwindet. Also stimmen im Punkt O alle vier Spinoren überein.

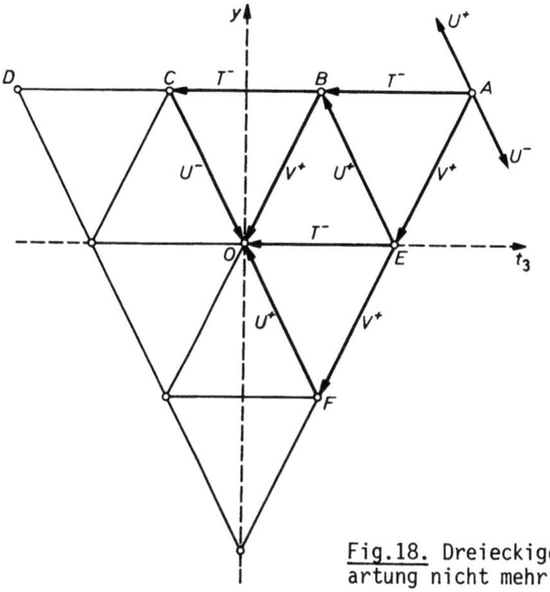

Fig.18. Dreieckige Kontur, innerhalb derer die Entartung nicht mehr ansteigt: Das Dekuplett als Beispiel

Die gleichzeitige Gültigkeit von $U^-\varphi_A = 0$ und $U^+\varphi_A = 0$, die wir hier verwendet haben, ist für die Ecke im Dreieck charakteristisch. Für eine sechseckige Kontur können sie niemals gleichzeitig erfüllt sein.

Aufgaben zu Kapitel III: Algebraische Hilfsmittel der Physik

1. Aufgabe (zu §1a). Man beweise, daß es in einem Zahlenkörper nur ein Nullelement und ein Einselement geben kann.

Lösung. Gäbe es zwei Nullelemente 0 und 0', so würde für jedes Element A sowohl $A + 0 = A$ als auch $A + 0' = A$ sein. Wählen wir in der ersten Gleichung $A = 0'$ und in der zweiten $A = 0$, so erhalten wir $0' + 0 = 0'$ und $0 + 0' = 0$. Da die Addition kommutativ ist, sind beide Ausdrücke gleich, also auch $0' = 0$.

Beim Einselement müssen wir wegen der nicht-kommutativen Multiplikation zunächst zwischen einem linken und rechten gemäß

$$1_\ell \cdot A = A \quad \text{und} \quad A \cdot 1_r = A$$

unterscheiden. Setzen wir in der ersten Gleichung $A = 1_r$ und in der zweiten $A = 1_\ell$, so folgt analog zu der Überlegung für das Nullelement $1_\ell = 1_r$. Aus $1 \cdot A = A$ folgt daher auch $A \cdot 1 = A$ mit dem gleichen Einselement.

Die Eindeutigkeit, daß also $1 \cdot A = A$ nicht auch für ein 1' gemäß $1' \cdot A = A$ erfüllt ist, folgt aus dem Vorstehenden. Denn dann ist auch $A \cdot 1' = A$ und auf diese und die vorstehende Relation $1 \cdot A = A$ läßt sich dieselbe Überlegung wie oben wieder anwenden.

2. Aufgabe (zu §1a). Man beweise, daß es zu jedem Element eines Zahlenkörpers nur ein inverses gibt.

Lösung. Zunächst lassen sich zu einem Element A durch die Beziehungen $A B_1 = 1$ und $B_2 A = 1$ zwei Inverse B_1 und B_2 definieren. Multiplikation der ersten Beziehung mit B_2 von links und der zweiten mit B_1 von rechts gibt

$$B_2 A B_1 = B_2 \quad \text{und} \quad B_2 A B_1 = B_1 \quad .$$

Also ist auch $B_1 = B_2$ und das gemeinsame Symbol A^{-1} berechtigt.

3. Aufgabe (zu §1b). Man suche für zweireihige quadratische Matrizen die Nullteiler auf.

Lösung. Die Forderung $AB = 0$ führt auf die vier Gleichungen für die Elemente des Produkts

$$A_{11}B_{11} + A_{12}B_{21} = 0 \qquad A_{11}B_{12} + A_{12}B_{22} = 0$$

$$A_{21}B_{11} + A_{22}B_{21} = 0 \qquad A_{21}B_{12} + A_{22}B_{22} = 0 \quad .$$

Fassen wir diese Gleichungen als zwei Systeme linearer homogener Gleichungen zur Bestimmung je eines Paares der B_{ik} auf, so folgt, daß beide nur lösbar sind, wenn die

$$\det A = 0 \tag{1}$$

wird. Dann erhalten wir für die Lösung

$$B_{21} = -\frac{A_{11}}{A_{12}} B_{11} \quad ; \quad B_{12} = -\frac{A_{12}}{A_{11}} B_{22} \quad , \tag{2}$$

woraus

$$B_{21}/B_{11} = B_{22}/B_{12}$$

oder

$$\det B = 0 \tag{3}$$

folgt. Beide Faktoren müssen daher verschwindende Determinanten besitzen und zwischen ihnen müssen die Bedingungen (2) bestehen.

4. Aufgabe (zu §2b). Um eine Darstellung einer Gruppe durch Matrizen A_i durch eine Ähnlichkeitstransformation in eine *unitäre* Darstellung A_i' umzuformen, diagonalisiert man zunächst die hermitische Matrix $\sum_{k=1}^{g} A_k A_k^\dagger$ durch unitäre Transformation,

$$S = U^\dagger \left(\sum_k A_k A_k^\dagger\right) U \quad ; \quad S_{\mu\nu} = s_\mu \delta_{\mu\nu} \quad . \tag{1}$$

Da alle $s_\mu = t_\mu^2 > 0$ sind, kann man sofort die Matrix T mit

$$T_{\mu\nu} = t_\mu \delta_{\mu\nu} (t_\mu > 0) \tag{2}$$

daraus bilden. Dann soll bewiesen werden, daß die Matrizen

$$A_i' = T^{-1}U^{\dagger}A_iUT \tag{3}$$

eine unitäre Darstellung der Gruppe bilden.

Lösung. Zunächst schreiben wir (1) um in

$$S = \sum_k B_k B_k^{\dagger} \quad \text{mit} \quad B_k = U^{\dagger}A_kU \quad . \tag{4}$$

Die B_k bilden dann eine zu den A_k äquivalente Darstellung. Für die Matrixelemente von S, Gl.(1), erhalten wir

$$s_\mu = S_{\mu\mu} = \sum_\lambda |(B_k)_{\mu\lambda}|^2 \geq 0 \quad ,$$

da dies eine Summe von Quadraten ist. Keines der s_μ kann aber auch gleich Null werden, weil sonst für dieses μ alle $(B_k)_{\mu\lambda} = 0$ sein müßten, also die ganze μ-te Zeile von B_k Null wäre, so daß alle det $B_k = 0$ würden, was für Darstellungen auszuschließen ist.

Sollen die A_i' von Gl.(3) unitär sein, so müssen alle

$$A_i'A_i'^{\dagger} = \underline{\underline{1}} \tag{5}$$

werden, d.h. alle

$$(T^{-1}B_iT)\cdot(T^{-1}B_iT)^{\dagger} = \underline{\underline{1}} \ .$$

Da kein $s_\mu = 0$ und daher auch kein $t_\mu = 0$ ist, existiert die Matrix T^{-1}. Insbesondere wird (wie für jede reelle Diagonalmatrix) $T^{\dagger} = T$ und $T^{-1\dagger} = T^{-1}$, so daß weiter

$$A_i'A_i'^{\dagger} = (T^{-1}B_iT)(TB_i^{\dagger}T^{-1})$$

entsteht. Zwischen die beiden Klammern schieben wir den Faktor

$$T^{-1}ST^{-1} = \underline{\underline{1}} \tag{6}$$

ein:

$$A_i'A_i'^{\dagger} = T^{-1}B_iS\,B_i^{\dagger}T^{-1} = T^{-1}\,B_i\Big(\sum_k B_kB_k^{\dagger}\Big)B_i^{\dagger}T^{-1}$$

$$= T^{-1}\,\Big\{\sum_k (B_iB_k)(B_iB_k)^{\dagger}\Big\}T^{-1} \quad .$$

Wegen der Gruppeneigenschaften sind die $B_iB_k = B_\ell$ genau sämtliche Gruppenelemente in geänderter Reihenfolge, so daß die Klammer gleich S wird und nach (6) gerade die zu beweisende Gl.(5) entsteht.

5. Aufgabe (zu §4c). Wir werden in §5b die drei Matrizen

$$S_1 = \sqrt{2}\begin{pmatrix} 0 & 1 & 0 \\ 1 & 0 & 1 \\ 0 & 1 & 0 \end{pmatrix} \; ; \; S_2 = i\sqrt{2}\begin{pmatrix} 0 & -1 & 0 \\ 1 & 0 & -1 \\ 0 & 1 & 0 \end{pmatrix} \; ; \; S_3 = 2\begin{pmatrix} 1 & 0 & 0 \\ 0 & 0 & 0 \\ 0 & 0 & -1 \end{pmatrix}$$

einführen, die den gleichen Vertauschungsrelationen genügen wie die Paulimatrizen. Ihre Eigenvektoren sollen aufgesucht werden.

Lösung. Es sei $\varphi^{(1)} = \begin{pmatrix} u \\ v \\ w \end{pmatrix}$ ein Eigenvektor von S_1, d.h. es sei $S_1\varphi^{(1)} = \lambda\varphi^{(1)}$ mit einem Zahlenfaktor λ. Mit der oben angegebenen Matrix ergibt das die drei Gleichungen

$$\sqrt{2}v = \lambda u \quad ; \quad \sqrt{2}(u + w) = \lambda v \quad ; \quad \sqrt{2}v = \lambda w \quad .$$

Sie lassen sich erfüllen, wenn ihre Determinante verschwindet:

$$\begin{vmatrix} \lambda & -\sqrt{2} & 0 \\ -\sqrt{2} & \lambda & -\sqrt{2} \\ 0 & -\sqrt{2} & \lambda \end{vmatrix} = \lambda^3 - 4\lambda = 0 \quad .$$

Die Lösungen dieser kubischen Gleichung sind die drei Eigenwerte $\lambda = +2, 0, -2$. Die zugehörigen drei Eigenspinoren von S_1 sind daher

$$\varphi_{+2}^{(1)} = \frac{1}{2}\begin{pmatrix} 1 \\ \sqrt{2} \\ 1 \end{pmatrix} \; ; \; \varphi_0^{(1)} = \frac{1}{2}\begin{pmatrix} \sqrt{2} \\ 0 \\ -\sqrt{2} \end{pmatrix} \; ; \; \varphi_{-2}^{(1)} = \frac{1}{2}\begin{pmatrix} 1 \\ -\sqrt{2} \\ 1 \end{pmatrix} \; .$$

Analog erhält man aus $S_2\varphi^{(2)} = \lambda\varphi^{(2)}$ die Beziehungen

$$-i\sqrt{2}v = \lambda u \quad ; \quad i\sqrt{2}(u - w) = \lambda v \quad ; \quad i\sqrt{2}v = \lambda w \quad .$$

Sie führen auf die gleichen Eigenwerte mit den Eigenspinoren

$$\varphi_{+2}^{(2)} = \frac{1}{2}\begin{pmatrix} -i \\ \sqrt{2} \\ +i \end{pmatrix} \; ; \; \varphi_0^{(2)} = \frac{1}{2}\begin{pmatrix} \sqrt{2} \\ 0 \\ \sqrt{2} \end{pmatrix} \; ; \; \varphi_{-2}^{(2)} = \frac{1}{2}\begin{pmatrix} +i \\ \sqrt{2} \\ -i \end{pmatrix} \; .$$

Die Lösung für die Diagonalmatrix S_3 ist trivial. Die Eigenwerte sind die gleichen, und die drei Eigenspinoren sind

$$\varphi_{+2}^{(3)} = \begin{pmatrix} 1 \\ 0 \\ 0 \end{pmatrix} \; ; \; \varphi_0^{(3)} = \begin{pmatrix} 0 \\ 1 \\ 0 \end{pmatrix} \; ; \; \varphi_{-2}^{(3)} = \begin{pmatrix} 0 \\ 0 \\ 1 \end{pmatrix} \; .$$

Anmerkung. Die Eigenvektoren von S_1 und S_2 lassen sich natürlich auch mit Hilfe der Gln.(27b) von §5b aus denjenigen von S_3 durch Linearkombination aufbauen.

6. Aufgabe (zu §5a). Man konstruiere nach dem in §5a angegebenen Verfahren die Matrizen σ^+, σ_3 und σ^2 in den Dimensionen N = 2, 3, 4 und 5.

Lösung. Wir schreiben N = 2j + 1. Die einzigen nicht verschwindenen Matrixelemente sind bei σ^+ und σ_3

$$\sigma^+_{m,m-1} = 2\sqrt{j(j+1) - m(m-1)} \quad ; \quad (\sigma_3)_{m,m} = 2m \quad .$$

Die Matrix σ^2 wird ein Vielfaches der Einheitsmatrix,

$$\sigma^2 = 4j(j+1) \quad .$$

Mit σ^+ kennen wir auch sofort σ^-, da

$$\sigma^-_{m-1,m} = \sigma^+_{m,m-1}$$

ist. Daraus lassen sich dann die Matrizen

$$\sigma_1 = \frac{1}{2}(\sigma^+ + \sigma^-) \quad \text{und} \quad \sigma_2 = -\frac{i}{2}(\sigma^+ - \sigma^-)$$

zusammensetzen.

Die nachfolgende Tabelle enthält alle auf diese Weise berechneten Elemente von σ^+ und σ_3. Im Falle N = 2 wird z.B.

$$\sigma^+ = \begin{pmatrix} 0 & 2 \\ 0 & 0 \end{pmatrix} \quad ; \quad \sigma^- = \begin{pmatrix} 0 & 0 \\ 2 & 0 \end{pmatrix} \quad .$$

Daraus kombinieren wir sofort

$$\sigma_1 = \begin{pmatrix} 0 & 1 \\ 1 & 0 \end{pmatrix} \quad ; \quad \sigma_2 = \begin{pmatrix} 0 & -i \\ i & 0 \end{pmatrix} ,$$

und das sind gerade wieder die Paulimatrizen.

N	j	σ^2	m	$\sigma^+_{m,m-1}$	$(\sigma_3)_{m,m}$
2	1/2	3	1/2	2	1
			-1/2	0	-1
3	1	8	1	$2\sqrt{2}$	2
			0	$2\sqrt{2}$	0
			-1	0	-2
4	3/2	15	3/2	$2\sqrt{3}$	3
			1/2	4	1
			-1/2	$2\sqrt{3}$	-1
			-3/2	0	-3
5	2	24	2	4	4
			1	$2\sqrt{6}$	2
			0	$2\sqrt{6}$	0
			-1	4	-2
			-2	0	-4

7. Aufgabe (zu §5b). Die Multipletts für die Zusammensetzung von drei zweidimensionalen Spinräumen sollen ausreduziert und die zugehörigen Eigenspinoren angegeben werden. (Dies entspricht physikalisch einem System dreier Teilchen vom Spin $\frac{1}{2}\hbar$).

Lösung. Bezeichnen wir die N = 3 Teilsysteme durch Indizierung der Größen α und β in den Produkten der Basis, so gehören

$$
\begin{array}{llll}
\text{zu } S_3 = +3 & \alpha_1\alpha_2\alpha_3 & & \\
\text{zu } S_3 = +1 & \alpha_1\alpha_2\beta_3 \;; & \alpha_1\beta_2\alpha_3 \;; & \beta_1\alpha_2\alpha_3 \\
\text{zu } S_3 = -1 & \beta_1\beta_2\alpha_3 \;; & \beta_1\alpha_2\beta_3 \;; & \alpha_1\beta_2\beta_3 \\
\text{zu } S_3 = -3 & \beta_1\beta_2\beta_3 \;. & &
\end{array}
$$

Wir erhalten ein Quartett zu $S^2 = N(N + 2) = 15$ und $N - 1 = 2$ Dubletts zu $S^2 = (N - 2)N = 3$. Nur die Beiträge von $S_3 = +1$ und -1 sind entartet und tragen sowohl zum Quartett als zu den beiden Dubletts bei. Wir schreiben daher für $S_3 = +1$ die Spinoren allgemein

$$\varphi = A\alpha_1\alpha_2\beta_3 + B\alpha_1\beta_2\alpha_3 + C\beta_1\alpha_2\alpha_3$$

und bestimmen die Koeffizienten A, B, C so, daß

$$S^2\varphi = \lambda\varphi$$

wird (und daß die Normierung $\varphi^\dagger\varphi = 1$ gilt), wobei wir bereits wissen, daß sich für λ eine Gleichung dritten Grades mit den Lösungen 15, 3, 3 ergeben muß.

Zur Berechnung der Koeffizienten ist es bequem, in

$$S^2 = \left(\underline{\sigma}^{(1)} + \underline{\sigma}^{(2)} + \underline{\sigma}^{(3)}\right)^2$$

die Vertauschungsoperatoren je zweier Teilräume (zweier Teilchen)

$$\Sigma_{ik} = \frac{1}{2}\left(1 + \underline{\sigma}^{(i)}\cdot\underline{\sigma}^{(k)}\right)$$

$$= \frac{1}{2}\left(1 + \sigma_1^{(i)}\sigma_1^{(k)} + \sigma_2^{(i)}\sigma_2^{(k)} + \sigma_3^{(i)}\sigma_3^{(k)}\right)$$

einzuführen, mit denen einfach

$$\Sigma_{ik}\varphi_{ik} = \varphi_{ki}$$

wird. Damit nimmt S^2 die Form

$$S^2 = 3 + 4\left(\Sigma_{12} + \Sigma_{23} + \Sigma_{31}\right)$$

an, und es wird z.B.

$$\left(\Sigma_{12} + \Sigma_{23} + \Sigma_{31}\right)\alpha_1\alpha_2\beta_3 = \alpha_1\alpha_2\beta_3 + \alpha_1\beta_2\alpha_3 + \beta_1\alpha_2\alpha_3 \quad .$$

Im ganzen erhalten wir auf diese Weise

$$0 = S^2\varphi - \lambda\varphi = (3 - \lambda)(A\alpha_1\alpha_2\beta_3 + B\alpha_1\beta_2\alpha_3 + C\beta_1\alpha_2\alpha_3)$$
$$+ 4(A + B + C)(\alpha_1\alpha_2\beta_3 + \alpha_1\beta_2\alpha_3 + \beta_1\alpha_2\alpha_3) \quad .$$

Trennen wir das nach den drei orthogonalen Spinorprodukten, so ergeben sich die Gleichungen

$$(7 - \lambda)A + 4B + 4C = 0$$
$$4A + (7 - \lambda)B + 4C = 0$$
$$4A + 4B + (7 - \lambda)C = 0 \quad ,$$

deren Determinante in der Tat für $\lambda = 15, 3, 3$ verschwindet.

Für $\lambda = 15$ wird notwendig $A = B = C$ und in korrekter Normierung entsteht das *Quartett*

$$\varphi_3 = \alpha_1\alpha_2\alpha_3$$
$$\varphi_1 = \frac{1}{\sqrt{3}}(\alpha_1\alpha_2\beta_3 + \alpha_1\beta_2\alpha_3 + \beta_1\alpha_2\alpha_3)$$
$$\varphi_{-1} = \frac{1}{\sqrt{3}}(\beta_1\beta_2\alpha_3 + \beta_1\alpha_2\beta_3 + \alpha_1\beta_2\beta_3)$$
$$\varphi_{-3} = \beta_1\beta_2\beta_3 \quad .$$

Diese Spinoren sind vollsymmetrisch gegen Vertauschungen der Teilräume (der Teilchen) untereinander, was wir wie in §3c durch das Symbol $\overline{123}$ ausdrücken können.

Für $\lambda = 3$ ergeben alle drei Gleichungen $A + B + C = 0$, d.h. wir können zwar $C = -(A + B)$ angeben, nicht aber A und B voneinander trennen. Die Entartung zwischen den beiden Dubletts ist nicht aufgehoben. Es ist sinnvoll, aber willkürlich, die beiden Dubletts durch die Annahmen $A = B$ und $A = -B$ zu definieren. Dann erhält man für $A = B$ das in den Teilräumen 2 und 3 symmetrische Dublett (Symbol $1,\overline{23}$) aus den Spinoren

$$\psi_1 = \frac{1}{\sqrt{6}}\{\alpha_1(\alpha_2\beta_3 + \beta_2\alpha_3) - 2\beta_1\alpha_2\alpha_3\} \quad ;$$
$$\psi_{-1} = \frac{1}{\sqrt{6}}\{\beta_1(\beta_2\alpha_3 + \alpha_2\beta_3) - 2\alpha_1\beta_2\beta_3\}$$

und für $A = -B$ das in 2 und 3 antisymmetrische Dublett (Symbol $1,\widehat{23}$)

$$\chi_1 = \frac{1}{\sqrt{2}}\alpha_1(\alpha_2\beta_3 - \beta_2\alpha_3) \quad ; \qquad \chi_{-1} = \frac{1}{\sqrt{2}}\beta_1(\beta_2\alpha_3 - \alpha_2\beta_3) \quad .$$

Die Spinoren sind so konstruiert, daß sie orthogonal sind. Die Auszeichnung des Teilraumes 1 ist natürlich willkürlich. Die Spinoren $\psi_1'(2,\widehat{13})$ und $\chi_1'(2,\widehat{13})$ z.B. lassen sich als Linearkombinationen ausbauen.

$$\psi_1' = \frac{1}{\sqrt{6}}\left\{\alpha_2(\alpha_1\beta_3+\beta_1\alpha_3) - 2\beta_2\alpha_1\alpha_3\right\} = \frac{1}{2}(\sqrt{3}\,\chi_1 - \psi_1) \quad ,$$

$$\chi_1' = \frac{1}{\sqrt{2}}\alpha_2(\alpha_1\beta_3 - \beta_1\alpha_3) = \frac{1}{2}(\chi_1 + \sqrt{3}\,\psi_1) \quad .$$

8. Aufgabe (zu §5b). Man setze den dreidimensionalen, in §5b konstruierten Spinraum mit dem zweidimensionalen der Paulimatrizen zusammen.

Lösung. Aus den Gln.(20) für die Wirkung der Paulimatrizen σ_k und (27b) der dreidimensionalen (im folgenden mit s_k bezeichneten) Spinmatrizen entnehmen wir zunächst den Aufbau der Eigenspinoren von $S_3 = \sigma_3 + s_3$:

$$\Phi_3 = \alpha\varphi_2 \qquad \text{zu} \quad S_3 = +3$$

$$\Phi_1 = A\beta\varphi_2 + B\alpha\varphi_0 \qquad \text{zu} \quad S_3 = +1$$

$$\Phi_{-1} = C\beta\varphi_0 + D\alpha\varphi_{-2} \qquad \text{zu} \quad S_3 = -1$$

$$\Phi_{-3} = \beta\varphi_{-2} \qquad \text{zu} \quad S_3 = -3 \quad .$$

Hier sind die Konstanten A, B, C, D so zu bestimmen, daß die Matrix

$$S^2 = (\underline{\sigma} + \underline{s})^2 = \sigma^2 + s^2 + 2(\underline{\sigma}\cdot\underline{s})$$

diagonal wird. Nun wissen wir bereits, daß $\sigma^2 = 3$ und $s^2 = 8$ ist. Mit

$$S^2 = 11 + 2Q \quad , \quad Q = (\underline{\sigma}\cdot\underline{s})$$

bleibt daher allein der Operator Q zu diagonalisieren. Nun ist

$$Q\Phi_3 = 2\alpha\varphi_2 = 2\Phi_3$$

$$Q\Phi_1 = A(2\sqrt{2}\alpha\varphi_0 - 2\beta\varphi_2) + B\cdot 2\sqrt{2}\beta\varphi_2$$

$$Q\Phi_{-1} = C\cdot 2\sqrt{2}\alpha\varphi_{-2} + D(2\sqrt{2}\beta\varphi_0 - 2\alpha\varphi_{-2})$$

$$Q\Phi_{-3} = 2\beta\varphi_{-2} = 2\Phi_{-3} \quad .$$

Die Spinoren Φ_3 und Φ_{-3} sind also bereits Eigenspinoren von Q zum Eigenwert 2 (d.h. von S^2 zum Eigenwert 15). Soll auch Φ_1 Eigenspinor von Q, etwa zu dem noch unbekannten Eigenwert λ werden, so müssen A und B so bestimmt werden, daß $Q\Phi_1 = \lambda\Phi_1$ oder

$$A(2\sqrt{2}\alpha\varphi_0 - 2\beta\varphi_2) + B\cdot 2\sqrt{2}\beta\varphi_2 = \lambda(A\beta\varphi_2 + B\alpha\varphi_0)$$

wird. Das können wir in

$$2\sqrt{2}A - \lambda B = 0 \quad ; \quad -2A + 2\sqrt{2}B - \lambda A = 0$$

zerlegen mit der Determinante

$$\lambda(\lambda + 2) - 8 = 0 \quad .$$

Daraus folgen die zwei Eigenwerte $\lambda_1 = 2$ zu $S^2 = 15$ mit $B = \sqrt{2}A$ und $\lambda_2 = -4$ zu $S^2 = 3$ mit $B = -\frac{1}{\sqrt{2}}A$. Analog ergibt die Behandlung von $Q\Phi_{-1} = \lambda\Phi_{-1}$ dieselben Eigenwerte $\lambda_1 = 2$ mit $C = \sqrt{2}\,D$ und $\lambda_2 = -4$ mit $C = -\frac{1}{\sqrt{2}}D$. Danach können wir die (normierten) Ergebnisse folgendermaßen zu einem Quartett und einem Dublett zusammenfassen:

Quartett, $S^2 = 15$.

$$\Phi_3 = \alpha\varphi_2$$
$$\Phi_1 = (\beta\varphi_2 + \sqrt{2}\alpha\varphi_0)/\sqrt{3}$$
$$\Phi_{-1} = (\alpha\varphi_{-2} + \sqrt{2}\beta\varphi_0)/\sqrt{3}$$
$$\Phi_{-3} = \beta\varphi_{-2} \quad .$$

Mit

$$\Phi_3 = \begin{pmatrix}1\\0\\0\\0\end{pmatrix} \;;\; \Phi_1 = \begin{pmatrix}0\\1\\0\\0\end{pmatrix} \;;\; \Phi_{-1} = \begin{pmatrix}0\\0\\1\\0\end{pmatrix} \;;\; \Phi_{-3} = \begin{pmatrix}0\\0\\0\\1\end{pmatrix}$$

können wir die Spinoperatoren durch 4×4-Matrizen darstellen:

$$S_1 = \begin{pmatrix} 0 & \sqrt{3} & 0 & 0 \\ \sqrt{3} & 0 & 2 & 0 \\ 0 & 2 & 0 & \sqrt{3} \\ 0 & 0 & \sqrt{3} & 0 \end{pmatrix};\quad S_2 = i\begin{pmatrix} 0 & -\sqrt{3} & 0 & 0 \\ \sqrt{3} & 0 & -2 & 0 \\ 0 & 2 & 0 & -\sqrt{3} \\ 0 & 0 & \sqrt{3} & 0 \end{pmatrix};\quad S_3 = \begin{pmatrix} 3 & 0 & 0 & 0 \\ 0 & 1 & 0 & 0 \\ 0 & 0 & -1 & 0 \\ 0 & 0 & 0 & -3 \end{pmatrix}.$$

Dublett, $S^2 = 3$.

$$\Phi_1 = \sqrt{\frac{2}{3}}\left(\beta\varphi_2 - \frac{1}{\sqrt{2}}\alpha\varphi_0\right)$$
$$\Phi_{-1} = \sqrt{\frac{2}{3}}\left(\frac{1}{\sqrt{2}}\beta\varphi_0 - \alpha\varphi_{-2}\right) \quad .$$

Hier ergeben sich bei Anwendung der Spinoperatoren die Spinoren

$$S_1\Phi_1 = \Phi_{-1} \qquad S_2\Phi_1 = i\Phi_{-1} \qquad S_3\Phi_1 = \Phi_1$$
$$S_1\Phi_{-1} = \Phi_1 \qquad S_2\Phi_{-1} = -i\Phi_1 \qquad S_3\Phi_{-1} = -\Phi_{-1} \quad ,$$

d.h. die S_k sind hier ebenso isomorph zu den Paulischen σ_k wie die Spinoren Φ_1 und Φ_{-1} zu α und β.

Anmerkung. Die erfolgte Ausreduktion hat den $2 \times 3 = 6$-dimensionalen Spinraum in einen vierdimensionalen und einen zweidimensionalen zerlegt nach dem Schema $2 \times 3 = 4 + 2$. Das Quartett (der vierdimensionale Unterraum) is isomorph zu dem in der vorigen Aufgabe gewonnenen, wie man sieht, wenn man dort die Matrizen zu den drei S_k konstruiert.

9. Aufgabe (zu §5b). Welche Multipletts treten bei der Zusammensetzung von vier zweidimensionalen Spinräumen auf?

Lösung. Aus dem am Schluß von §5 entwickelten Reduktionsverfahren ergibt sich für $N = 4$

e i n Multiplett von $N + 1 = 5$ Spinoren zu $S^2 = N(N + 2) = 24$,

$N - 1 = 3$ Multipletts von $N - 1 = 3$ Spinoren zu $S^2 = (N - 2)N = 8$,

$\binom{N}{2} - N = 2$ Multipletts von $N - 3 = 1$ Spinor zu $S^2 = (N-4)(N-2) = 0$,

oder im üblichen Sprachgebrauch ein Quintett zu $S^2 = 24$, drei Tripletts zu $S^2 = 8$ und zwei Singuletts zu $S^2 = 0$. Der gesamte Spinraum von $2^4 = 16$ Dimensionen wird damit in sechs Unterräume gemäß

$$5 + 3 \cdot 3 + 2 \cdot 1 = 16$$

zerlegt.

Die zugehörigen Eigenspinoren erhalten wir wie in den vorstehenden Aufgaben, indem wir zunächst nach den Eigenwerten von S_3 (= 4, 2, 0, -2, -4) ordnen und sodann $S^2\Phi = \lambda\Phi$ fordern. Dabei bleibt zunächst infolge von Entartungen einige Willkür bestehen, die durch Herstellung einfacher Symmetrien und Orthogonalisierungen wie in §3c beseitigt werden kann.

Wir beschränken uns darauf im folgenden die Ergebnisse im einzelnen zusammenzustellen.

Quintett, $S^2 = 24$. Symmetrie: $\overline{1234}$.

zu $S_3 = +4$: $\alpha_1\alpha_2\alpha_3\alpha_4$

zu $S_3 = +2$: $\frac{1}{2}[\alpha_1\alpha_2(\alpha_3\beta_4 + \beta_3\alpha_4) + (\alpha_1\beta_2 + \beta_1\alpha_2)\alpha_3\alpha_4]$

zu $S_3 = 0$: $\frac{1}{\sqrt{6}}[\alpha_1\alpha_2\beta_3\beta_4 + (\alpha_1\beta_2 + \beta_1\alpha_2)(\alpha_3\beta_4 + \beta_3\alpha_4) + \beta_1\beta_2\alpha_3\alpha_4]$

zu $S_3 = -2$: $\frac{1}{2}[\beta_1\beta_2(\beta_3\alpha_4 + \alpha_3\beta_4) + (\beta_1\alpha_2 + \alpha_1\beta_2)\beta_3\beta_4]$

zu $S_3 = -4$: $\beta_1\beta_2\beta_3\beta_4$

Erstes Triplett, $S^2 = 8$. Symmetrie: $\overline{12}, \overline{34}$.

zu $S_3 = +2$: $\frac{1}{2}[\alpha_1\alpha_2(\alpha_3\beta_4 + \beta_3\alpha_4) - (\alpha_1\beta_2 + \beta_1\alpha_2)\alpha_3\alpha_4]$

zu $S_3 = 0$: $\frac{1}{\sqrt{2}}(\alpha_1\alpha_2\beta_3\beta_4 - \beta_1\beta_2\alpha_3\alpha_4)$

zu $S_3 = -2$: $\frac{1}{2}[\beta_1\beta_2(\beta_3\alpha_4 + \alpha_3\beta_4) - (\beta_1\alpha_2 + \alpha_1\beta_2)\beta_3\beta_4]$

Zweites Triplett, $S^2 = 8$. Symmetrie: $\overline{12}, \frown{34}$.

zu $S_3 = +2$: $\frac{1}{\sqrt{2}}\alpha_1\alpha_2(\alpha_3\beta_4 - \beta_3\alpha_4)$

zu $S_3 = 0$: $\frac{1}{2}(\alpha_1\beta_2 + \beta_1\alpha_2)(\alpha_3\beta_4 - \beta_3\alpha_4)$

zu $S_3 = -2$: $\frac{1}{\sqrt{2}}\beta_1\beta_2(\beta_3\alpha_4 - \alpha_3\beta_4)$

Drittes Triplett, $S^2 = 8$. Symmetrie: $\frown{12}, \overline{34}$.

zu $S_3 = +2$: $\frac{1}{\sqrt{2}}(\alpha_1\beta_2 - \beta_1\alpha_2)\alpha_3\alpha_4$

zu $S_3 = 0$: $\frac{1}{2}(\alpha_1\beta_2 - \beta_1\alpha_2)(\alpha_3\beta_4 + \beta_3\alpha_4)$

zu $S_3 = -2$: $\frac{1}{\sqrt{2}}(\beta_1\alpha_2 - \alpha_1\beta_2)\beta_3\beta_4$

Erstes Singulett, $S^2 = 0$. Symmetrie: $\overline{12}$, $\overline{34}$.

zu $S_3 = 0$: $\frac{1}{\sqrt{3}}\left[(\alpha_1\alpha_2\beta_3\beta_4 + \beta_1\beta_2\alpha_3\alpha_4) - \frac{1}{2}(\alpha_1\beta_2 + \beta_1\alpha_2)(\alpha_3\beta_4 + \beta_3\alpha_4)\right]$

Zweites Singulett, $S^2 = 0$. Symmetrie: $\overset{\frown}{12}$, $\overset{\frown}{34}$.

zu $S_3 = 0$: $\frac{1}{2}(\alpha_1\beta_2 - \beta_1\alpha_2)(\alpha_3\beta_4 - \beta_3\alpha_4)$.

10. Aufgabe (zu §7). Man untersuche die Schiebeoperatoren U^+ und U^- in der t_3,y-Ebene.

Lösung. Aus den Vertauschungsrelationen $[U^\pm, T_3] = \pm\frac{1}{2}U^\pm$ und $[U^\pm, Y] = \mp U^\pm$ folgt

$$\left(t_3 \mp \frac{1}{2}\right)\left(U^\pm\varphi_{t_3,y}\right) = T_3\left(U^\pm\varphi_{t_3,y}\right) ;$$

$$(y \pm 1)\left(U^\pm\varphi_{t_3,y}\right) = Y\left(U^\pm\varphi_{t_3,y}\right) ,$$

d.h., es gelten die im Text in Gl.(5b) angegebenen Beziehungen

$$U^+\varphi_{t_3,y} = B_{t_3,y}\varphi_{t_3-\frac{1}{2},y+1} ;$$
$$U^-\varphi_{t_3,y} = B'_{t_3,y}\varphi_{t_3+\frac{1}{2},y-1} , \qquad (1)$$

in denen wir die Zahlenfaktoren B und B' zu bestimmen haben.

Anstelle von t_3 und y führen wir neue Koordinaten ein,

$$p = \frac{1}{2}y + t_3 \quad ; \quad q = \frac{1}{2}y - t_3 \qquad (2a)$$

oder

$$y = p + q \quad ; \quad t_3 = \frac{1}{2}(p - q) \quad ; \quad \frac{3}{2}y - t_3 = p + 2q , \qquad (2b)$$

in denen sich (1) zu

$$U^+\varphi_{p,q} = B_{p,q}\varphi_{p,q+1} \quad ; \quad U^-\varphi_{p,q} = B'_{p,q}\varphi_{p,q-1} \qquad (3)$$

vereinfacht.

Wir können nun in voller Analogie zu der im Text ausgeführten Behandlung der Operatoren T^+ und T^- vorgehen. Aus

$$(U^+\varphi_{p,q})^\dagger(U^+\varphi_{p,q}) = |B_{p,q}|^2 = \varphi^\dagger_{p,q}U^-U^+\varphi_{p,q}$$
$$= B_{p,q}B'_{p,q+1}$$

folgt zunächst

$$B'_{p,q+1} = B^*_{p,q} . \qquad (4)$$

Ferner gilt

$$(U^-\varphi_{p,q})^\dagger(U^-\varphi_{p,q}) = |B_{p,q-1}|^2 = \varphi^\dagger_{p,q}U^+U^-\varphi_{p,q}$$

$$= \varphi^\dagger_{p,q}\Big(U^-U^+ + \frac{3}{2}Y - T_3\Big)\varphi_{p,q} = |B_{p,q}|^2 + \frac{3}{2}y - t_3 \quad ,$$

was mit (2b) zu der Rekursionsformel

$$|B_{p,q-1}|^2 = |B_{p,q}|^2 + p + 2q \tag{5}$$

führt.

Nun sei $\bar{q}$ das größte, bei gegebenem p in einem Multiplett auftretende q, also $U^+\varphi_{p,\bar{q}} = 0$ oder $B_{p,\bar{q}} = 0$. Die hiermit beginnende Rekursion (5) führt nach n-maliger Anwendung von U^- auf

$$|B_{p,\bar{q}-n}|^2 = n(p + 2\bar{q} + 1 - n) \tag{6}$$

und

$$U^-\varphi_{p,\bar{q}-n+1} = B^*_{p,\bar{q}-n}\varphi_{p,\bar{q}-n} \quad .$$

Für $n = p + 2\bar{q} + 1$ wird also $U^-\varphi_{p,\bar{q}-n+1} = 0$ und φ_{p,q_f} mit

$$q_f = \bar{q} - n + 1 = -(p + \bar{q}) \tag{7}$$

ist der letzte normierbare Spinor der Reihe $\bar{q}$, $\bar{q} - 1$, $\bar{q} - 2$, ..., q_f. Nach Gl.(2b) läuft die Linie p = const in einem Multiplett daher von einem Punkt mit den Koordinaten $\bar{t}_3$, $\bar{y}$ durch $n = p + 2\bar{q} = \frac{3}{2}\bar{y} - \bar{t}_3$ sukzessive Anwendungen des Operators U^- zu dem Endpunkt mit p, q_f oder

$$t_{3f} = \frac{1}{2}\bar{t}_3 + \frac{3}{4}\bar{y} \quad ; \quad y_f = \bar{t}_3 - \frac{1}{2}\bar{y} \quad .$$

Da n eine ganze Zahl ist, folgt, daß bei halbzahligem $\bar{t}_3$ die Grenzen bei ungeraden $\bar{y}$ und y_f, bei ganzzahligem $\bar{t}_3$ bei geradem $\bar{y}$ und y_f liegen müssen.

Anmerkung. Eine analoge Untersuchung läßt sich für V^+ und V^- anstellen, wobei q konstant bleibt und sich bei jedem Schritt p um 1 ändert, wie in Gl.(5c) im Text angegeben. Ist $\bar{p}$ der höchste Wert von p in einer Reihe, so wird $p_f = -(\bar{p} + q)$ der niedrigste, zu dem noch ein normierbarer Eigenspinor gehört. Durch $n = q + 2\bar{p} = \frac{3}{2}\bar{y} + \bar{t}_3$ sukzessive Anwendungen von V^+ wird der Punkt mit dem kleinsten $p_f = -(\bar{p} + q)$, d.h. mit

$$t_{3f} = \frac{1}{2}\bar{t}_3 - \frac{3}{4}\bar{y} \quad ; \quad y_f = -\bar{t}_3 - \frac{1}{2}\bar{y}$$

erreicht. Über Halb- und Ganzzahligkeit gilt das gleiche wie in der U-Reihe.

<u>11. Aufgabe (zu §7b).</u> Die rechte obere Ecke eines Multipletts der SU3 liege bei $t_3 = +\frac{1}{2}$, $y = +1$. Das zugehörige Multiplett soll konstruiert werden.

Lösung. Nach Fig.14 können wir in Richtung U^- um $\frac{3}{2}y - t_3 = 1$ Schritt fortschreiten bis zum Punkt φ' mit den Koordinaten $t_3' = 1$, $y' = 0$. Von da müssen wir in Richtung V^+ der Kontur folgend um $\frac{3}{2}y' + t_3' = 1$ Schritt nach $t_3'' = \frac{1}{2}$, $y'' = -1$ weitergehen. Nun folgen wir der Kontur in Richtung T^- mit $2t_3'' = 1$ Schritt nach links und gelangen so zu dem Spinor φ''' mit den Koordinaten $t_3''' = -\frac{1}{2}$, $y''' = -1$.

Auf der anderen Seite der Figur hätten wir vom Ausgangspunkt in Richtung T^- um $2t_3 = 1$ Schritt nach links gehend den Punkt $\bar{t}_3 = -\frac{1}{2}$, $\bar{y} = 1$ und von da weiter in Richtung V^+ um $\frac{3}{2}\bar{y} + \bar{t}_3 = 1$ Schritt fortschreitend die Koordinaten $\bar{\bar{t}}_3 = -1$, $\bar{\bar{y}} = 0$ erreicht. Von dort läuft die Kontur in Richtung U^- einen Schritt zum Punkt t_3''', y''' zurück.

Im Innern des so erhaltenen Sechsecks von nicht entarteten Konturpunkten liegt noch der Punkt $t_3 = 0$, $y = 0$, von dem wir erwarten, daß er doppelt besetzt ist. In der Tat können wir von φ' ausgehend die verschiedenen Spinoren $\varphi_0 = T^-\varphi'$ und $\varphi_0' = V^+U^+\varphi'$ bilden.

Auf diese Weise entsteht ein *Oktett* (Fig.19), das nach Isospindubletts (also nach T) folgendermaßen aufgegliedert werden kann:

ein Triplett aus $\bar{\bar{\varphi}}$, φ_0, φ',
zwei Dubletts aus $\bar{\varphi}$, φ und φ''', φ'',
ein Singulett φ_0'.

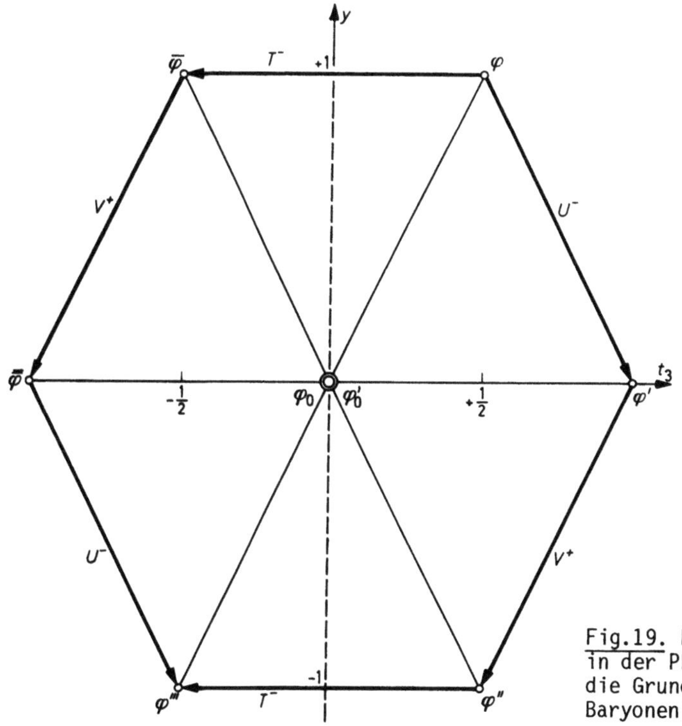

Fig.19. Das SU3-Oktett beschreibt in der Physik der Elementarteilchen die Grundzustände sowohl für die Baryonen als für die Mesonen

Sachverzeichnis